Beiträge zur Wirtschaftsinformatik

Band 1: Lore Alkier
Zukunftsweisende Konzepte für die EDV-Ausbildung
1992, VIII / 207 Seiten, Brosch. DM 75,-
ISBN 3-7908-0568-8

Band 2: Ulrich Ludwig Küsters
Entwicklung von regelbasierten Expertensystemen in APL2
1992, VIII/238 Seiten, Brosch. DM 79,-
ISBN 3-7908-0589-0

Band 3: Rolf J. N. Hildebrand
Betriebswirtschaftliche Schwachstellendiagnosen im Fertigungsbereich mit wissensbasierten Systemen
1992, X/163 Seiten, Brosch. DM 65,-
ISBN 3-7908-0594-7

Band 4: Gerhard Walpoth
Computergestützte Informationsbedarfsanalyse
1993, X/233 Seiten, Brosch. DM 75,-
ISBN 3-7908-0648-X

Band 5: Gerhard A. Kainz
Computergestütze Distribuierung von Informations- und Kommunikationssystemen
1993, XII/241 Seiten, Brosch. DM 85,-
ISBN 3-7908-0664-1

Band 6: Dieter Steinmann
Einsatzmöglichkeiten von Expertensystemen in integrierten Systemen der Produktionsplanung und -steuerung (PPS)
1993, XI/217 Seiten, Brosch. DM 78,-
ISBN 3-7908-0665-X

Johannes Walther

Rechnergestützte Qualitätssicherung und CIM

Mit 44 Abbildungen

Physica-Verlag

Ein Unternehmen des
Springer-Verlags

Reihenherausgeber
Werner A. Müller
Peter Schuster

Autor
Dr. Johannes Walther
Jacobsstraße 15
D-30449 Hannover

ISBN-13:978-3-7908-0684-7 e-ISBN-13:978-3-642-46940-4
DOI: 10.1007/978-3-642-46940-4

Die Deutsche Bibliothek - CIP-Einheitsaufnahme
Walther, Johannes:
Rechnergestützte Qualitätssicherung und CIM / Johannes
Walther. - Heidelberg : Physica-Verl., 1993
(Beiträge zur Wirtschaftsinformatik; Bd. 7)
ISBN-13: 978-3-7908-0684-7
NE: GT

7120/7130-54321 - Gedruckt auf säurefreiem Papier

Abstract

Mit zunehmender Bedeutung der Produktqualität auf den Absatzmärkten wird die Qualitätssicherung in Industrieunternehmen zu einem elementaren Bestandteil unternehmerischen Handelns. In der vorliegenden Arbeit wird die idealtypische Konzeption einer rechnergestützten Qualitätssicherung in Industrieunternehmen unter technisch-betriebswirtschaftlichen Aspekten untersucht. Dabei wird insbesondere auf die Integration der rechnergestützten Qualitätssicherung (CAQ) in eine CIM-Umgebung sowie auf den Beitrag eines CAQ-Systems zur konstruktionsbegleitenden Kalkulation von Qualitätskosten in einer um die Kosten- und Erlösrechnung erweiterten CIM-Konzeption eingegangen.

Das breite Spektrum von CAQ-Funktionen wird durch die Bildung von Produktionstypen anhand ausgewählter Strukturmerkmale und den daraus resultierenden CAQ-Einsatzschwerpunkten belegt. Betriebswirtschaftlich wirkt sich eine CAQ-Implementierung in einer Realisierung der in der traditionellen Qualitätssicherung vorhandenen Rationalisierungspotentiale aus. Folge ist eine drastische Abnahme der variablen Kontrollkosten. Aufgrund der hohen CAQ-Investitionsausgaben steigen hingegen die fixen Kontrollkosten deutlich an. Der CAQ-Rechnereinsatz bedingt einen hohen Wirkungsgrad in bezug auf die Vermeidung der Herstellung fehlerhafter Erzeugnisse. Die Untersuchung belegt, daß eine CAQ-Implementierung im Ergebnis zu einer tendenziellen Lösung des Dilemmas der traditionellen Qualitätssicherung beiträgt, das im Hinblick auf die Zielsetzungen 'Geringe Kostenverursachung' und 'Hoher Wirkungsgrad' besteht.

Wie die vorliegende Arbeit dokumentiert, leisten CAQ-Systeme einen wesentlichen Beitrag zur Erreichung der industriebetrieblichen Oberziele. Für Industrieunternehmen ist es daher unabdingbar, sich frühzeitig der Herausforderung des Computer Aided Quality Assurance (CAQ) als integraler Bestandteil von CIM-Konzeptionen zu stellen.

Inhaltsverzeichnis

Seite

1. Einleitung

1.1. Problemstellung

Bereichsbezogene Subziele von Industrieunternehmen, die durch die Produktion von Sachgütern gekennzeichnet sind[1], orientieren sich grundsätzlich an den industriebetrieblichen Oberzielen wie dem Gewinn-, dem Rentabilitäts- und dem Sicherheitsstreben[2]. Im Sinne dieser Zielsetzungen sind Unternehmen bestrebt, auf den Absatzmärkten höhere Erlöse für ihre Erzeugnisse zu erzielen als Kosten im Rahmen der industriellen Leistungserstellung und -verwertung anfallen.

Industriell gefertigte Erzeugnisse unterliegen einer Kosten-, einer Termin- und einer Qualitätsforderung[3]. Ein verändertes Nachfrageverhalten der Abnehmer in der Konsum- und Investitionsgüterindustrie sowie eine zunehmende Internationalisierung des Handels zählen zu den wesentlichen Ursachen, die zu einer in Relation zur Termin- und Kostenkomponente gestiegenen Bedeutung der Produktqualität beigetragen haben.

Der Vorgabe und Einhaltung einer spezifischen Produktqualität dienen die Maßnahmen der Qualitätssicherung, deren Durchführung in einem Unternehmen Kosten verursacht. Das Wirtschaftlichkeitsprinzip als produktionswirtschaftliches Unterziel des industriellen Oberziels 'Gewinnstreben', kann über die Größe Kostenwirtschaftlichkeit operationalisiert werden[4]. Dies bedeutet im Hinblick auf die Produktqualität,

---

1 Vgl. Steffen, R., Produktions- und Kostentheorie, Stuttgart 1983, S. 11.

2 Vgl. Heinen, E., Industriebetriebslehre als Entscheidungslehre, in: Industriebetriebslehre, Heinen, E. (Hrsg.), 8. Auflage, Wiesbaden 1985, S. 31ff.

3 Vgl. Geiger, W., Qualitätslehre, Einführung, Systematik, Terminologie, Braunschweig 1986a, S. 1ff.

4 Vgl. Reichwald, R./Mrosek, D., Produktionswirtschaft, in: Industriebetriebslehre, Heinen, E. (Hrsg.), 8. Auflage, Wiesbaden 1985, S. 375.

daß ein Unternehmen bestrebt sein muß, bei vorgegebenen Kosten eine möglichst hohe Qualität der Erzeugnisse zu erreichen bzw. bei einer festgelegten Produktqualität die Kosten zu deren Realisierung zu minimieren. In einer kostenbewußten Ausgestaltung der Maßnahmen zur Erreichung einer vorgegebenen Produktqualität besteht somit ein bedeutendes betriebswirtschaftliches Problem.

Ziel der Qualitätssicherung ist ein hoher Wirkungsgrad in bezug auf die Vermeidung von Fehlern und damit von Fehlerkosten, die als Folge von Fehlern entstehen[5]. In der traditionellen Qualitätssicherung[6] führt ein steigender Wirkungsgrad der Qualitätssicherung im Sinne eines hohen Anteils fehlerfreier Produkte an der Gesamtproduktion zu einem überproportionalen Anstieg der Qualitätssicherungskosten, d.h. der Kosten, die auf Grund der Durchführung von Qualitätssicherungsmaßnahmen entstehen. Analog sind sinkende Qualitätssicherungskosten als Folge eines abnehmenden Umfangs von Qualitätssicherungsmaßnahmen mit einem überproportionalen Anstieg der Fehlerkosten verbunden. Der daraus für die Ausgestaltung der Qualitätssicherung entstehende Zielkonflikt, der im folgenden als das Dilemma der traditionellen Qualitätssicherung bezeichnet wird, erfordert eine Optimierung von Qualitätssicherungsmaßnahmen unter den Kriterien 'Geringe Kostenverursachung' und 'Hoher Wirkungsgrad'. Dadurch wird die Summe der Qualitätssicherungs- und Fehlerkosten minimiert und eine betriebswirtschaftlich sinnvolle Lösung sichergestellt.

Die Entwicklung neuer Informations- und Fertigungstechnologien, die in der Literatur unter dem Stichwort 'Computer Integrated Manufacturing' (CIM) bzw. 'Factory of the Fu-

---

5 Zur Problematik des Begriffes 'Fehlerkosten' vgl. Kapitel 2.3.1.

6 Unter traditioneller Qualitätssicherung wird im folgenden eine Qualitätssicherung verstanden, deren Schwerpunkt auf der Fehlerentdeckung und nicht auf der Fehlervermeidung liegt und die überwiegend manuell durchgeführt wird.

ture' behandelt wird, eröffnet Industrieunternehmen neue Ausgestaltungsmöglichkeiten. Einen bereichsübergreifenden CIM-Baustein stellt die als 'Computer Aided Quality Assurance' (CAQ) bezeichnete 'Rechnergestützte Qualitätssicherung' dar. Als Element unternehmensweiter Qualitätssicherungskonzeptionen[7] bedingt CAQ eine weitgehende technische und organisatorische Integration der Qualitätssicherung in das unternehmerische Gesamtkonzept. Der Einsatz der Elektronischen Datenverarbeitung (EDV) in der Qualitätssicherung verändert die bei traditioneller Qualitätssicherung geltenden Kosten- und Erlösbeziehungen. Daraus ergeben sich neue Ansätze zur Lösung des Dilemmas der traditionellen Qualitätssicherung.

Durch Entscheidungen der Konstruktion werden ca. 70% der Herstellkosten eines Erzeugnisses festgelegt[8]. In einem CIM-System ist der Zugriff des Konstrukteurs auf die für eine konstruktionsbegleitende Kalkulation erforderlichen Kostendaten zu organisieren. Die wachsende Bedeutung der Produktqualität auf den Absatzmärkten führt zu einer Intensivierung der Maßnahmen der Qualitätssicherung und zu einer Erhöhung des Anteils der Qualitätssicherungskosten an den Herstellkosten. Von zunehmender Relevanz ist daher der Zugriff des Konstrukteurs auf Qualitätskostendaten. Aus dem Erfordernis der Erfassung und Bereitstellung von Qualitätskostendaten für eine konstruktionsbegleitende Kalkulation resultieren spezifische Anforderungen an die Integration eines CAQ-Systems in die CIM-Umgebung. Dazu sind CIM-Konzeptionen um die Kosten- und Erlösrechnung als eigenständige CIM-Komponente zu erweitern. Darüber hinaus ist zu klären, inwieweit CAQ-bedingte Veränderungen der Qualitätskostenstruktur Einfluß ausüben auf die Aussagefähigkeit einzelner in der Konstruktion eingesetzter Kostenrechnungs-

---

7 Unternehmensweite Qualitätssicherungskonzeptionen werden im folgenden mit dem Begriff Total Quality Management (TQM) bezeichnet.

8 Vgl. Ehrlenspiel, K., Kostengünstig konstruieren, Berlin u.a. 1985, S. 2.

systeme und spezifische Weiterentwicklungen bzw. Ergänzungen erfordern.

Die in Industrieunternehmen herrschenden individuellen Rahmenbedingungen stellen unterschiedliche Anforderungen an die Ausgestaltung der rechnergestützten Qualitätssicherung. Der unternehmensindividuelle Bedingungsrahmen läßt sich anhand der Ausprägungen spezifischer Strukturmerkmale konkretisieren. Signifikanten Einfluß auf eine CAQ-Ausgestaltung haben der Produktionsprozeß, die gefertigte Produktart, der Beschaffungsmodus, der Automatisierungsgrad sowie die Unternehmensgröße. Diese Einflußfaktoren können anhand von Strukturmerkmalen beschrieben werden, deren konkrete Ausprägungen den in einem Unternehmen realisierten Produktionstyp kennzeichnen. Da der den Bedingungsrahmen für die CAQ-Ausgestaltung determinierende Produktionstyp unternehmensspezifisch variiert, ergeben sich für den Aufbau von CAQ-Systemen unternehmensindividuelle Einsatz- und Rationalisierungsschwerpunkte. Diese können in ihrer Tendenz durch die Untersuchung alternativer Produktionstypen beschrieben werden.

1.2. Aufbau der Untersuchung

Grundlage zur Entwicklung einer idealtypischen Konzeption der rechnergestützten Qualitätssicherung bildet die Erörterung der betriebswirtschaftlich-technischen Fragestellungen im Zusammenhang mit der Produktionsqualität, die im zweiten Kapitel aufgegriffen wird. Bedeutsam ist dabei die Definition des Begriffs der Produktionsqualität. Zum Verständnis der zunehmenden Bedeutung, die Industrieunternehmen der Produktionsqualität und damit der Qualitätssicherung zumessen, werden anschließend deren wesentliche Einflußgrößen herausgearbeitet. Das aufgabenbezogene Subziel der Qualitätssicherung, das in einem hohen Wirkungsgrad im Hinblick auf die Vermeidung der Herstellung fehlerhafter Erzeugnisse besteht, ist mit den ökonomischen Zielen eines Unternehmens abzustimmen. Zur wirtschaftlichen Bewertung einzelner Maßnahmen der Qualitätssicherung bedarf es vorab der Darstellung der Qualitätskosten sowie ihrer Erfassung und Analyse. Die Qualitätssicherung wird in die Teilbereiche der Qualitätsplanung, der Qualitätsprüfung und der Qualitätslenkung unterteilt. Anhand ausgewählter Beispiele für Qualitätssicherungsmaßnahmen in den genannten Teilbereichen werden grundlegende Aspekte der Qualitäts- und der Prozeßtechnik erörtert. Die Integration der Qualitätssicherung in eine Unternehmensorganisation erfolgt durch den Aufbau eines Qualitätssicherungssystems, das zugleich eine wesentliche Voraussetzung für die erfolgreiche Einführung eines CAQ-Rechnersystems darstellt. Die Beschreibung der prinzipiellen Struktur von Qualitätssicherungssystemen bildet den Abschluß des zweiten Kapitels.

Computer Aided Quality Assurance (CAQ) ist ein integraler Baustein des Computer Integrated Manufacturing (CIM). Der Darstellung der CIM-Komponenten, dem Produktionsplanungs- und -steuerungssystem (PPS-System) und dem Computer Aided Design/Computer Aided Manufacturing-System (CAD/CAM-System), schließt sich im dritten Kapitel die Analyse der idealtypischen Konzeption eines integralen CAQ-Systems an. Dazu wird CAQ in die Unternehmensphilosophie des Total Quality Management (TQM) eingeordnet. Zudem werden grundlegende Aspekte einer CAQ-Konzeption dargestellt. Die CAQ-Prüfplanung, die CAQ-Prüfausführung und die CAQ-Prüfdatenverarbeitung werden als Basisfunktionen eines CAQ-Systems definiert und in ihrer prinzipiellen Funktionsweise untersucht. Die rechnergestützte Qualitätssicherung stellt im Rahmen eines CIM-Systems eine bereichsübergreifende Funktion dar. Unter diesem Aspekt wird der informationstechnische Zusammenhang zwischen einer rechnergestützten Qualitätssicherung und weiteren CIM-Bausteinen analysiert. Daran schließt sich die Untersuchung der bei einer CAQ-Implementierung und -Integration zu berücksichtigenden organisatorischen und technischen Aspekte an. Die Darstellung der wirtschaftlichen Nutzeffekte von CAQ-Investitionen nimmt in erster Linie Bezug auf empirische Untersuchungsergebnisse. Rechnergestützte Maßnahmen der Qualitätssicherung führen zu Veränderungen bisher bei unterschiedlichen Kontrollumfängen geltender Kosten- und Erlösbeziehungen. Deren Wirkungsweise wird anschließend auf der Grundlage eines Beispielfalles analysiert. Nach der Untersuchung des Beitrages integraler CAQ-Systeme zur Bereitstellung von Qualitätskostendaten für eine konstruktionsbegleitende Kalkulation werden die auf einen CAQ-Einsatz zurückzuführenden strukturellen Veränderungen der Qualitätssicherungskosten erörtert. Abschließend werden einzelne Kostenrechnungssysteme auf ihre Eignung hin überprüft, unter den veränderten Bedingungen aussagefähige Kostendaten für betriebswirtschaftliche Entscheidungen bereitstellen zu können.

Der unternehmensindividuelle Bedingungsrahmen für die Einführung einer rechnergestützten Qualitätssicherung wird im vierten Kapitel durch die Bildung alternativer Produktionstypen konkretisiert. Anhand spezifischer Ausprägungen untersuchungsrelevanter Strukturmerkmale werden daraus resultierende Schwerpunkte der Ausgestaltung eines CAQ-Systems herausgearbeitet. Um Aussagen darüber zu treffen, inwieweit bereits in Unternehmen installierte CAQ-Systeme in ihrem Funktionsumfang mit der idealtypischen Konzeption übereinstimmen und welchen Verbreitungsgrad CAQ-Systeme in der industriellen Praxis aufweisen, werden die Ergebnisse verschiedener Untersuchungen zum Stand der Realisierung von CAQ-Funktionen in der Bundesrepublik Deutschland vorgestellt[9].

Die Untersuchungsergebnisse zum Verbreitungsgrad von CAQ-Systemen in der deutschen Industrie erlauben keinen Rück-

9 Diese Untersuchungen beziehen sich auf das Gebiet der Bundesrepublik Deutschland vor der deutschen Einheit.

schluß auf konkrete Formen der Ausgestaltung von CAQ-Implementierungen. Diese können nur anhand spezifischer Unternehmenssituationen exemplifiziert werden. Dazu wird im sechsten Kapitel der CAQ-Einsatz in der WABCO Westinghouse Fahrzeugbremsen GmbH zur Unterstützung der Qualitätssicherung bei der Entwicklung und Produktion von Elektronik-Produkten untersucht. Nach der Darstellung bereits installierter CIM-Bausteine wird auf die Aufgaben und den Ablauf der Qualitätssicherung sowie die technisch-betriebswirtschaftlichen Aspekte dieser konkreten CAQ-Implementierung eingegangen. Eine wirtschaftliche Bewertung des CAQ-Systems wird abschließend anhand von Modellrechnungen vorgenommen.

Im sechsten Kapitel wird der im Unternehmen WABCO Fahrzeugbremsen GmbH realisierte Produktionstyp anhand der bei der Herstellung von Elektronik-Produkten realisierten Ausprägungen untersuchungsrelevanter Strukturmerkmale analysiert. Auf der Grundlage des Produktionstyps der Elektronik-Produktion sowie des im Rahmen der Analyse der CAQ-Konzeption dargestellten idealtypischen Funktionsumfangs eines CAQ-Systems lassen sich Ausbaumöglichkeiten für die bestehende CAQ-Architektur kennzeichnen. Daran schließt sich die Untersuchung technischer und betriebswirtschaftlicher Aspekte an, die bei der Erweiterung des CAQ-Funktionsumfanges zu berücksichtigen sind.

Eine Zusammenfassung der Ergebnisse bildet im siebten Kapitel den Abschluß der vorliegenden Arbeit.

2. Betriebswirtschaftlich-technische Fragestellungen im Rahmen der Produktionsqualität

2.1. Begriff der Produktionsqualität

Der Begriff Qualität hat seinen ethymologischen Ursprung in dem lateinischen Substantiv 'qualitas', das sich mit 'Beschaffenheit' oder 'Eigenschaft' übersetzen läßt[10]. Die Deutsche Norm definiert Qualität als die "Beschaffenheit einer Einheit bezüglich ihrer Eignung, festgelegte und vorausgesetzte Erfordernisse zu erfüllen"[11]. Der aus dem amerikanischen stammende Terminus 'Fitness for use'[12] gibt diesen Sachverhalt verkürzt wieder.

Einheiten im Sinne der deutschsprachigen Definition können entsprechend der Abbildung 1 die Tätigkeiten von Menschen und Prozesse von Maschinen sowie das Ergebnis dieser Tätigkeiten und Prozesse, also materielle, immaterielle und kombinierte materiell-immaterielle Produkte sein. "Die festgelegten und vorausgesetzten Erfordernisse"[13] entsprechen der Qualitätsforderung. Die Qualitätsforderung an ein industrielles Erzeugnis wird vom Absatzmarkt gestellt und im Laufe der Qualitätsplanung unter Berücksichtigung der unternehmensexternen und -internen Realisierungsmöglichkeiten konkretisiert. Synonyme für die konkretisierte Qualitätsforderung sind das Qualitätsniveau und die Entwurfsqualität. Die realisierte Beschaffenheit eines Produktes wird als Ausführungs- oder Fertigungsqualität bezeichnet.

---

10 Das Substantiv 'qualitas' ist abgeleitet aus dem lateinischen qualis 'wie beschaffen'.

11 DIN 55350, Teil 11, Deutsche Norm, Begriffe der Qualitätssicherung und Statistik, Grundbegriffe der Qualitätssicherung, Berlin 1987, S. 3.

12 Vgl. Juran, J.M., The Quality Function, in: Quality Control Handbook, Juran, J.M. (Hrsg.), 4. Auflage, Abschnitt 2, S. 8.

13 DIN 55350, Teil 11, a.a.O., S. 3.

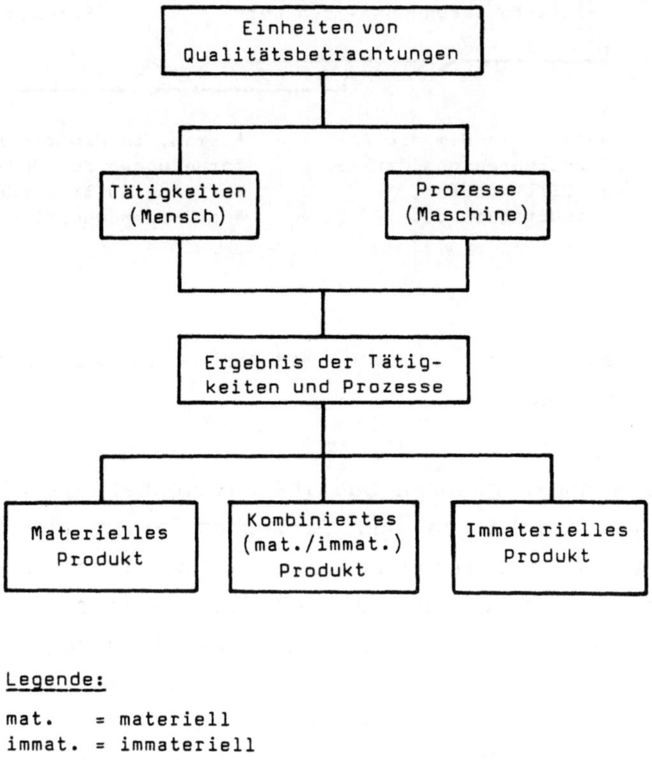

Abb.1: Einheiten von Qualitätsbetrachtungen

Entwurfs- und Ausführungsqualität stellen die Parameter der Produktqualität dar[14]. Ihr Zusammenhang ist in Abbildung 2 wiedergegeben. Während die Entwurfsqualität geplant wird und das Ausmaß festlegt, in dem die Anforderungen des Marktes erfüllt werden sollen, entspricht die Ausführungsqualität der realisierten Beschaffenheit eines Erzeugnisses und gibt das Ausmaß an, in dem die Entwurfsqualität erfüllt wird.

---

14 Vgl. Müller, D., Qualitätssicherung und Personalpolitik, in: Fortschritt-Berichte VDI-Z, Reihe 16: Wirtschaft und Technik, Nr. 25, Düsseldorf 1984, S. 25ff.

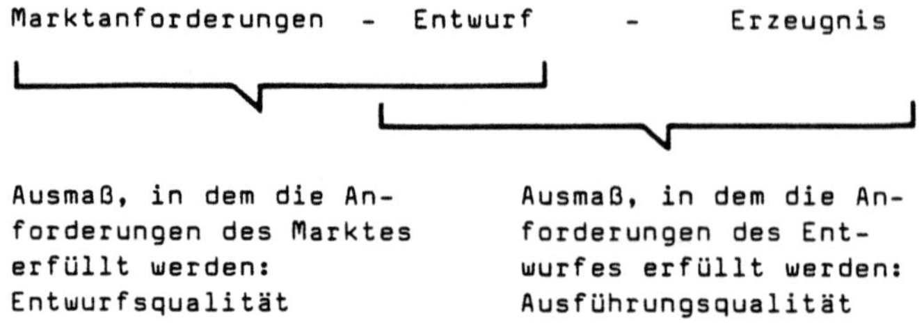

Abb.2: Zusammenhang zwischen Entwurfs- und Ausführungsqualität[15]

Zu jeder Einheit gehören Qualitätselemente, die als Ergebnisse von Tätigkeiten und Prozessen einen unmittelbaren oder mittelbaren Beitrag zur Qualität der betrachteten Einheit liefern[16]. Abbildung 3 gibt die Qualitätselemente eines Produktes in seiner Planungs-, Realisierungs- und Nutzungsphase in Form eines Qualitätskreises wieder[17]. Ebenso wie auf ein Produkt beziehen sich Qualitätsforderungen auch auf dessen Qualitätselemente. Eine Nichterfüllung einer an ein Qualitätselement gestellten Qualitätsforderung führt zugleich dazu, daß das Produkt, das durch das Zusammenwirken der Qualitätselemente entsteht, seine Qualitätsforderung nicht erfüllt. Tätigkeiten und Prozesse, die als Qualitätselemente eines Produktes einen Beitrag zu dessen Qualität liefern, setzen sich aus Ablaufelementen zusammen, die ihrerseits Qualitätselemente der Tätigkeiten und Prozesse darstellen und einer Qualitätsforderung unterliegen.

15 Vgl. Berens, W., Prüfung der Fertigungsqualität, Adam, D. (Hrsg.), Wiesbaden 1980, S. 3.

16 Einen unmittelbaren Beitrag zur Qualität liefert die Beschaffung. Hingegen ist der Beitrag einer Musterprüfung mittelbar.
Vgl. DGQ 11-04, Begriffe im Bereich der Qualitätssicherung, 4. Auflage, Berlin 1987, S. 17.

17 Qualitätsrelevante Phasen sind die Planungs-, die Realisierungs- und die Nutzungsphase. Sie werden im folgenden als Qualitätsphasen bezeichnet.

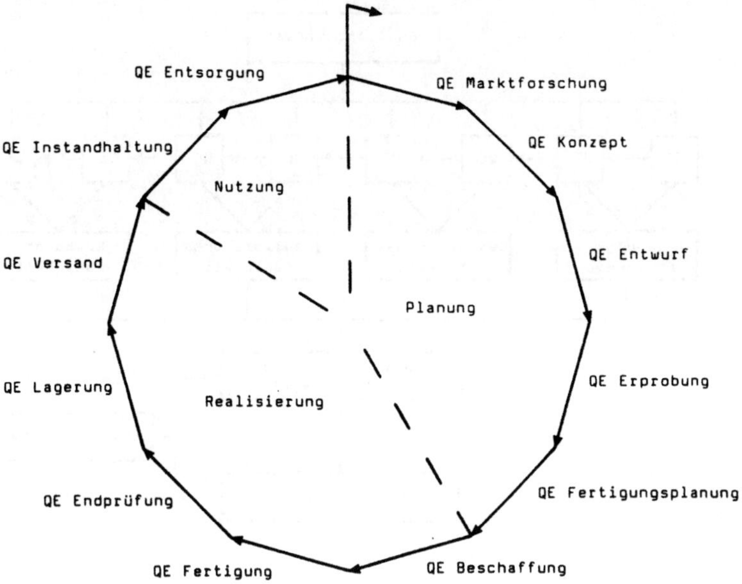

Abb.3: Beispiel eines Qualitätskreises für ein materielles Produkt[18]

Der Terminus Produktionsqualität bezeichnet einerseits die Produktqualität, d.h. die Beschaffenheit eines industriellen Produktes bezüglich seiner Eignung, die Qualitätsforderung zu erfüllen, und andererseits die Qualitätsfähigkeit einer Organisation, d.h. die Eignung der in einer Organisation vorhandenen Qualitätselemente, ein solches Produkt zu realisieren. Entsprechend Abbildung 4 resultiert die Qualitätsfähigkeit einer Organisation aus der Qualitätsfähigkeit der Qualitätselemente in den einzelnen Qualitätsphasen eines industriellen Produktes[19].

---

18 DIN 55350, Teil 11, a.a.O., S. 6.
19 Die Beschaffungsphase erhält ihre Bedeutung für die Qualitätssicherung durch den direkten Einfluß zugekaufter Bauteile auf die Produktqualität und wird daher als eigenständige Qualitätsphase ausgewiesen.

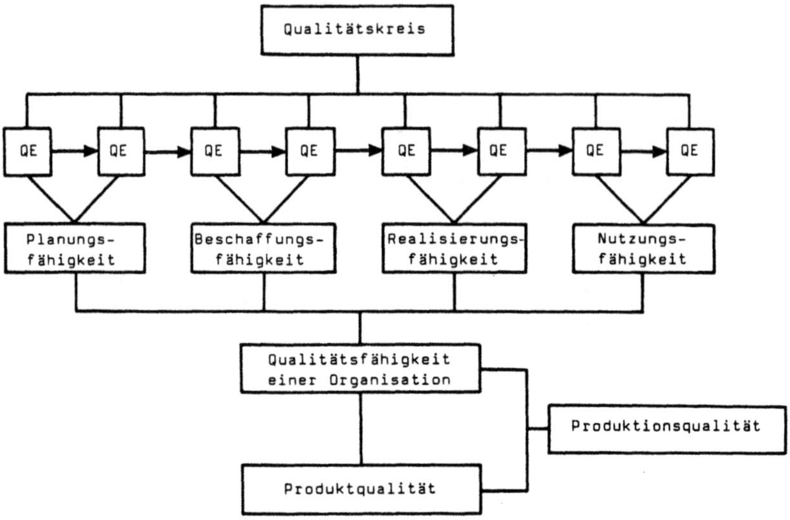

Abb.4: Komponenten der Produktionsqualität

Die Komponenten der Qualitätsfähigkeit einer Organisation werden wie folgt definiert:

- Planungsfähigkeit:

  Eignung der an der Planung beteiligten Qualitätselemente, eine Qualitätsforderung zu planen, die den absatzmarktbezogenen Anforderungen weitgehend entspricht und die internen Realisierungsmöglichkeiten einer Organisation hinreichend berücksichtigt.

- Beschaffungsfähigkeit:

  Eignung der an der Beschaffung beteiligten Qualitätselemente zur Realisierung der geforderten Produktqualität, d.h. zur Beschaffung von Rohstoffen, Werkstoffen und Zukaufteilen, die der Qualitätsforderung entsprechen.

- Realisierungsfähigkeit:

  Eignung der an der Realisierung beteiligten Qualitätselemente zur Realisierung der geforderten Produktqualität. Entscheidenden Anteil an der Realisierungsfähigkeit besitzt die Prozeßfähigkeit, d.h. die "Eignung eines festgelegten Prozesses zur Realisierung einer Einheit, die Qualitätsforderung an diese Einheit zu erfüllen"[20].

- Nutzungsfähigkeit:

  Eignung der Qualitätselemente in der Nutzungsphase zur Realisierung der geforderten Produktqualität, z.B. im Sinne von Instandhaltungs- oder Entsorgungsmaßnahmen.

Einheiten von Qualitätsbetrachtungen sind im folgenden die an der Planung, Beschaffung, Realisierung und Nutzung beteiligten Qualitätselemente sowie das durch sie erzeugte industrielle Produkt. Die Definition der Produktionsqualität verdeutlicht, daß das Erzielen einer hohen Produktqualität Maßnahmen in allen Qualitätsphasen eines Produktes erfordert. Zugleich wird die Bedeutung einer hohen Planungsfähigkeit offensichtlich, die die Bestimmung der Qualitätsforderung an das Produkt und damit auch an die nachfolgenden Qualitätselemente determiniert. Dabei sind während der Planung entstehende Fehler in den nachfolgenden Phasen nicht revidierbar.

Mit der Qualitätsforderung werden die qualitätsbestimmenden Merkmale eines Produktes in qualitativer und quantitativer Form festgelegt[21]. Die Werte qualitativer Merkmale sind einer Skala zugeordnet, auf der keine Abstände definiert sind (topologische Skala); bei quantitativen Merkmalen sind die Werte einer Skala zugeordnet, auf der Abstände definiert

---

20 DGQ 11-04, a.a.O., S. 83.
21 Ein Merkmal wird definiert als die "Eigenschaft zum Erkennen oder zum Unterscheiden von Einheiten". DGQ 11-04, a.a.O., S. 31.

(metrische Skala/Kardinalskala) oder zusätzlich auch Verhältnisse angegeben sind (z.B. Kelvin-Temperaturskala)[22]. Da das exakte Einhalten eines die Qualität bestimmenden Vorgabewertes in der Fertigung aus prozeßtechnischen Gründen nur selten möglich ist[23], werden für quantitative Merkmale neben den Sollwerten im allgemeinen Toleranzbereiche festgelegt, die den Bereich zugelassener Werte zwischen Mindest- und Höchstwert einer Merkmalsausprägung angeben[24]. Werden diese Toleranzen über- oder unterschritten, liegt ein Fehler vor, der als "Nichterfüllung einer Forderung"[25] definiert ist. Liegt der Merkmalswert innerhalb des Toleranzbereiches, ist kein Fehler gegeben. Nicht jede Abweichung vom Sollwert gilt somit als Fehler. Bei qualitativen Merkmalen ist das Vorliegen eines Fehlers mit dem Nichtvorhandensein des Merkmals identisch.

Ausgerichtet "...an dem Grad der Funktionsbeeinträchtigung und dem Umfang der Gefahr für den Menschen..."[26], die von einem potentiellen Fehler ausgehen, erfolgt eine Klassifizierung von Fehlern in[27]

- kritische Fehler
  (Gefahr für Menschenleben, Unbrauchbarkeit),
- Hauptfehler
  (vollständige bzw. teilweise Beeinträchtigung der Brauchbarkeit) und
- Nebenfehler
  (geringfügige bzw. keine Beeinträchtigung der Brauchbarkeit).

---

22 Vgl. Geiger, W., 1986a, a.a.O., S. 264f.
23 Vgl. Kapitel 2.4.2.
24 Vgl. DGQ 11-04, a.a.O., S. 38.
25 DIN 55350, Teil 11, a.a.O., S. 4.
26 Steffen, R., Absatzwirtschaftliche Aspekte der Kontrolle von Produktqualitäten, in: Der Betrieb, 29.Jg. (1976), Nr. 25/26, S. 1176.
27 Vgl. DGQ 11-04, a.a.O., S. 27f.

Die Zuordnung von Fehlern zu Fehlergewichtsklassen orientiert sich an der internen Bedeutung eines Fehlers für einen Industriebetrieb, z.B. der Auswirkung eines Fehlers in der Fertigung[28].

Das Entstehen von Fehlern resultiert aus Einflußgrößen, die auf die Qualitätselemente einwirken und dazu führen, daß diese ihre Qualitätsforderung nicht erfüllen[29]. Die Einflußfaktoren haben ihre Ursache in den sogenannten 5 M: Mensch, Maschine, Material, Methode und Mitwelt (Umwelt)[30]. Die menschliche Arbeit wird in objektbezogene und dispositive Arbeitsleistungen unterteilt[31]. Erstere hat einen direkten Einfluß auf die Produktqualität, sofern keine Betriebsmittel zwischengeschaltet sind und wirkt sich indirekt bei deren Zwischenschaltung aus. Dispositive Arbeitsleistungen, die jeder objektbezogenen Arbeitsleistung vorausgehen, nehmen über diverse dispositive Entscheidungen Einfluß auf die Produktqualität. Das für Maschine stehende M bezieht sich auf die Betriebsmittel. Dazu zählen die gesamte technische Apparatur eines Unternehmens, die über ihren technischen Leistungsstand direkten Einfluß auf die Fertigungsqualität ausübt, sowie Betriebsstoffe, deren Einfluß indirekter Natur ist. Zu den Materialien gehören Werkstoffe, Rohstoffe, eigengefertigte bzw. fremdbezogene Tei-

28 Vgl. DGQ 11-04, a.a.O., S. 28.

29 Zu den Einflußfaktoren auf die Ausführungsqualität industrieller Produkte vgl. Müller, D., a.a.O., S. 32ff.

30 Vgl. Pfeifer, T./Köppe, D., Gewachsene Anforderungen bewältigen, in: Industrie-Anzeiger, 81/1988, S. 26.
Diese Faktoren entsprechen in der betriebswirtschaftlichen Theorie dem System der Produktionsfaktoren von Gutenberg, das die Elementarfaktoren objektbezogene und dispositive Arbeitsleistungen, Betriebsmittel und Werkstoffe beinhaltet. Die Faktoren Methode und Mitwelt werden nicht getrennt behandelt, sondern dem Elementarfaktor Betriebsmittel zugeordnet.
Vgl. Gutenberg, E., Grundlagen der Betriebswirtschaftslehre, Die Produktion, Band 1, 20. Auflage, Berlin-Heidelberg-New York 1973, S. 2ff.

31 Vgl. Gutenberg, E., a.a.O., S. 3.

le[32] sowie Hilfsstoffe[33]. Diese werden durch den Herstellungsprozeß zum Bestandteil eines Erzeugnisses. Die Materialqualität überträgt sich daher direkt auf ein Produkt. Der Terminus Methode bezeichnet Fertigungsverfahren, die in Industrieunternehmen zur Herstellung von Sachgütern eingesetzt werden. In technischer Hinsicht werden Fertigungsverfahren nach den Kriterien Form schaffen (z.B. Gießen), Form ändern (z.B. Trennen, Beschichten) und Stoffeigenschaft ändern (z.B. Härten) unterschieden[34]. Die angewandte Methode stellt einen indirekten Einflußfaktor in bezug auf die Erzeugnisqualität dar; hingegen wirken sich mitwelt-(umwelt-)bezogene Faktoren indirekt und direkt auf die Produktqualität aus. Umweltbezogene Faktoren können natürlicher, d.h. meteorologischer oder biologischer, und zivilisatorischer Art sein[35]. Zu den meteorologischen Faktoren zählen Temperatur, Luftfeuchte, Luftdruck und Sonnenlicht. Biologische Faktoren sind u.a. Pilze und Schimmel. Von großer Bedeutung sind zivilisatorische Einflüsse wie Raumklima, Industrieatmosphäre (z.B. korrosive Gase und Staub), Transportbeanspruchung (z.B. Vibration) und Strahlung (z.B. elektromagnetische Felder und Röntgenstrahlung)[36]. Die 5 M haben in den einzelnen Qualitätsphasen eines industriellen Erzeugnisses unterschiedlich große Einflußmöglichkeiten auf die Produktqualität.

Die wirtschaftliche Bedeutung von Fehlern resultiert aus dem erheblichen Gewicht der von ihnen ausgehenden Kostenwirkungen und hat zur Entwicklung von Maßnahmen zur Qualitätssicherung geführt, die auf die Sicherstellung einer anforderungsgerechten Produktionsqualität abzielen. Dazu sind die komplexen Einflußmöglichkeiten der oben genannten

---

32 Vgl. dazu Gutenberg, E., a.a.O., S. 4ff.
33 Vgl. Ellinger, T./Haupt, R., Produktions- und Kostentheorie, Stuttgart 1982, S. 6.
34 Vgl. DIN 8580 Fertigungsverfahren, Begriffe, Einteilung, Berlin 1985, S. 3ff.
35 Vgl. Kreuzer, R., Umweltsimulation für die Qualitätsprüfung, in: Qualität und Zuverlässigkeit, 35.Jg. (1990), Heft 8, S. 461.
36 Vgl. Kreuzer, R., a.a.O., S. 461.

Faktoren auf die Produktionsqualität bzw. auf die für die einzelnen Komponenten der Produktionsqualität relevanten Qualitätselemente zu analysieren und geeignete Maßnahmen zu entwickeln, um Störungseinflüssen entgegenzusteuern. Die Qualitätssicherung wird in die Bereiche Qualitätsplanung, Qualitätsprüfung und Qualitätslenkung unterteilt. Aufgabe der Qualitätsplanung ist die Konkretisierung der an ein Produkt gestellten Qualitätsforderung. Qualitätsprüfungen finden in allen Phasen der Produktentstehung statt und dienen der Feststellung, inwieweit eine Einheit ihre Qualitätsforderung erfüllt. Anhand des Vergleiches zwischen Ergebniswerten der Qualitätsprüfung und den Vorgabewerten der Qualitätsplanung überwacht und korrigiert die Qualitätslenkung die Erzeugung der Produktqualität mit dem Ziel, eine Übereinstimmung zwischen einer Einheit und ihrer Qualitätsforderung sicherzustellen. Die Strukturierung der Maßnahmen der Qualitätssicherung erfolgt durch die Implementierung eines Qualitätssicherungssystems. Die Abteilung in einer Aufbauorganisation, die sich vorwiegend mit der Qualitätssicherung befaßt, wird als Qualitätswesen bezeichnet. Aufgrund der hohen Bedeutung der Produktionsqualität für ein Unternehmen ist das Qualitätswesen direkt der Geschäftsleitung zu unterstellen bzw. anzugliedern.

2.2. Bedeutung der Produktionsqualität

Mit den sich in den letzten Jahren vollzogenen gesellschaftlichen und technischen Entwicklungen geht eine Veränderung der für unternehmerisches Handeln relevanten Rahmenbedingungen einher, die insbesondere eine ständig wachsende Bedeutung der Produktionsqualität in Industrieunternehmen bewirkt. Das daraus resultierende Bestreben zur Entwicklung und Anwendung moderner Qualitätssicherungstechniken besitzt in vielen Industriebetrieben reaktiven Charakter[37]. Basierend auf den positiven Erfahrungen von Unternehmen, die offensive Strategien zur Qualitätssicherung entwickeln und in die betriebliche Praxis umsetzen, setzt sich allmählich die Erkenntnis durch, daß eine hohe Produktionsqualität enorme wirtschaftliche Erfolgspotentiale in sich birgt und in hohem Maße zur Erreichung der industriellen Oberziele beiträgt.

Der in das Bewußtsein vor allem der Industriegesellschaften gerückten Dringlichkeit der Erhaltung der natürlichen Umwelt trug der Gesetzgeber in der Bundesrepublik Deutschland in den letzten Jahren durch eine entsprechende Gesetzgebung Rechnung. Folge des am 1. Januar 1990 in Kraft getretenen Umwelthaftungsgesetzes ist eine erhebliche Ausweitung der Verantwortung des Managements für Umweltschäden, die durch ihr Unternehmen verursacht werden[38]. Mit der am 1. Juli 1988 ins nationale Recht der Bundesrepublik Deutschland aufgenommenen Produkthaftungsrichtlinie der Europäischen Gemeinschaft (EG) wird eine verschuldensunabhängige Haftung der Hersteller für die von ihnen hergestellten Waren vorgeschrieben. Damit ist für eine Haftung nicht mehr das Verschulden an sich, sondern ausschließlich der Umstand aus-

---

37 Vgl. Pfeifer, T. u.a., Länderspiegel Qualitätssicherung, in: Qualität und Zuverlässigkeit, 35.Jg.(1990), Heft 8, S. 439f.

38 Vgl. N.N., Das Top-Management steht in persönlicher Verantwortung für Umweltschutz im Betrieb, in: Handelsblatt Nr. 50 vom 7.12.90, S. K1/2.

schlaggebend, daß ein Schaden durch einen Produktfehler verursacht wurde[39]. Dem durch diese Gesetzgebung erweiterten Haftungsrahmen gilt es in der Industrie, vor allem bei der Herstellung sicherheitsrelevanter Erzeugnisse, durch eine moderne Ausgestaltung der Qualitätssicherung zu begegnen.

Eine zunehmende Komplexität und Typenvielfalt der Erzeugnisse bei zugleich abnehmenden Produktlebenszyklen[40] sowie ein unternehmensweit steigender Technisierungs- und Automationsgrad, u.a. als Folge einer sukzessiven Implementierung einzelner CIM-Bausteine und deren Vernetzung, haben zu einem gestiegenen Qualitätsbewußtsein in Industriebetrieben beigetragen. Die Tendenz zur Verkürzung von Produktentstehungszeiten im Rahmen von Just-In-Time-(JIT-) bzw. Kanban-Konzepten[41] verstärkt diese Entwicklung.

Ein verändertes Nachfrageverhalten auf den Absatzmärkten der Konsum- und Investitionsgüterindustrie wirkt sich strukturell in einer wachsenden Bedeutung der Nichtpreiskomponenten Lieferzeit, Termintreue und vor allem Produktqualität in Relation zur Preiskomponente aus. Zudem sind die Anforderungen der Abnehmer an die Produktqualität auch absolut gestiegen. Ursächlich dafür ist die wachsende Abhängigkeit des Menschen von der Technik im Arbeits- und Privatbereich, die häufige Ausfälle und Reparaturen nicht zuläßt, sowie die Möglichkeit, zwischen einer Vielzahl von

---

39 Vgl. Hollmann, H.H., Konsequenzen der Produkthaftung, in: CIM-Management, 4(1989), S. 20.

40 Der Lebenszyklus von Produkten wird als zeitbezogenes Marktreaktionsmodell abgebildet. Typische Phasen des Lebenszyklus sind die Einführungs-, Wachstums-, Reife-, Sättigungs- und Degenerationsphase. Vgl. Meffert, H., Marketing, 7. Auflage, Wiesbaden 1986, Nachdruck 1991, S. 369ff.

41 Zu Just-In-Time und Kanban-Konzepten vgl. Kirsch, A., Losgrößenoptimierung und Just-In-Time-Prinzip bei der Produktionsplanung für industrielle Sortenfertigung, Dissertation, Hannover 1988, S. 134ff.

qualitativ hochwertigen Produkten mit ähnlichen Qualitätsmerkmalen auswählen zu können.

Ingenieur-wissenschaftliche Normen zu Qualitätssicherungssystemen zielen auf den Nachweis der in einem Unternehmen ergriffenen Maßnahmen zur Qualitätssicherung ab[42]. Die Erfüllung der in ihnen festgelegten Anforderungen stellt häufig eine Voraussetzung für Beteiligungen an öffentlichen Ausschreibungen, aber zunehmend auch im privaten Wirtschaftsverkehr, insbesondere in der Zulieferindustrie dar. Dadurch wird die Produktionsqualität zu einem entscheidenden Faktor, der mittelfristig "...über Wachstum und Bestand ganzer Produktionszweige, in Einzelfällen sogar ganzer Branchen"[43] entscheidet. In der Bundesrepublik Deutschland weisen hinsichtlich der Erfüllung von Anforderungen an Qualitätssicherungssysteme "...insbesondere exportorientierte mittelständische Unternehmen gravierende infrastrukturelle Defizite..."[44] auf. Aufgrund dieser Entwicklung ist die Bundesrepublik Deutschland gegenwärtig im Begriff ihre langjährige Vorreiterrolle auf dem Gebiet der Produktionsqualität zu verlieren[45].

Die beschriebenen Veränderungen vollziehen sich vor dem Hintergrund einer wachsenden Internationalisierung des Handels, die mit dem EG-Binnenmarkt und der zu erwartenden weiteren Öffnung osteuropäischer Märkte europaweit sowie mit dem absehbaren Fortschritt in der Kommunikationstechnik auch weltweit zunehmen wird. Damit verbunden ist ein Anstieg von Fertigungskapazitäten und daraus resultierend ein Angebotsüberschuß, der die Bedeutung der Produktionsqualität als Differenzierungskriterium am Markt weiter erhöhen

---

42 Anerkannte Grundlage zur Vereinbarung von Nachweisen in bezug auf die Durchführung von Qualitätssicherungsmaßnahmen bilden die DIN ISO 9000-9004, Deutsche Normen, Berlin 1987.
Vgl. Kapitel 2.5.

43 Pfeifer, T. u.a., a.a.O., S. 439.

44 Pfeifer, T. u.a., a.a.O., S. 440.

45 Vgl. Pfeifer, T. u.a., a.a.O., S. 439.

wird. Offensiv auf diese Wandlungen reagieren vor allem ehemalige Entwicklungsländer im südostasiatischen Raum, die mit qualitativ hochwertigen Erzeugnissen eigene Qualitätsmaßstäbe setzen. Diese Entwicklung ist in der Elektronik- und Automobilindustrie deutlich nachzuvollziehen.

Betriebswirtschaftlich wirkt sich der Einsatz stringenter Systeme zur Qualitätssicherung in einer Systematisierung der betrieblichen Abläufe und in einer zunehmenden interdisziplinären und interfunktionalen Zusammenarbeit aller beteiligten Unternehmensbereiche aus. Dadurch erzielte Rationalisierungseffekte führen zu einer deutlichen Reduzierung der Qualitätskosten sowie weiterer Herstellkosten. Die Höhe der Qualitätskosten liegt in einigen Unternehmen bei über 25% der Herstellkosten[46]. Mit Ausschöpfen der Rationalisierungspotentiale im unmittelbaren Fertigungsbereich, der in der Vergangenheit im Mittelpunkt industrieller Rationalisierungsbemühungen stand, bildet daher heute die Qualitätssicherung einen lohnenden Ansatzpunkt für Einsparungsmaßnahmen.

Als absatzpolitisches Instrument eingesetzt kann eine hohe Produktionsqualität eine Verbesserung des Firmenimages und damit eine Erhöhung der Kundenloyalität bewirken. Diese Entwicklung eröffnet die Möglichkeit, Marketingkosten zu senken[47]. Zugleich fördert ein hohes Firmenimage die Identifikation der Mitarbeiter mit dem Unternehmen und führt zu den damit verbundenen positiven motivationalen Effekten[48]. Eine hohe Produktionsqualität kann somit entscheidend dazu beitragen, daß Produktivitäts-, Umsatz- und Rentabilitäts-

---

46 Vgl. N.N., Stand und Entwicklungstendenzen im Qualitätswesen im Hinblick auf CAQ, Firmenschrift, R. Berger & Partner, Gesellschaft für strategische Planung mbH, München 1987, S. 21.

47 Vgl. Meyer, J., Qualität als strategische Wettbewerbswaffe, in: Integriertes Produktions- und Qualitätsmanagement, Bläsing, J.P. (Hrsg.), München 1988, Band 1, S. 62f.

48 Vgl. Heldt, J.J., Quality pays, in: Quality, 11/1988, S. 26.

steigerungen erzielt, Marktanteile erweitert und höhere Gewinnmargen realisiert werden[49].

2.3. Grundlagen der Qualitätskostenermittlung

2.3.1. Darstellung der Qualitätskosten

Kosten sind nach dem wertmäßigen Kostenbegriff "...der bewertete Verbrauch von Produktionsfaktoren für die Herstellung und den Absatz der betrieblichen Erzeugnisse und die Aufrechterhaltung der hierfür erforderlichen Kapazitäten"[50]. Qualitätskosten bilden einen Bestandteil der durch diese Kostendefinition abgegrenzten Herstellkosten[51]. Nach der DGQ setzen sich Qualitätskosten aus den Kosten zusammen, "...die vorwiegend infolge von Qualitätsforderungen entstehen, das heißt Kosten, die durch alle Maßnahmen der Fehlerverhütung und der Qualitätsprüfung sowie durch ex-

49 Der Zusammenhang zwischen Produktqualität und Unternehmenserfolg wurde durch das Profit Impact of Marketing Strategy-(PIMS-)Progamm empirisch nachgewiesen. Vgl. Meyer, J., a.a.O., S. 56ff.

50 Kilger, W., Flexible Plankostenrechnung und Deckungsbeitragsrechnung, 8. Auflage, Wiesbaden 1981, S. 16. Nach dem pagatorischen Kostenbegriff ist der Einsatz und Verbrauch von Produktionsfaktoren auf Basis der Auszahlungen zu bewerten. Vgl. Huch, B., Einführung in die Kostenrechnung, 5., bearbeitete und erweiterte Auflage, Würzburg - Wien 1977, S. 23. Der wertmäßige Kostenbegriff erlaubt den Ansatz von Opportunitätskosten sowie von Tages- und Wiederbeschaffungspreisen. Vgl. Kilger, W., 1981, a.a.O., S. 16. Damit wird der wertmäßige Kostenbegriff den dispositiven Aufgaben der Kostenrechnung besser gerecht und den folgenden Ausführungen zugrunde gelegt. Vgl. Adam, D., Entscheidungsorientierte Kostenbewertung, Wiesbaden 1970, S. 34.

51 Auf Verfahren zur Berechnung von Herstellkosten wird in Kapitel 2.3.2. eingegangen.

terne und interne Fehler verursacht sind"[52]. Als eine Informationsquelle zur Ausschöpfung vorhandener Rationalisierungspotentiale in Industrieunternehmen, insbesondere im Bereich der Qualitätssicherung, zeigen Qualitätskostenuntersuchungen qualitätsbezogene und somit wirtschaftliche Schwachstellen auf[53] und erlauben die wirtschaftliche Bewertung von Maßnahmen zu deren Beseitigung[54].

Qualitätskosten werden unterteilt in die Kostengruppen der Fehlerverhütungs-, der Prüf- sowie der internen und externen Fehlerkosten, aus denen sich die Qualitätskosten additiv zusammensetzen[55]. Jeder Qualitätskostengruppe können einzelne Kostenelemente zugeordnet werden, deren Summe der Kostenhöhe der jeweiligen Qualitätskostengruppe entspricht.

In den Kostengruppen der Fehlerverhütungs- und Prüfkosten werden die aus der Durchführung von Qualitätssicherungsmaßnahmen resultierenden Kosten erfaßt. Die Tätigkeiten der Qualitätssicherung werden durch die Implementierung eines

---

52 DGQ-Schrift Nr. 14-17, Qualitätskosten. Rahmenempfehlungen zu ihrer Definition, Erfassung, Beurteilung, 5. Auflage, Berlin 1985, S. 13.
Der Terminus Qualitätskosten ist in Wissenschaft und Praxis umstritten. Der Begriff vermittelt den falschen Eindruck, daß Qualität einen Produktionsfaktor darstelle, durch dessen Verzehr eine betriebliche Leistung entstünde. Vgl. Masing, W., Fehlleistungsaufwand, in: Qualität und Zuverlässigkeit, 33.Jg.(1988), Heft 1, S. 11f.
Darüber hinaus suggeriert die Bezeichnung Qualitätskosten, daß diese für Qualität entstehen, obwohl ca. 43% dieser Kosten aufgrund von Fehlern anfallen. Vgl. R. Berger und Partner, a.a.O., S. 22.
Aufgrund seiner breiten Anwendung wird der Terminus Qualitätskosten trotz der genannten Kritik im folgenden beibehalten.

53 Vgl. Steinbach, W., Qualitätskosten, in: Handbuch der Qualitätssicherung, Masing, W. (Hrsg.), 2. Auflage, München-Wien 1988, S. 879.

54 Vgl. Rauba, A., Qualitätskostenrechnung als Informationssystem, in: Qualität und Zuverlässigkeit, 33.Jg. (1988), Heft 10, S. 559.

55 Vgl. DGQ-Schrift Nr. 14-17, a.a.O., S. 10f. und S. 15.

Qualitätssicherungssystems als Qualitätssicherungselemente festgelegt und den Qualitätselementen mit dem Ziel zugeordnet, deren anforderungsgerechten Beitrag zur Qualitätsfähigkeit einer Organisation und damit zur Erzeugnisqualität sicherzustellen[56]. Der prinzipielle Zusammenhang zwischen Qualitätselementen (QE), Qualitätssicherungselementen (QSE) und den auf die Fehlerverhütungs- und Prüfkosten bezogenen Qualitätskostenelementen (QKE) ist in Abbildung 5 angegeben.

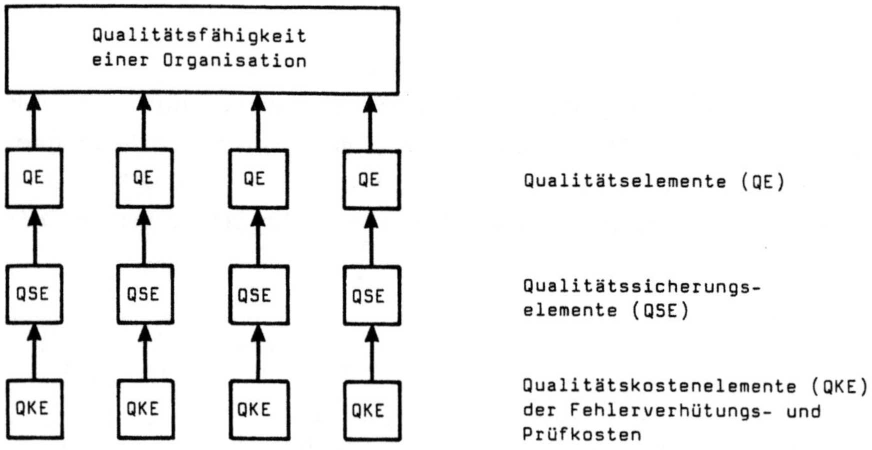

Abb.5: Prinzipieller Zusammenhang zwischen Qualitätselementen (QE), Qualitätssicherungselementen (QSE) und Qualitätskostenelementen (QKE)

In Abbildung 6 sind Beispiele für Kostenelemente genannt, die in den einzelnen Qualitätskostengruppen erfasst werden.

56 Vgl. Kapitel 2.5.

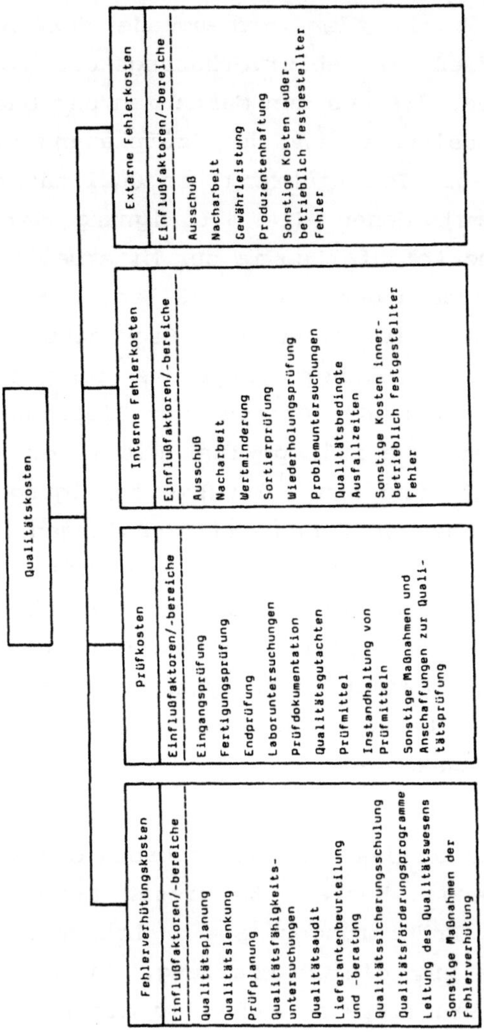

Abb.6: Gliederung der Qualitätskosten[57]

57 Eine ähnliche Darstellung findet sich in DGQ-Schrift Nr. 14-17, a.a.O., S. 15. Die DGQ faßt interne und externe Fehlerkosten zu einer Qualitätskostengruppe zusammen. Die Bildung getrennter Kostengruppen entspricht der betrieblichen Praxis, in der interne und externe Fehlerkosten separat erfaßt und ausgewiesen werden. Ursächlich dafür sind deren relative Höhe sowie der zeitlich verschobene Anfall externer Fehlerkosten, der insbesondere von der Länge eingeräumter Garantiezeiten abhängt.
Vgl. Blechschmidt, H., Qualitätskosten?, in: Qualität und Zuverlässigkeit, 33.Jg.(1988), Heft 8, S. 442ff./ Brunner, J., Einfluß der Qualität auf die Betriebswirtschaft im Unternehmen, in: CIM-Management, 2(1987), S. 12f.

Durch fehlerverhütende oder vorbeugende Maßnahmen verursachte Kosten werden als Fehlerverhütungskosten bezeichnet. Dazu zählen Kosten, die aus den Maßnahmen der Qualitätsplanung, der Qualitätslenkung und der Prüfplanung resultieren, sowie Kosten für die Durchführung von Qualitätsfähigkeitsuntersuchungen, mit denen die "...Eignung der Fertigung (Einrichtungen und Abläufe) sowie der Mitarbeiter, vorgegebene Qualitätsforderungen zu erfüllen..."[58], ermittelt wird. Ein Qualitätsaudit dient der "Begutachtung der Wirksamkeit des Qualitätssicherungssystems oder seiner Teile"[59]. Die Beurteilung und Beratung von Lieferanten zur Sicherung der Zulieferqualität gewinnt mit einer Reduzierung der Fertigungstiefe und einer Zunahme fertigungssynchroner Beschaffungsmaßnahmen an Bedeutung. Schulungen sind insbesondere bei der Einführung neuer Technologien durchzuführen; Qualitätsförderungsprogramme wie Preisausschreiben oder die Gewährung von Qualitätsprämien dienen dazu, die Motivation der Mitarbeiter zu steigern. Darüber hinaus sind die Kosten für die Leitung des Qualitätswesens Bestandteil der Fehlerverhütungskosten.

Den größten Anteil an den Prüfkosten haben die aus Prüfprozessen resultierenden Kosten. Zu diesen zählen Eingangs-, Fertigungs- und Endprüfungen sowie Laboruntersuchungen. Ferner gehen die für die Beschaffung, Instandhaltung und den Einsatz von Prüfmitteln sowie für die Erstellung, Archivierung und Verwaltung von Prüfdokumenten anfallenden Kosten in die Prüfkosten ein. Für eine betriebswirtschaftliche Beurteilung der durch CAQ im Prüfungsbereich hervorgerufenen Veränderungen sind in bezug auf die Anzahl von Kontrollprozessen variable und fixe Prüfkostenanteile aus-

---

58 DGQ-Schrift Nr. 14-17, a.a.O., S. 16.
59 DGQ-Schrift Nr. 14-17, a.a.O., S. 16.

zuweisen[60]. Im folgenden werden die durch die Anzahl durchgeführter Qualitätsprüfungen in ihrer Höhe bestimmten Prüfkostenanteile als variable Kontrollkosten bezeichnet (z.B. Lohn- und Betriebsstoffkosten). Fixe Kontrollkosten entsprechen den aus der Ausstattung mit Prüfmitteln resultierenden Prüfkostenanteilen (z.B. kalkulatorische Abschreibungen für Prüf- und Meßgeräte, kalkulatorische Zinsen, Versicherungskosten, Laborgebäude und -einrichtungen).

Fehlerkosten[61] entstehen dadurch, daß Produkte oder Verfahren ihre Qualitätsforderung nicht erfüllen. In Abhängigkeit davon, ob Fehler unternehmensintern oder beim Abnehmer entdeckt werden, erfolgt die Unterscheidung von internen und externen Fehlerkosten. Fehlerbedingte interne Kosten resultieren vor allem aus Nacharbeit und Ausschuß. Wertminderungen entstehen, wenn ein Produkt wegen eines Fehlers unter seinem regulären Preis verkauft wird. Sortierprüfungen werden als 100%-Prüfungen durchgeführt und dienen der Aussonderung fehlerhafter Einheiten, während Wiederholungsprüfungen aufgrund von Fehlern nochmals durchgeführte Qualitätsprüfungen darstellen. Im Rahmen von Problemuntersuchungen werden im Zusammenhang mit der Qualitätssicherung auftretende Schwierigkeiten analysiert. Interne Fehlerkosten fallen zudem an, wenn Fertigungseinrichtungen oder Vormaterialien ihre Qualitätsforderung nicht erfüllen und der Ablauf der Leistungserstellung unterbrochen wird[62]. Externe Fehlerkosten resultieren vor allem aus Gewährleistungsan-

---

60 Variable und fixe Kosten werden häufig in bezug auf Änderungen der Ausbringungsmenge ausgewiesen. Vgl. Heinen, E./Dietel, B., Informationswirtschaft, in: Industriebetriebslehre, Heinen, E. (Hrsg.), 8. Auflage, Wiesbaden 1985, S. 920f. Die Höhe variabler Kontrollkosten ist abhängig von der Ausbringungsmenge, wenn alle Erzeugniseinheiten einer Prüfung unterzogen werden. Bei Stichprobenprüfungen ist die Anzahl geprüfter Einheiten geringer als die Ausbringungsmenge, so daß deren Änderung nicht unbedingt die Höhe variabler Kontrollkosten verändert.

61 Anstelle des Begriffs 'Fehlerkosten' schlägt Masing den Terminus 'Fehlleistungsaufwand' vor. Vgl. Masing, W., 1988, a.a.O., S. 12.

62 Vgl. DGQ-Schrift Nr. 14-17, a.a.O., S. 21.

sprüchen von Abnehmern fehlerhafter Produkte, aus Fällen der Produzentenhaftung sowie aus Nacharbeit und Ausschuß bei eigenen Außenmontagen.

Bei Erlöseinbußen ist zwischen primären und sekundären Arten zu unterscheiden[63]. Die Auslieferung fehlerhafter Produkte kann zur Folge haben, daß die betroffenen Kunden Gewährleistungsansprüche geltend machen. In diesem Zusammenhang anfallende Kosten können als primäre Erlöseinbußen interpretiert und in den externen Fehlerkosten erfaßt werden. Sekundäre Erlöseinbußen resultieren aus Nachfragerückgängen, wenn Folgekäufe von Abnehmern infolge negativer Produkterfahrung ausbleiben. Sie können nicht quantifiziert und daher nicht in den Fehlerkosten ausgewiesen werden. Die gestiegene Bedeutung der Produktqualität in Verbindung mit einer hohen Transparenz auf den Absatzmärkten kann bei Auslieferung fehlerhafter Produkte bereits kurzfristig zu massiven Nachfragerückgängen führen. Daraus kann sich bereits kurzfristig eine existenzielle Gefährdung eines Unternehmens ergeben. Diese spiegelt die Höhe externer Fehlerkosten nur sehr begrenzt wider.

Die vorgestellte Zuordnung von Qualitätskostenelementen zu den Qualitätskostengruppen bedarf einer unternehmensspezifischen Anpassung. Diese orientiert sich an Einflußgrößen wie Branche, Unternehmensgröße und -organisation sowie an den in der Qualitätssicherung wahrgenommenen Aufgaben; Einfluß haben ferner Höhe und Erfassungsaufwand sowie Bedeutung und Aussagekraft einzelner Qualitätskostenelemente[64].

---

63 Vgl. Steffen, R., 1976, a.a.O., S. 1174.
64 Vgl. Rauba, A., a.a.O., S. 559.

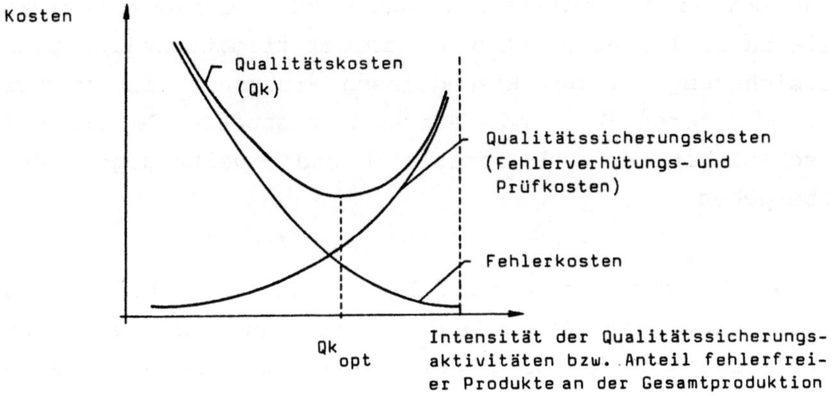

Abb.7: Herleitung eines Qualitätskostenoptimums[65]

Abbildung 7 zeigt den traditionellen Verlauf der Qualitätssicherungs- und Fehlerkosten in Abhängigkeit von der Intensität der Qualitätssicherungsaktivitäten bzw. dem Anteil fehlerfreier Produkte an einer Gesamtproduktion. Mit zunehmender Intensität der Qualitätssicherungsaktivitäten steigen die Qualitätssicherungskosten, d.h. die Summe der Fehlerverhütungs- und Prüfkosten, überproportional an, während die Fehlerkosten aufgrund des wachsenden Anteils fehlerfreier Produkte sinken; sie nehmen aber nicht den Wert Null an, da das völlige Vermeiden von Fehlern im allgemeinen nicht realisierbar ist. In umgekehrter Richtung bedingen abnehmende Qualitätssicherungsaktivitäten sinkende Qualitätssicherungskosten und infolge des hohen Anteils fehlerhafter Produkte steigende Fehlerkosten. Der die Qualitätskosten repräsentierende Kurvenverlauf (Addition der Komponenten) verdeutlicht den traditionell bestehenden Zielkonflikt zwischen den Zielsetzungen 'Geringe Kostenverursachung' und 'Hoher Wirkungsgrad'. Zwar weisen die Qualitätskosten ein Optimum (Minimum) auf, dieses liegt aber

65 In Anlehnung an Hahn, D./Laßmann, G., Produktionswirtschaft - Controlling industrieller Produktion, Band 1, 2. Auflage, Heidelberg 1990, S. 202.

nicht bei einem Fehleranteil nahe Null. Geringe Fehleranteile zu realisieren ist daher in der traditionellen Qualitätssicherung nur bei Erzeugnissen wirtschaftlich vertretbar, mit deren Ge- und Verbrauch besondere Gefahren für Menschenleben oder für materielle und umweltbezogene Werte einhergehen.

Den derzeitigen Stand hinsichtlich der Installierung von Systemen zur Qualitätskostenerfassung und -analyse verdeutlicht eine Untersuchung der Unternehmensberatung Roland Berger und Partner[66], derzufolge lediglich 17% der befragten Unternehmen die Qualitätskosten in ihrer Höhe und Struktur exakt berechnen. Bei den verbleibenden 83% beruhen Angaben zu Qualitätskosten entweder auf Schätzungen oder es existieren überhaupt keine Kenntnisse der Qualitätskosten. Die exakt erfaßten Qualitätskosten enthalten zu 45% Prüfkosten und zu 43% Fehlerkosten. Mit 12% haben die Fehlerverhütungskosten, also die Kosten, die aus präventiven Maßnahmen der Qualitätssicherung resultieren, den geringsten Anteil an den Qualitätskosten. Die geschätzten Prüfkosten entsprechen mit 47% etwa den berechneten Prüfkosten (45%). Die Fehlerverhütungskosten werden mit 25% etwa doppelt so hoch eingeschätzt wie die berechneten Fehlerverhütungskosten (12%). Dagegen liegen die geschätzten Fehlerkosten mit 28% weit unter den exakt ermittelten Fehlerkosten (43%). Schätzwerte stellen somit keine geeignete Planungs- und Entscheidungsgrundlage dar. Von den Unternehmen, die ihre Qualitätskosten berechnen, weisen 32% den Anteil der Qualitätskosten an den Herstellkosten mit 11 bis 15% aus, 16% mit 16 bis 25% und 5% sogar mit über 25%. Bei qualitätskritischen Fertigungen wie dem Reaktor- und dem Flugzeugturbinenbau machen zum Teil allein die Kontrollkosten 50% der

---

66 Vgl. R. Berger & Partner, a.a.O., S. 20ff. Die Untersuchung basiert auf Befragungen bei 121 Unternehmen.

Herstellkosten aus[67]. Diese Angaben verdeutlichen die Relevanz des Einsatzes moderner Qualitätstechniken zur Ausschöpfung der zum Teil erheblichen Kostensenkungspotentiale.

2.3.2. Betriebliche Kostenrechnung als Grundlage zur Qualitätskostenerfassung

Die Grundlage für die Erfassung von Qualitätskosten bildet die betriebliche Kostenrechnung, die mit der Finanzbuchhaltung und der Betriebsstatistik zu den Teilgebieten des betrieblichen Rechnungswesens zählt[68]. Aufgabe der betrieblichen Kostenrechnung ist die Erfassung, Planung und Kontrolle des für die betriebliche Leistungserstellung und -verwertung erforderlichen Einsatzes bzw. Verbrauchs an Produktionsfaktoren[69]. Die Möglichkeiten zur Erfassung von Qualitätskosten hängen von der spezifischen Ausgestaltung der in der industriellen Praxis eingesetzten Kostenrechnungssysteme ab. Grundlegende Teilbereiche von Kostenrechnungssystemen bilden die Kostenarten-, Kostenstellen- und Kostenträgerrechnung. Weitere Teilgebiete der betrieblichen Kostenrechnung sind die Kostenkontrolle zur Beurteilung der Wirtschaftlichkeit der Kostenverursachung, die kurzfristige Erfolgsrechnung, d.h. der periodenbezogene i.a. monatliche Ausweis des nach Kostenträgern (Produkte/Produktgruppen) gegliederten Unternehmenserfolges sowie die dispositiven Aufgaben der Kostenrechnung, die darin bestehen, Kostendaten für den Aufbau der betrieblichen Planung zu liefern[70].

---

67 Vgl. Laßmann, G., Neue Aufgaben der Kosten- und Erlösrechnung aus Sicht der Unternehmensführung, in: Führungsprobleme industrieller Unternehmungen, Festschrift für Friedrich Thomeé, hrsg. von Dietger Hahn, Berlin-New York 1980, S. 329.

68 Zu den Aufgaben und möglichen Gliederungsformen des industriellen Rechnungswesens vgl. Schweitzer, M./Hettich, G.O./Küpper, H.-U., Systeme der Kostenrechnung, München 1975, S. 84ff.

69 Vgl. Kilger, W., 1981, a.a.O., S. 15f.

70 Vgl. Kilger, W., 1981, a.a.O., S. 21f.

In Abbildung 8 sind die wesentlichen Teilbereiche der betrieblichen Kostenrechnung und deren Zusammenwirken dargestellt.

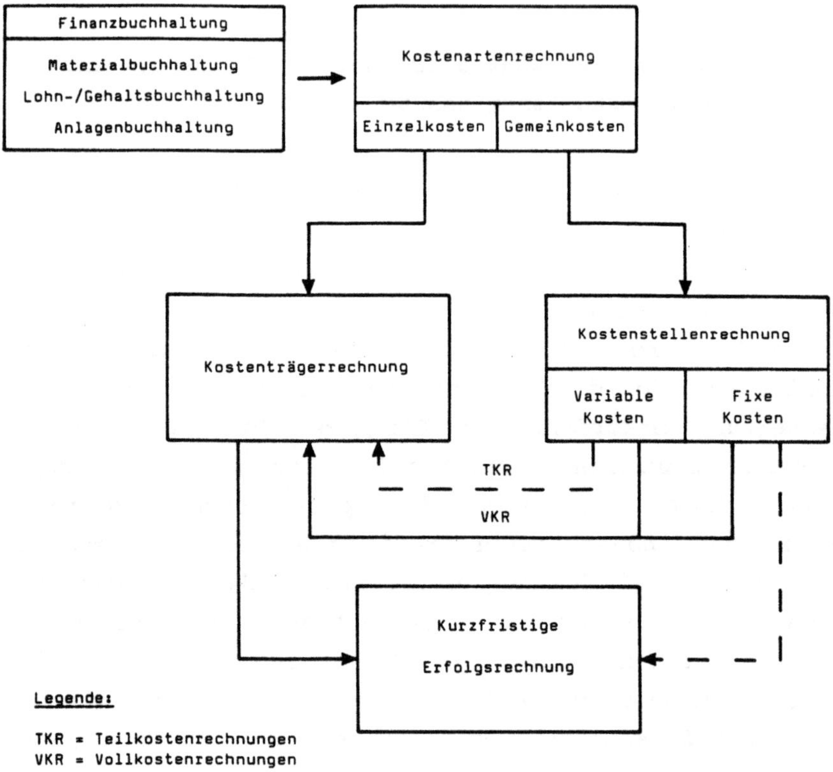

Abb.8: Teilbereiche der betrieblichen Kostenrechnung[71]

Eine wichtige Datengrundlage für die Kostenartenrechnung bilden die Finanzbuchhaltung sowie ihre Teilbereiche Lohn- und Gehaltsbuchhaltung, Materialbuchhaltung und Anlagenbuchhaltung[72]. Die Kostenartenrechnung erfaßt und bewertet den Einsatz und Verbrauch von Produktionsfaktoren für eine Abrechnungsperiode (i.a. für einen Monat) und gliedert die

71 In Abhängigkeit der jeweils verrechneten variablen und fixen Kostenanteile werden Voll- und Teilkostenrechnungsverfahren unterschieden. Vgl. S. 34.

72 Vgl. Schweitzer, M./Hettich, G.O./Küpper, H.-U.,a.a.O., S. 106ff./Heinen, E./Dietel, B., a.a.O., S. 953ff.

Kosten nach einem den unternehmensspezifischen Rechnungszielen[73] entsprechend festgelegten Katalog von Kostenarten[74]. Die Gliederung der Kostenarten sollte grundsätzlich faktororientiert erfolgen (z.B. Personal-, Material-, Kapital- und Fremdleistungskosten)[75]. Nach der Art der Weiterverrechnung werden Einzel- und Gemeinkosten unterschieden[76]. Einzelkosten werden direkt in die Kostenträgerrechnung übernommen und nach dem Verursachungsprinzip auf bestimmte Kostenträger verrechnet. Gemeinkosten fallen für mehrere oder alle Leistungen einzelner Kostenbereiche wie dem Material-, Fertigungs-, Verwaltungs- und Vertriebsbereich an. Sie werden daher zunächst den jeweiligen Kostenbereichen zugeordnet und anschließend über die Bildung von Kalkulationssätzen auf die Kostenträger verrechnet. Anhand der Variabilität auf Änderungen der Kosteneinflußgröße Beschäftigung werden (beschäftigungs-)variable und (beschäftigungs-)fixe Kosten unterschieden[77]. Variable Kosten ändern sich mit einer Beschäftigungsänderung, während die Höhe fixer Kosten davon unabhängig ist.

In der Kostenstellenrechnung werden Kostenstellen gebildet, indem Entstehungs- und Verantwortungsbereiche für anfallende Kosten abgegrenzt werden[78]. Die durch die Kostenartenrechnung ausgewiesenen Gemeinkosten (primäre Gemeinkosten) sind diesen Kostenstellen zuzuordnen. Primäre Kostenstellen

---

73 Zu Rechnungszielen vgl. Schweitzer, M./Hettich, G.O./Küpper, H.-U., a.a.O., S. 57ff.

74 Vgl. Schweitzer, M./Hettich, G.O./Küpper, H.-U., a.a.O., S. 142ff.

75 Vgl. Kilger, W., Einführung in die Kostenrechnung, 2. Auflage, Wiesbaden 1980, S. 69. Anlagenbezogene Kosten (kalkulatorische Abschreibungen und Zinsen) sind in den Kapitalkosten enthalten.

76 Vgl. Kilger, W., 1980, a.a.O., S. 14f.

77 Vgl. Schweitzer, M./Hettich, G.O./Küpper, H.-U., a.a.O., S. 145.

78 Vgl. Lackes, R., EDV-orientiertes Kosteninformationssystem, Wiesbaden 1989, S. 65. Zu den Kriterien der Kostenstellenbildung vgl. Wöhe, G., Einführung in die Allgemeine Betriebswirtschaftslehre, 14. Auflage, München 1981, S. 1103ff.

nehmen Leistungen in Anspruch, die in den sog. sekundären Kostenstellen erzeugt werden. Im Rahmen der innerbetrieblichen Leistungsverrechnung sind den primären Kostenstellen die in den sekundären Kostenstellen angefallenen Kosten (sekundäre Kosten) zuzurechnen[79]. Zur Weiterverrechnung der Gemeinkosten auf die Kostenträger werden pro Kostenstelle Bezugsgrößen ausgewählt, die den periodenbezogenen Produktionsbeiträgen der jeweiligen Kostenstelle entsprechen (z.B. Produktmenge oder Maschinenstunden). Kalkulationssätze werden gebildet, indem die Kosten der primären Kostenstellen (primäre und sekundäre Kosten) auf die jeweilige Bezugsgröße bezogen werden[80]. Wie Abbildung 8 zeigt, verrechnen auf Vollkosten basierende Kostenrechnungsverfahren (VKR) variable und fixe Kosten (Vollkosten) auf die Kostenträger. Teilkostenrechnungen (TKR) verrechnen hingegen ausschließlich variable Kosten (Teilkosten) in der Kostenträgerrechnung, während die fixen Kostenanteile erst in der kurzfristigen Erfolgsrechnung Berücksichtigung finden.

Kostenträger sind Leistungseinheiten, denen die Kosten der betrieblichen Leistungserstellung und -verwertung zugerechnet werden[81]. Die Kostenträgerrechnung (Kalkulation) dient der Ermittlung der Selbstkosten pro Kostenträger. Für den in der industriellen Praxis vorherrschenden Produktionstyp, der durch ein heterogenes Leistungsprogramm und/ oder heterogene Fertigungsstrukturen gekennzeichnet ist, eignet sich das Verfahren der Zuschlagskalkulation[82], dessen Grundschema Abbildung 9 wiedergibt.

---

79 Zu den Verfahren der innerbetrieblichen Leistungsverrechnung vgl. z.B. Heinen, E./Dietel, B., a.a.O., S. 962ff./Kilger, W., 1981, a.a.O., S. 426ff.

80 Vgl. Kilger, W., 1981, a.a.O., S. 21.

81 Vgl. Schmalenbach, E., Kostenrechnung und Preispolitik, 7. Auflage, Köln und Opladen 1956, S. 14f.

82 Dargestellt wird das Verfahren der differenzierten einstufigen Zuschlagskalkulation. Zur summarischen einstufigen sowie zur summarischen und differenzierten mehrstufigen Zuschlagskalkulation vgl. Heinen, E./Dietel, B., a.a.O., S. 969ff.

(1)	Materialeinzelkosten
(2)	+ Materialgemeinkosten
(3)	= Materialkosten (1) + (2)
(4)	+ Fertigungseinzelkosten (Fertigungslöhne)
(5)	+ Fertigungsgemeinkosten
(6)	+ Sondereinzelkosten der Fertigung
(7)	= Fertigungskosten (4) + (5) + (6)
(8)	Herstellkosten (3) + (7)
(9)	+ Verwaltungsgemeinkosten
(10)	+ Vertriebsgemeinkosten
(11)	+ Sondereinzelkosten des Vertriebes
(12)	= Selbstkosten (8) + (9) + (10) + (11)

Abb.9: Grundschema der Zuschlagskalkulation[83]

Selbstkosten (12) setzen sich zusammen aus der Summe der Materialkosten (3) und Fertigungskosten (7) (= Herstellkosten (8)) zuzüglich der Verwaltungsgemeinkosten (9) und Vertriebskosten ((10)+(11)). Einzelkosten werden direkt und Gemeinkosten über die in der Kostenstellenrechnung gebildeten Kalkulationssätze auf die Kostenträger weiterverrechnet. Werden die Fertigungslöhne als Zuschlagsgrundlage durch andere Größen ersetzt (z.B. Maschinenstunden), handelt es sich um eine Bezugsgrößenkalkulation[84]. Selbstkosten bilden vielfach die Grundlage für die Preispolitik, die Verkaufssteuerung und die kurzfristige Erfolgsrechnung. Nach dem Zeitpunkt und dem Objekt der Kostenträgerrechnung sind verschiedene Kalkulationsarten zu unterscheiden[85]. Plankalkulationen ermitteln die Herstell- bzw. Selbstkosten für standardisierte Erzeugnisse für eine Periode (i.a. für ein Jahr), während Vorkalkulationen kurzfristig für be-

83 Vgl. Heinen, E./Dietel, B., a.a.O., S. 939. Das abgebildete Grundschema der Zuschlagskalkulation gilt unabhängig davon, ob Voll- oder Teilkosten verrechnet werden. Während Vollkostenrechnungen variable und fixe Kostenanteile berücksichtigen, basieren Teilkostenrechnungen ausschließlich auf den variablen Kostenanteilen. Vgl. dazu Heinen, E./Dietel, B., a.a.O., S. 1005.

84 Vgl. Wöhe, G., a.a.O., S. 1123.

85 Ausführliche Darstellungen der Kalkulationsarten finden sich bei Kilger, W., 1981, a.a.O., S. 605ff. und Heinen, E./Dietel, B., a.a.O., S. 938f.

stimmte Einzelaufträge durchgeführt werden. Zur Überprüfung der geplanten Kosten mit den Istwerten finden Zwischenkalkulationen statt. Durch Nachkalkulationen wird nach Abschluß einer Produktion die Übereinstimmung zwischen geplanten und angefallenen Kosten überprüft.

Die Entwicklung von Kostenrechnungssystemen[86] begann mit der Istkostenrechnung, deren primäre Zielsetzung in der Nachkalkulation besteht. Dazu werden die Istkosten einer Abrechnungsperiode (Istkosten = verbrauchte Istmenge x Istpreise) vollständig auf die Kostenträger verrechnet. Der hohe Aufwand zur Erfassung der Istkosten für jede einzelne Verbrauchsmenge führte zur Entwicklung der Normalkostenrechnung. Normalkosten werden auf der Basis von Durchschnittswerten vergangenheitsbezogener Istkosten und Istbeschäftigungen gebildet und bleiben für eine Abrechnungsperiode (meist ein Jahr) unverändert[87]. Ist- und Normalkostenrechnungen sind für Kostenkontrollaufgaben ungeeignet, da Vergleichskosten fehlen. In einer Plankostenrechnung sind das Mengen- und Zeitgerüst sowie die Wertansätze geplante Größen. Unwirtschaftlichkeiten vergangener Perioden fließen damit nicht in die Rechnung ein. Starre Plankostenrechnungen berücksichtigen die Abhängigkeit der Kosten vom Beschäftigungsgrad nicht. Flexible Plankostenrechnungen hingegen passen die betrieblichen Plankosten am Ende einer Abrechnungsperiode dem realisierten Beschäftigungsgrad an, indem sogenannte Sollkosten berechnet werden. Dazu sind die fixen und variablen Kostenanteile der Plankosten getrennt auszuweisen. Kostenabweichungen werden in der flexiblen Plankostenrechnung in Verbrauchs-, Beschäftigungs- und Preisabweichungen zerlegt. Dadurch werden wirkungsvolle Kostenkontrollen möglich[88]. Charakteristikum der genannten Verfahren der Vollkostenrechnung ist die Proportionalisie-

---

86 Zur Entwicklung von Kostenrechnungssystemen vgl. Kilger, W., 1981, a.a.O., S. 27ff.
87 Vgl. Kilger, W., 1981, a.a.O., S. 35.
88 Vgl. Kilger, W., 1981, a.a.O., S. 51ff.

rung fixer Kosten, die bei der betrieblichen Planung, insbesondere der Ablauf- und Verkaufssteuerung sowie der Bestimmung der Preisuntergrenzen zu Fehlentscheidungen führt[89]. Das Verfahren der Grenzplankostenrechnung (Teilkostenrechnung) berücksichtigt bei der Bildung von Verrechnungssätzen für innerbetriebliche Leistungen und von Kalkulationssätzen für primäre Kostenstellen ausschließlich die variablen Kosten, während die fixen Kosten in der kurzfristigen Erfolgsrechnung aufgeführt werden. Dadurch entfallen die für die flexible Plankostenrechnung typischen Beschäftigungsabweichungen, und es werden lediglich Verbrauchsabweichungen, für die der jeweilige Kostenstellenleiter verantwortlich ist, sowie entstandene Preisabweichungen ausgewiesen. Die Grenzplankostenrechnung gilt als hochentwickeltes Kostenrechnungsverfahren[90], das vor allem für die Kostenkontrolle und die dispositiven Aufgaben der Kostenrechnung geeignet ist. Durch Einbeziehung der Erlöse in die Grenzplankostenrechnung entstand die Deckungsbeitragsrechnung als eine Weiterentwicklung der kurzfristigen Erfolgsrechnung. Der Deckungsbeitrag eines Erzeugnisses ist die Differenz zwischen seinem Absatzpreis und seinen variablen Selbstkosten. Der periodenbezogene Gesamtdeckungsbeitrag

---

89 Vgl. Kilger, W., 1981, a.a.O., S. 61ff.

90 Vgl. z.B. Lackes, R., a.a.O., S. 55/ Plaut, H.G., Grenzplankosten- und Deckungsbeitragsrechnung als modernes Kostenrechnungssystem, in: Kostenrechnungspraxis, 1(1984), S. 20ff. Hinzuweisen ist an dieser Stelle auf die von Laßmann für die spezifischen Ausgangsbedingungen in der Eisen- und Stahlindustrie entwickelte periodenbezogene Kosten- und Erlösrechnung sowie auf die von Riebel konzipierte Einzelkosten- und Deckungsbeitragsrechnung. Aufgrund ihrer spezifischen Ausrichtung auf die Grundstoffindustrie wird die periodenbezogene Kosten- und Erlösrechnung nicht in die Untersuchung einbezogen. Gleiches gilt für die Einzelkosten- und Deckungsbeitragsrechnung nach Riebel, in der neben Kostenstellen und Kostenträgern weitere Kontierungsobjekte existieren. Damit wird die Kostenträgerbezogenheit aufgegeben, die insbesondere im Rahmen der konstruktionsbegleitenden Kalkulation von Interesse ist (vgl. Kapitel 3.6.3.). Vgl. Laßmann, G., Die Kosten- und Erlösrechnung als Instrument der Planung und Kontrolle in Industriebetrieben, Düsseldorf 1968/ Riebel, P., Einzelkosten- und Deckungsbeitragsrechnung, 4. Auflage, Wiesbaden 1982.

entspricht der Summe der Deckungsbeiträge der verkauften Erzeugnisse. Durch Subtraktion der fixen Kosten vom Gesamtdeckungsbeitrag erhält man den periodenbezogenen Gesamterfolg[91]. In der Praxis werden aus verschiedenen Gründen Parallelkalkulationen durchgeführt, d.h. sowohl Grenz- als auch Vollkosten ermittelt (z.B. für öffentliche Angebote nach LSP (Leitsätze für die Preisermittlung aufgrund von Selbstkosten) sowie für Betriebsvergleiche und Zwecke der Berichterstattung)[92].

2.3.3. Erfassung und Analyse von Qualitätskosten

Die betriebliche Kostenrechnung erfaßt, plant und kontrolliert alle im Betrieb anfallenden Kosten und damit grundsätzlich auch die Qualitätskosten. Mit Ausnahme einer Ermittlung von Fehlerkosten, die durch die Kostenrechnung nicht explizit ausgewiesen werden, ist somit ein separates System zur Qualitätskostenerfassung nicht erforderlich. Im Sinne eines geringen Erfassungsaufwandes kann aber eine Abstimmung der Kostenrechnung auf die Belange der Qualitätskostenerfassung, z.B. eine Verfeinerung der Kostenarten- und Kostenstellengliederung, sinnvoll sein[93]. Die Informationsbasis für die Bestimmung der Fehlerverhütungs- und Prüfkosten ist die Kostenstellenrechnung. Grundlage für die Fehlerkostenermittlung bilden die in der Kostenträgerrechnung ermittelten Herstellkosten. Kostenstellen- und Kostenträgerrechnung liefern darüber hinaus Daten, die als Bezugsgrößen und Vergleichswerte für die Analyse der Quali-

---

91 In einer stufenweisen Fixkostendeckungsrechnung werden Fixkosten einzelnen Produkten oder Produktgruppen nur insoweit zugeordnet, als diese bestimmte betriebliche Tätigkeiten ausschließlich in Anspruch nehmen. Dieses Vorgehen manifestiert, bis zu welcher 'Produktionstiefe' die Deckungsfähigkeit der Erzeugnisse ausreicht. Ist diese gering, kann es angeraten sein, die Produktion der betreffenden Erzeugnisse einzustellen. Vgl. Kilger, W., 1981, a.a.O., S. 98ff.

92 Vgl. Kilger, W., 1981, a.a.O., S. 607.

93 Vgl. Steinbach, W., 1988, a.a.O., S. 887.

tätskosten herangezogen werden[94]. Erfassung, Aufschlüsselung und periodenbezogener Ausweis der Qualitätskosten fallen in den Aufgabenbereich der betrieblichen Kostenrechnung. Die Analyse und Auswertung der Qualitätskosten nimmt das Qualitätswesen vor, das als technischer Unternehmensbereich über das erforderliche Fachwissen verfügt.

Die Problematik hinsichtlich der Erfassung von Fehlerverhütungskosten besteht darin, daß jeder Tätigkeit und jedem Prozeß die Vermeidung von Fehlern als elementarer Bestandteil inhärent ist; die Abgrenzung des fehlerverhütenden Anteils bleibt damit stets willkürlich[95]. Auch der Hinweis in der Definition der Qualitätskosten, demzufolge diese *vorwiegend*[96] durch Qualitätsforderungen entstehen, leistet keine Hilfestellung für die beschriebene Abgrenzungsproblematik. Konsequenterweise sollte daher auf den Ausweis von Fehlerverhütungskosten verzichtet werden[97]. Die Erfassung und die Verrechnung der Kosten, die in den Organisationseinheiten bzw. den Kostenstellen des Qualitätswesens anfallen, bleiben davon unberührt.

Sofern für einzelne Prüfkostenelemente wie Eingangs-, Fertigungs- und Endprüfungen separate Kostenstellen eingerichtet sind, können die entsprechenden Prüfkosten direkt aus der Kostenstellenrechnung übernommen werden. Problematisch ist die Erfassung der Prüfkosten einzelner Prüfkostenele-

---

94 Vgl. Steinbach, W., 1988, a.a.O., S. 885.

95 Z.B. verhindert eine systematische Arbeitsplanung eine Vielzahl von Fehlern im Fertigungsprozeß. Sie wirkt damit fehlerverhütend, ohne daß die für ihre Durchführung anfallenden Kosten als Fehlerverhütungskosten ausgewiesen werden.

96 Vgl. DGQ-Schrift Nr. 14-17, a.a.O., S. 13.

97 Vgl. dazu Masing, W., 1988, a.a.O., S. 11f.
Diese Lösung widerspricht der Empfehlung der DGQ, neben den Kosten des Qualitätswesens weitere Kostenelemente als Fehlerverhütungskosten auszuweisen. Vgl. DGQ-Schrift Nr. 14-17, a.a.O., S. 25f.

mente, die durch die Kostenstellenrechnung nicht getrennt ausgewiesen werden. Dies gilt insbesondere für Personalkosten, wenn das Personal einer Kostenstelle qualitätssichernde Tätigkeiten ausübt, die mehreren Prüfkostenelementen zuzuordnen sind, bzw. neben qualitätssichernden Tätigkeiten prüffremde Aufgaben wahrnimmt (z.B. Selbstprüfung durch den Maschinenbediener). Schätzungen und Befragungen zur sporadischen Ermittlung der auf Prüftätigkeiten entfallenden Zeitanteile haben den Nachteil einer verhältnismäßig geringen Genauigkeit. Zudem ist eine auftragsbezogene Ermittlung von Prüfkosten nicht möglich, da Prüfkosten nur als Kostensumme einzelner Qualitätskostenelemente ausgewiesen werden können[98]. Darüber hinaus versagen Schätzungen und Befragungen bei Produkten bzw. Teilen, die hinsichtlich des auf sie entfallenden Prüfzeitanteils nicht repräsentativ sind. Mit Implementierung moderner Technologien in den Fertigungsbereich eröffnen sich Möglichkeiten, die Zeitanteile für Prüftätigkeiten im Rahmen einer automatischen Betriebsdatenerfassung (BDE) permanent und exakt zu erfassen[99]. Damit wird der Genauigkeitsgrad der ermittelten Zeitanteile für qualitätssichernde Tätigkeiten sowie der auf dieser Basis ermittelten Prüfkosten wesentlich erhöht[100].

Die Fehlerkostenelemente Nacharbeit, Ausschuß und Gewährleistung werden in vielen Unternehmen durch eigene Kostenstellen erfaßt und sind dann der Kostenstellenrechnung zu entnehmen. Grundlage für die Ermittlung der meisten Fehlerkostenelemente bilden Belege wie Fehlermeldungen, Ausschußmeldungen und Reparaturberichte[101]. Die dort eingetragenen Material- und Zeitverbräuche werden durch die betriebliche Kostenrechnung auf Basis der Herstellkosten bewertet, d.h.

---

98 Vgl. Rauba, A., a.a.O., S. 562.
99 Vgl. Siegwart, H./Raas, F., CIM-orientiertes Rechnungswesen: Bausteine zu einem System-Controlling, Stuttgart 1991, S. 205.
100 Vgl. Kapitel 3.6.3.
101 Vgl. DGQ-Schrift Nr. 14-17, a.a.O., S. 28.

neben den Einzelkosten werden auch die anteiligen Material- und Fertigungsgemeinkosten berücksichtigt. Eine weitere Datenquelle der Fehlerkostenerfassung bildet die Finanzbuchhaltung, die außergewöhnliche Aufwendungen im Rahmen der Produkthaftpflicht und der Gewährleistung erfaßt, die nicht durch Versicherungsleistungen abgedeckt sind.

Fehlerverhütungs- und Prüfkostenelemente, für die eigene sekundäre Kostenstellen eingerichtet werden, gehen über die innerbetriebliche Leistungsverrechnung in die primären Kostenstellen ein. Über die Bildung von Kalkulationssätzen werden sie nach dem Voll- oder Teilkostenprinzip auf die Kostenträger weiterverrechnet. Dies gilt auch für Prüfkostenelemente, die als separate Kostenart in den primären Kostenstellen erfaßt werden. In der Grenzplankostenrechnung werden nur die variablen Prüf- und Fehlerverhütungskosten sowie die geplanten Ausschuß- und Nacharbeitskosten[102] bei der Bildung von Kalkulationssätzen berücksichtigt. Bei einer auftragsweisen Erfassung werden letztere entweder als eigene Kostenart 'Ausschuß und Nacharbeit'[103] über die Kostenstellen oder als Sondereinzelkosten der Fertigung verrechnet[104].

Der Vergleich absoluter Qualitätskosten verschiedener Unternehmensbereiche oder Zeitperioden erlaubt keine wirkungsvolle Kontrolle der Wirtschaftlichkeit der Qualitäts-

---

102 Ausschuß- und Nacharbeitskosten verhalten sich proportional zum Produktionsvolumen und werden daher als variable Kostenart geplant. Vgl. Kilger, W., 1981, a.a.O., S. 300.

103 Die Kostenart 'Ausschuß und Nacharbeit' ist als künstliche Kostenart aufzufassen, die sich aus Personal-, Material-, Kapital- und Fremdleistungskosten zusammensetzt.

104 Vgl. Kilger, W., 1981, a.a.O., S. 298ff.
In Industrieunternehmen, in denen eine belegmäßige auftragsweise Erfassung der Fehlerkosten zu aufwendig ist (z.B. Grundstoff-, Textil- und Lebensmittelindustrie), werden Ausschußkosten über das Mengengefälle mit Hilfe von Einsatzfaktoren berechnet. Vgl. Kilger, W., 1981, a.a.O., S. 300ff.

kosten, da wirtschaftlichkeitsneutrale Einflüsse wie der Beschäftigungsgrad, die Produktkomplexität und die Ausbringungsmenge sich auf die Höhe der Qualitätskosten auswirken[105]. Qualitätskosten werden daher in Bezug gesetzt zu anderen betrieblichen erlös- und kostenorientierten Kenngrößen[106]. Neben innerbetrieblichen Qualitätskostenanalysen können Qualitätskosten verschiedener Unternehmen verglichen werden, wobei die Aussagekraft zwischenbetrieblicher Vergleiche, vor allem aufgrund unternehmensindividueller Abgrenzungen der Qualitätskostengruppen und -elemente eingeschränkt ist. Ein wirkungsvolles Kontrollinstrument sind Plan/Ist-Vergleiche zwischen angefallenen und geplanten Qualitätskosten[107]. Sie setzen das Vorhandensein einer Plankostenrechnung voraus, da die isolierte Planung und Analyse von Qualitätskosten mit einem zu hohen Aufwand verbunden wäre. Für eine Ursachenanalyse erkannter wirtschaftlicher Schwachstellen ist eine weitere Aufgliederung der Qualitätskosten zweckdienlich. Beispiele dafür sind Aufgliederungen der Fehlerkosten nach Produktgruppen, Fehlermerkmalen und -ursachen sowie Aufgliederungen der Prüfkosten nach Produktgruppen und Prüfmerkmalen[108]. Die Ergebnisse der Qualitätskostenanalysen werden in Qualitätskostenberichten zusammengefaßt. Diese werden vom Unternehmensbereich Qualitätswesen erstellt und sollten auch Angaben zu sekundären Erlöseinbußen enthalten, die z.B. auf Schätzungen der Vertriebs- und Kundendienstabteilungen beruhen[109].

---

105 Vgl. Steinbach, W., 1988, a.a.O., S. 895.
106 Vgl. Steinbach, W., 1988, a.a.O., S. 895f.
107 Vgl. Weidner, W., Kosten der Qualitätssicherung, in: Handbuch Kostenrechnung, Männel, W. (Hrsg.), Wiesbaden 1992, S. 906.
108 Vgl. Steinbach, W., 1988, a.a.O., S. 897f.
109 Vgl. dazu Fröhling, O./Wullenkord, A., Qualitätskostenmanagement als Herausforderung an das Controlling, in: Kostenrechnungspraxis, 4(1991), S. 176.

2.4. Teilbereiche der Qualitätssicherung

2.4.1. Begriff der Qualitätssicherung

Qualitätssicherung wird definiert als die "Gesamtheit der Tätigkeiten des Qualitätsmanagements, der Qualitätsplanung, der Qualitätslenkung und der Qualitätsprüfungen"[110]. Das Qualitätsmanagement bezeichnet denjenigen "...Aspekt der Gesamtführungsaufgabe, welcher die Qualitätspolitik festlegt und zur Ausführung bringt"[111]. Die Festlegung der Qualitätspolitik erfolgt in Abstimmung mit den anderen Elementen der Unternehmenspolitik (Produktions- und Kostenpolitik sowie Investitions-, Finanzierungs- und Absatzpolitik)[112] und bedarf eines hinreichenden Konkretisierungsgrades, um aus ihr Richtlinien für den Aufbau von Qualitätssicherungssystemen ableiten zu können[113]. In einem Qualitätssicherungssystem sind den einen Beitrag zur Erzeugnisqualität leistenden Qualitätselementen Qualitätssicherungselemente zugeordnet, die sicherstellen sollen, daß die Qualitätselemente ihrer Qualitätsforderung gerecht werden[114].

2.4.2. Qualitätsplanung

Unter Qualitätsplanung wird das "Auswählen, Klassifizieren und Gewichten der Qualitätsmerkmale sowie schrittweises Konkretisieren aller Einzelforderungen an die Beschaffenheit zu Realisierungsspezifikationen..." verstanden[115] "... und zwar im Hinblick auf die durch den Zweck der Einheit

110 DIN 55350, Teil 11, a.a.O., S. 7.
111 DIN 55350, Teil 11, a.a.O., S. 6.
112 Vgl. Meffert, H., a.a.O., S. 26ff.
113 Vgl. DGQ 11-04, a.a.O., S. 18.
114 Zum Zusammenhang zwischen Qualitätselementen und Qualitätssicherungselementen vgl. auch S. 23f.
115 DIN 55350, Teil 11, a.a.O., S. 7.

gegebenen Erfordernisse, auf das Anspruchsniveau und unter Berücksichtigung der Realisierungsmöglichkeiten"[116].

Die Qualitätsplanung wird auch als Planung der Qualitätsforderung bezeichnet[117], die der "...Gesamtheit der betrachteten Einzelforderungen an die Beschaffenheit einer Einheit in der betrachteten Konkretisierungsstufe der Einzelforderungen"[118] entspricht. Die Qualitätsforderung wird einerseits determiniert durch den Zweck, den eine Einheit erfüllen soll, und andererseits durch das Anspruchsniveau potentieller Abnehmer, wobei das Anspruchsniveau einen "Rangindikator für unterschiedliche Qualitätsforderungen an Einheiten, die dem gleichen Zweck dienen"[119], darstellt.

Sowohl auf den Zweck eines Erzeugnisses als auch auf das Anspruchsniveau wirken unternehmensexterne und -interne Einflußfaktoren, die den Bedingungsrahmen für dessen Planung kennzeichnen. Extern determiniert wird die Qualitätsforderung durch die Rechtsvorschriften des Staates, durch darüber hinausgehende Forderungen der Allgemeinheit, z.B. in ökologischer und sozialer Hinsicht, sowie durch technische Möglichkeiten und die bestehende Konkurrenzsituation am Absatz- und Beschaffungsmarkt. Internen Einfluß besitzt in erster Linie die Qualitätsfähigkeit einer Organisation. Relevanz kommt ferner den vorhandenen personellen, technischen, organisatorischen und finanziellen Voraussetzungen zu. Während die externen Determinanten längerfristig feststehen, besitzt ein Unternehmen hinsichtlich der internen Faktoren größere Möglichkeiten einer Einflußnahme. Dies gilt vor allem in bezug auf eine Verbesserung der Qualitätsfähigkeit einer Organisation, die als Qualitätsförderung bezeichnet wird.

---

116 DIN 55350, Teil 11, a.a.O., S. 7.
117 Vgl. Geiger, W., 1986a, a.a.O., S. 35.
118 DIN 55350, Teil 11, a.a.O., S. 3.
119 DIN 55350, Teil 11, a.a.O., S. 2.

Eine Verbesserung der Qualitätsfähigkeit ist Voraussetzung für eine Anhebung des Qualitätsniveaus von Erzeugnissen. Der Herleitung eines wirtschaftlichen Qualitätsniveaus liegt als Zielfunktion die Differenz zwischen Kosten und Erlösen zugrunde. Ziel der Qualitätsplanung ist das Festlegen eines den Wertvorstellungen des Kunden adäquaten Qualitätsniveaus. Eine Übererfüllung von Kundenforderungen wird von den Abnehmern zwar akzeptiert, die zusätzlichen mit einer Erhöhung des Qualitätsniveaus überproportional steigenden Mehrkosten (plus Mehrgewinn) sind sie aber nicht bereit zu bezahlen[120]. Andererseits gehen die Erlöse bei Untererfüllung der Kundenwünsche drastisch zurück. Dieser Zusammenhang wird in der Tendenz in Abbildung 10 wiedergegeben. Durch die Qualitätsplanung ist das wirtschaftliche Qualitätsniveau ($Q_{opt.}$) zu ermitteln, ab dem die Kosten zur Realisierung einer höheren Produktqualität stärker ansteigen als die Wertvorstellungen des Kunden.

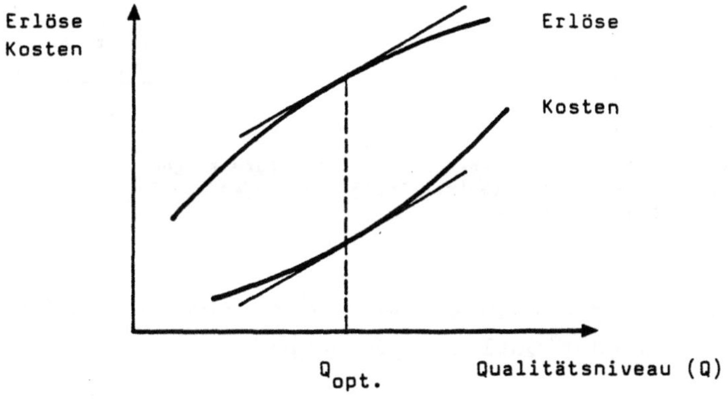

Abb.10: Herleitung eines wirtschaftlichen Qualitätsniveaus[121]

---

120 Vgl. Masing, W., Einführung in die Qualitätslehre, 7. Auflage, Berlin 1989, S. 34ff.

121 In Anlehnung an Botta, V., Qualität und Qualitätsüberwachung, in: Handwörterbuch der Produktionswirtschaft, Kern, W. (Hrsg.), Stuttgart 1979, Sp. 1749.

Der Ablauf der Qualitätsplanung orientiert sich an unternehmensspezifischen Kriterien und ist daher nicht vollständig standardisierbar[122]. Abbildung 11 gibt grundlegende Aspekte schematisch wieder.

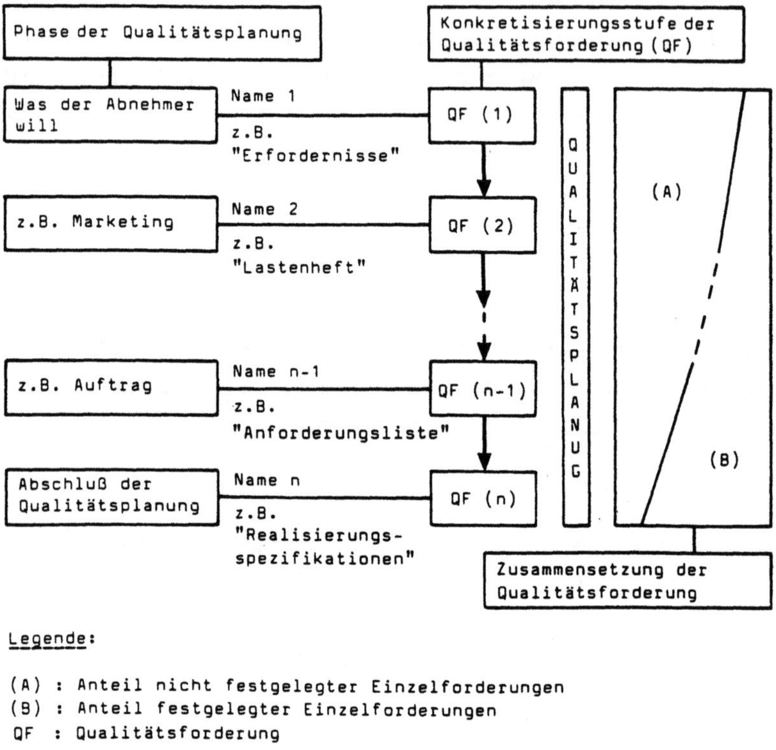

Abb.11: Konkretisierungsstufen der Qualitätsforderung während der Qualitätsplanung[123]

Abhängig von der Beziehung der Produktion zum Absatzmarkt gestaltet sich die Ermittlung der Marktforderungen. Während bei kundenorientierter Fertigung die Anforderungen vom Ab-

122 Vgl. Seghezzi, D., Qualitätssicherung von Neuprodukten, in: Handbuch der Qualitätssicherung, Masing, W. (Hrsg.), 2. Auflage, München-Wien 1988, S. 338.

123 Vgl. Geiger, W., Einheitliche Fachsprache als Voraussetzung für rationelle Problemlösungen, in: Qualität und Zuverlässigkeit, 32.Jg.(1987), Heft 6, S. 290.

nehmer selbst genannt werden, sind diese bei marktorientierter Fertigung vom Unternehmen durch Verfahren der Marktforschung zu ermitteln[124]. Die externen Qualitätsforderungen werden vom Marketing oder dem Vertrieb als vorläufige Spezifikationen in einem Lastenheft festgelegt[125], in dem sowohl die Bedürfnisse des Kunden als auch die der Allgemeinheit beschrieben sind[126]. Dieses bildet die Basis für die weitere Qualitätsplanung, in deren Verlauf die Anforderungen an ein Produkt, z.B. bei Erteilung eines Auftrages, weiter konkretisiert und in einer Anforderungsliste dokumentiert werden. Anforderungslisten gehen inhaltlich über das Lastenheft hinaus und enthalten Fest- und Mindestforderungen sowie Wünsche[127]. Den Abschluß der Qualitätsplanung bildet die konkrete Vorgabe hinsichtlich der zu realisierenden Qualitätsmerkmale in Form von Realisierungsspezifikationen. Für selbstverständlich gehaltene Qualitätsforderungen bleiben darin meist unerwähnt[128]. Die Qualitätsplanung ist auch in der Realisierungsphase, z.B. bei Einführung neuer Fertigungsverfahren, dem Einsatz neuer Materialien oder verschärften Kundenanforderungen fortzusetzen[129]. Die Durchführung der Qualitätsplanung obliegt im allgemeinen den an der Produktplanung beteiligten Unternehmensbereichen wie Marketing, Konstruktion, Arbeitsvorbereitung und Fertigung. Das Qualitätswesen wirkt, z.B. durch die Ausgabe von Richtlinien und die Durchführung von Entwurfs- und Musterprüfungen, an der Qualitätsplanung mit.

---

124 Zu den Methoden der Markt- und Absatzprognose vgl. Meffert, H., a.a.O., S. 187ff.

125 Vgl. Pfeifer, T./Gimpel, B./Köppe, D./Lücker, M., Qualitätsplanung und -lenkung, in: CIM-Handbuch, Geitner, U.W. (Hrsg.), 2., vollständig überarbeitete und erweiterte Auflage, Braunschweig 1991, S. 497f.

126 Vgl. Seghezzi, D., a.a.O., S. 343.

127 Vgl. VDI 2222, Konstruktionsmethodik, Konzipieren technischer Produkte, Düsseldorf 1977, S. 7.

128 Vgl. Geiger, W., 1987, a.a.O., S. 291.

129 Vgl. Geiger, W., 1986a, a.a.O., S. 105.

"Rund 80% aller Fehler, die während der Produkterstellung und im Produkteinsatz entstehen, haben ihre Ursachen in unzureichender Planung, Entwicklung und Konstruktion"[130]. Diese Erkenntnis hat zu einer Verlagerung der Qualitätssicherung von der bloßen Fehlerentdeckung im Fertigungsprozeß zur Fehlervermeidung geführt. Dazu werden durch die Qualitätsplanung potentielle produkt- und prozeßbezogene Störeinflüsse, die dazu führen, daß ein Erzeugnis seine Qualitätsforderung nicht erfüllt, ermittelt und Maßnahmen zu deren Abstellung entwickelt[131].

Die Failure Mode and Effects Analysis (FMEA) wird mit Fehlermöglichkeits- und -einflußanalyse übersetzt und ist eine "...formalisierte, analytische Methode zur systematischen und vollständigen Erfassung und Vermeidung potentieller

---

130 Bläsing, J.P., FMEA, Failure Mode and Effects Analysis, in: Qualität und Zuverlässigkeit, 33.Jg.(1988a), Heft 3, S. 119.

131 Ausführliche Beschreibungen der in der Qualitätsplanung eingesetzten Verfahren finden sich in Seghezzi, D., a.a.O., S. 331ff./Peters, O.H./Meyna, A., Sicherheitstechnik, in: Handbuch der Qualitätssicherung, Masing, W. (Hrsg.), 2. Auflage, München-Wien 1988, S. 301-328/ Deixler, A., Zuverlässigkeitsplanung, in: Handbuch der Qualitätssicherung, Masing, W. (Hrsg.), 2. Auflage, München-Wien 1988, S.361-382.
Neben den im folgenden exemplarisch beschriebenen Verfahren ist auf die Statistische Versuchsplanung und die Taguchi Methode hinzuweisen, die zur Planung der Realisierungsbedingungen der Qualitätsforderung eingesetzt werden. Gegenstand der Statistischen Versuchsplanung ist die Prozeßanalyse und -optimierung. Sie erfordert, um exakte Ergebnisse zu erzielen, einen hohen Planungsaufwand. Eine von Taguchi entwickelte Methode (Taguchi Methode) nimmt in der Entwicklungsphase auch Einfluß auf das Produkt, "...so daß Prozeß und Produkt durch eine qualitätsgerechte Entwicklung aufeinander abgestimmt werden".
Pfeifer, T./Köppe, D., 1988, a.a.O., S. 27/Vgl. Taguchi, G., Introduction to Quality Engineering. Asian Productivity Organization; ASI, Dearborn, Michigan, Tokyo, 1986. Zur praktischen Anwendung der Taguchi Methode vgl. Kaminski, M./Fein, P., Fallbeispiel einer Qualitätsverbesserung mittels Taguchi-Methoden, in: Qualität und Zuverlässigkeit, 33.Jg.(1988), Heft 11, S. 559ff.

Fehler in der Konstruktion, Planung und Produktion"[132]. Durchgeführt werden Konstruktions-FMEA zur Analyse potentieller Ausfälle von Enderzeugnissen bzw. dessen Teilen und Prozeß-FMEA zur Untersuchung möglicher Fertigungs- und Montagefehler. Die FMEA erfolgt anhand von Formblättern und wird in die Stufen der Risikoanalyse, der Risikobewertung und der Optimierung unterteilt[133]. Die Risikoanalyse ermittelt potentielle Fehler, Fehlerfolgen und Fehlerursachen pro Bauteil oder Prozeßschritt. Anhand der Wahrscheinlichkeit des Auftretens eines Fehlers (A), der Bedeutung potentieller Fehlerfolgen (B) und der Wahrscheinlichkeit, daß der Fehler - unter Berücksichtigung vorgesehener Prüfmaßnahmen - entdeckt wird (E), ermittelt die Risikoanalyse eine Risikoprioritätszahl (RPZ), die sich aus dem Produkt der einzelnen Risikobewertungen ((A)x(B)x(E))[134] errechnet und die Priorität angibt, mit der weitere Prüfmaßnahmen festzulegen sind. Die RPZ liegt zwischen 1 und 1000 und nimmt mit steigender Priorität zu. Im Rahmen der Optimierung werden für potentielle Fehler hoher Priorität korrektive Maßnahmen durch Konstruktion, Arbeitsplanung oder Qualitätswesen festgelegt. Das erneute Errechnen der RPZ dient der Überprüfung der Effizienz der geplanten Maßnahmen.

Als eine logische Folge von FMEA sind Prozeßfähigkeitsuntersuchungen aufzufassen[135], die die Planungsergebnisse einer FMEA absichern und bei Serienproduktion unmittelbar nach teilweiser oder vollständiger Installierung eines Produktionsprozesses durchgeführt werden. Ihr Ziel besteht in der "...Beurteilung der Übereinstimmung des Prozesses mit

---

132 Stockinger, K., FMEA ein Erfahrungsbericht, in: Qualität und Zuverlässigkeit, 34.Jg.(1989), Heft 3, S. 155.

133 Vgl. Horváth, P., Qualitäts-Controlling, Horváth, P./ Urban, G. (Hrsg.), Stuttgart 1990, S. 69ff.

134 Beurteilt wird die Auftrittswahrscheinlichkeit von Fehlern, die Bedeutung der Fehlerfolgen und die Wahrscheinlichkeit des Entdeckens von Fehlern durch die Vergabe ganzer Zahlen zwischen 1 und 10.

135 Vgl. Stockinger, K., a.a.O., S. 157.

den vorgegebenen Qualitätsforderungen..."[136]. Mit Prozeßfähigkeitsuntersuchungen werden Kenntnisse über die Eigenschaften von Produktionsprozessen gewonnen. Diese sind definiert als das "...Zusammenwirken von Personal, Maschinen und Einrichtungen, Methoden, Umgebungseinflüssen und Material in allen Prozeßschritten..."[137].

Das Prozeßverhalten wird im folgenden anhand der Kriterien Qualitätsfähigkeit und Stabilität (= Beherrschtheit) beschrieben. Ein Prozeß ist fähig, wenn durch ihn ein Erzeugnis gefertigt wird, das seiner Qualitätsforderung entspricht[138]. Auf Prozesse wirken zufällige und systematische Störgrößen ein. Ein Prozeß gilt als stabil oder beherrscht, wenn die auf ihn einwirkenden Störungseinflüsse zufällig und die durch ihn erzeugten Merkmale normalverteilt sind (Gauß-Verteilung)[139]. Die Prozeßstabilität ist zwar häufig, aber nicht unbedingt eine Voraussetzung für die Qualitätsfähigkeit desselben Prozesses. Instabile Produktionsprozesse weisen neben zufälligen auch systematische Störungseinflüsse auf, die z.B. aus einer veränderten Werkzeugeinstellung, einem Werkzeugwechsel oder einer veränderten Materialbeschaffenheit resultieren. Diese können durch Prozeßfähigkeitsuntersuchungen häufig identifiziert und ohne eine Änderung des eigentlichen Fertigungsablaufes abgestellt werden[140]. Darstellungen der Merkmalsverteilung eines stabilen und fähigen sowie eines instabilen und unfähigen Produktionsprozesses enthält Abbildung 12.

---

136 Verband der Automobilindustrie e.V. (VDA), Sicherung der Qualität vor Serieneinsatz, Qualitätskontrolle in der Automobilindustrie, Band 4, Frankfurt am Main 1986, S. 51.

137 Vgl. Füller, H.A., Statistische Prozeßregelung, in: Handbuch der Qualitätssicherung, Masing, W. (Hrsg.), 2. Auflage, München-Wien 1988, S. 467f.

138 Vgl. DGQ 11-04, a.a.O., S. 83.

139 Vgl. Horváth, P., a.a.O., S. 57f.

140 Vgl. VDA, 1986, a.a.O., S. 53f.

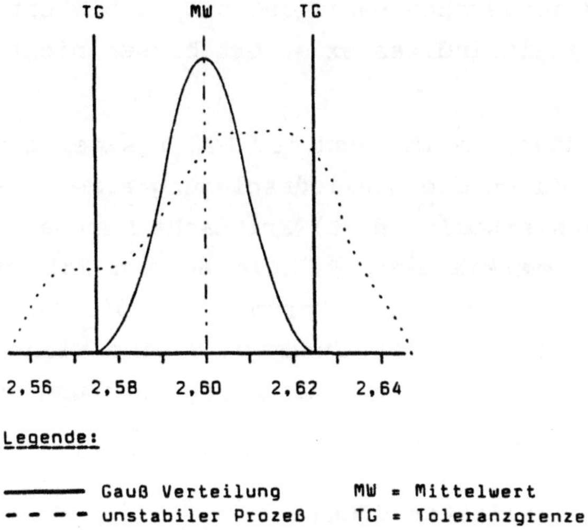

Abb.12: Verteilung eines stabilen und eines instabilen Produktionsprozesses[141]

Die Beurteilung der Prozeßfähigkeit und -stabilität erfolgt durch die Berechnung des C_p-Index, der die Streuung des Fertigungsprozesses ermittelt, und des C_{pk}-Index, der neben der Streuung auch die Lage des Mittelwertes der Häufigkeitsverteilung berücksichtigt[142]. Prozesse gelten als stabil und fähig, wenn diese Indizes größer oder gleich bestimmter vorgegebener Werte sind. Eine einheitliche Beur-

141 In Anlehnung an Horváth, P., a.a.O., S. 57.
142 Die Prozeßfähigkeitsindizes berechnen sich wie folgt:

$$C_p = \frac{OSG - USG}{6 \cdot \hat{\sigma}} \qquad C_{pk} = \frac{\Delta\, krit}{3 \cdot \hat{\sigma}}$$

USG/OSG = obere/ untere Spezifikationsgrenze
Für quantitative Merkmale:
$\hat{\sigma} = s_R$ = Schätzwert der Standardabweichung der Spannweite
Für qualitative Merkmale:
$\hat{\sigma}$ = entspricht angenähert der Standardabweichung der Grundgesamtheit, wobei die Einzelstichprobengröße nicht kleiner als 50 sein sollte.
Δ krit = kritischer Abstand des Gesamtmittelwertes zur Spezifikationsgrenze.
Vgl. VDA, 1986, a.a.O., S. 54f.

teilung der Prozeßstabilität und -fähigkeit anhand der Prozeßfähigkeitsindizes existiert bisher nicht[143].

In Anlehnung an die von der DGQ festgelegten Fehlerklassen erfolgt durch die Qualitätsplanung eine Klassifizierung der Qualitätsmerkmale in (1) Kritische Merkmale, (2) Haupt- und (3) Nebenmerkmale[144], "...die an den Folgen möglicher Fehler beim betreffenden Merkmal für die Nutzung der Einheit ausgerichtet ist"[145]. Zudem wird eine sich an der Fehlergewichtung orientierende Merkmalsgewichtung vorgenommen.

2.4.3. Qualitätsprüfung

Die Qualitätsprüfung dient der Feststellung, inwieweit ein Produkt seine Qualitätsforderung erfüllt und wird unterteilt in die Bereiche der Prüfplanung, der Prüfausführung und der Prüfdatenverarbeitung.

Die Prüfplanung basiert auf den Ergebnissen der vorgelagerten Planungsbereiche Konstruktion, Arbeitsplanung und Qualitätsplanung. Die Prüfplanung legt die Ausführung der Qualitätsprüfung fest und umfaßt folgende Planungsschritte:

(1) Prüfen der Unterlagen,
(2) Erkennen prüfbarer Merkmale,

---

143 Die Ford Richtlinie EU 880b legt den C_p- und den C_{pk}-Index mit mindestens 1,0 fest, der VDA mit mindestens 1,33, bevor Prozesse als fähig eingestuft werden. Vgl. Ford, Statistische Prozeßregelung, Leitfaden EU 880b (1986) und VDA, 1986, a.a.O., S. 56.
Bei C_{pk}=1,33 nutzt die Prozeßstreubreite die Toleranzstreubreite zu 75% aus, bei C_{pk}=1,0 zu 100%.
Im folgenden gilt ein Prozeß als fähig und stabil, wenn die Prozeßfähigkeitsindizes Werte von mindestens 1,33 aufweisen.

144 Vgl. DGQ 11-04, a.a.O., S. 27f.

145 Geiger, W., 1986a, a.a.O., S. 93.

(3) Auswahl der Prüfmerkmale,
(4) Festlegen der Prüfhäufigkeit/ Prüfmethode/ Prüfmittel und Prüfdatenverarbeitung für jedes Prüfmerkmal,
(5) Abstimmen mit anderen Fachbereichen sowie
(6) Erstellen des Prüfplans und Eintragen in den Fertigungsplan[146].

Mit der Prüfung der Unterlagen auf Vollständigkeit und Aktualität wird die Richtigkeit der Eingangsinformationen der Prüfplanung sichergestellt. Das Erkennen prüfbarer Merkmale erfolgt mittels geeigneter Suchmethoden, nach denen die Planungsunterlagen, die vor allem als Zeichnungen vorliegen, vom Prüfplaner durchgearbeitet werden. Die Festlegung der Prüfnotwendigkeit eines Merkmals orientiert sich an Kriterien wie dem Verhältnis von Prüf- zu Fehlerkosten, Fertigungsunsicherheiten und Nachweisforderungen[147]. Die Prüfmerkmale werden in der Zeichnung markiert oder in Listen übertragen. Anschließend ist für jedes Merkmal die Prüfhäufigkeit festzulegen. Dieser Planungsschritt beinhaltet die Festlegung des Prüfzeitpunktes, der Prüfart und des Prüfumfanges. Kriterien für die Zuordnung eines Prüfmittels zu einer Prüfaufgabe sind dessen Meßbereich und Meßgenauigkeit[148]. Prüfmittel sind Lehren, Meßmittel, elektronische Meßgeräte und -systeme, Prüfvorrichtungen, Prüfautomaten sowie Testsysteme und Prüfstände[149]. Eine zweckmäßige Grundlage für die Prüfmittelauswahl ist eine Prüfaufgaben/ Prüfmittel-Matrix, die jeder Prüfaufgabe geeignete Prüfmittel zuordnet. Die Art der Prüfdatenverarbeitung kann extern z.B. durch Auftraggeber oder intern z.B. durch die Ein-

---

146 Vgl. VDI/VDE/DGQ 2619, Prüfplanung, Düsseldorf 1985, S. 4ff.

147 Vgl. Reles, T., Systematische Auswahl von Prüfmerkmalen, in: Zeitschrift für wirtschaftliche Fertigung, 82(1987), Heft 8, S. 466ff.

148 Vgl. Fuchs, H./Reles, T., Rechnergestützte Prüfplanung, in: Qualität und Zuverlässigkeit, 28.Jg.(1983), Heft 3, S. 68.

149 Vgl. Pfeifer, T./Bonse, L., Prüfmittel rechnergestützt überwachen, Industrie-Anzeiger, 70/1987, S. 18.

kaufsabteilung zur Lieferantenbewertung vorgegeben sein. Dazu sind der Modus der Prüfdatenangabe, d.h. qualitative oder quantitative Nennung, der Angabeort, z.B. der Prüfplan oder Fertigungsplan sowie die Weiterverarbeitung von Prüfdaten vom Prüfplaner nach den Vorgaben des Qualitätswesens festzulegen. Nach einer Abstimmung mit weiteren Fachbereichen wie Konstruktion, Arbeitsplanung und Fertigung wird der endgültige Prüfplan in Ergänzung zum Arbeitsplan oder als dessen integraler Bestandteil erstellt. Prüfpläne bestehen im allgemeinen aus Prüfspezifikationen, die im wesentlichen Prüfmerkmale und ihre vorgegebenen Werte enthalten, sowie Prüfanweisungen, die die Art der Durchführung von Qualitätsprüfungen festlegen und Prüfablaufplänen, die die Abfolge der Qualitätsprüfungen beschreiben[150].

Die Qualitätsfähigkeit einer Organisation hängt wesentlich von der Einsatzbereitschaft und Meßgenauigkeit der vorhandenen Prüfmittel ab. Da alle Prüfmittel während des Einsatzes Gefahr laufen, "...zu dejustieren oder ihre Einsatzfähigkeit aufgrund von Ausfällen elektronischer Komponenten oder unsachgemäßer Handhabung zu verlieren"[151], ist deren kontinuierliche Überwachung notwendig. Dies erfordert den Aufbau einer Organisation zur Prüfmittelüberwachung, durch die Prüfmittel datenmäßig erfaßt, verwaltet und zur Gewährleistung ihrer Einsatzfähigkeit in festgelegten Abständen überprüft werden.

Prüfpläne bilden die Grundlage für die Ausführung von Qualitätsprüfungen. Diese werden in allen Qualitätsphasen eines Produktes durchgeführt und stellen fest, inwieweit eine Einheit ihre Qualitätsforderung erfüllt[152]. Entwurfs- und Musterprüfungen in der Planungsphase wurden bereits er-

150 Vgl. DIN 55350, Teil 11, a.a.O., S. 8f.
151 Pfeifer, T./Bonse, L., a.a.O., S. 18.
152 Vgl. DIN 55350, Teil 17, Begriffe der Qualitätssicherung und Statistik, Begriffe der Qualitätsprüfungsarten, Berlin 1988, S. 3.

wähnt. In der Realisierungsphase sind Eingangs-, Fertigungs- und Endprüfungen zu unterscheiden. Wareneingangsprüfungen erfolgen bei der Anlieferung von Zukaufteilen wie Einzelteile und Baugruppen sowie von Betriebsmitteln wie Maschinen und Prüfmittel und sollen sicherstellen, daß diese in fehlerfreiem Zustand in die Fertigung gelangen. Eine Endprüfung ist die "letzte der Qualitätsprüfungen vor Übergabe der Einheit an den Abnehmer"[153] und soll gewährleisten, daß das ausgelieferte Produkt seiner Qualitätsforderung entspricht. Die traditionelle Qualitätsprüfung am Ende des Produktionsprozesses weist erhebliche Nachteile auf. "Fehler werden erst erkannt, wenn der gesamte Fertigungsprozeß abgeschlossen ist; schon in den ersten Stufen entstehende Fehlarbeit wird durch den restlichen Prozeß nutzlos und kostenverursachend weitergeschleust. Aufzeichnungen über Art und Häufigkeit der Fehler lassen sich nachträglich schwerer erstellen, so daß den Ursachen oft nur unzureichend und verspätet nachgegangen werden kann, wodurch sich manche Fehlerquellen nicht mehr genau lokalisieren lassen"[154]. Diese Nachteile lassen sich durch Qualitätsprüfungen vermeiden, die während der Entstehung eines Produktes erfolgen und eine unwirtschaftliche Weiterverarbeitung fehlerhafter Werkstücke weitgehend ausschließen. Produktverhaltensprüfungen finden während der Nutzung eines Erzeugnisses statt und dienen dazu, Kenntnisse über das Verhalten eines Produktes in dessen Nutzungsphase zu gewinnen[155].

---

153 DIN 55350, Teil 17, a.a.O., S. 6.
154 Hammer, E., Industriebetriebslehre, München 1973, S. 230f.
155 Vgl. DIN 55350, Teil 17, a.a.O., S. 7.

Nach dem Prüfumfang, d.h. der Anzahl zu prüfender Einheiten eines Prüfloses, werden die Voll-, die Teilkontrolle und der Kontrollverzicht unterschieden[156]. Bei einer Vollkontrolle werden alle Einheiten eines Prüfloses geprüft. Dies ist bei traditioneller Qualitätssicherung wirtschaftlich nur bei sicherheitsrelevanten oder extrem hochwertigen Erzeugnissen sowie bei Einzel- und Kleinserienfertigung vertretbar[157]. Bei Teilkontrollen läßt sich der Prüfaufwand durch den Einsatz von Stichprobenverfahren reduzieren, die auf der Wahrscheinlichkeitsrechnung und Stichprobentheorie basieren. Anhand von Wahrscheinlichkeiten kann dabei die Unzuverlässigkeit von Prüfungen berechnet werden, so daß sich "...Art und Umfang der Stichprobe entsprechend dem in Kauf genommenen Fehlerrisiko unterschiedlich gestalten lassen"[158]. Der Kontrollverzicht stellt in der traditionellen Qualitätssicherung kein zieladäquates Instrument dar, da das Risiko der Auslieferung fehlerhafter Produkte und die daraus resultierende potentielle Gefährdung eines Unternehmens zu groß sind.

Mit der Verlagerung des Schwerpunktes der Qualitätssicherung von der Fehlerentdeckung zur Fehlervermeidung wächst die Bedeutung von Prüfverfahren, die eine Beurteilung der Fertigungsprozesse erlauben. Qualitätsregelkartenverfahren dienen zur indirekten Prozeßüberwachung anhand werkstückbezogener Merkmalswerte[159]. Wie Abbildung 13 schematisch

---

156 Die als Ganzes einer Qualitätsprüfung unterzogene Produktmenge (N) wird als Prüflos bezeichnet. Der Umfang eines Prüfloses entspricht der Anzahl von Erzeugniseinheiten in der Produktmenge (N). Bei einer Stichprobenprüfung wird durch einen Stichprobenplan die Stichprobenlänge (n) und die Entscheidungsregel für die Annahme oder Ablehnung des Produktloses (N) festgelegt. Vgl. Seibt, H., Qualitätssicherung , statistische, in: Handwörterbuch der Produktionswirtschaft, Kern, W. (Hrsg.), Stuttgart 1979, Sp. 1738.

157 Vgl. Kapitel 2.3.1.

158 Müller, D., a.a.O., S. 43.

159 Vgl. Kirschling, G., Qualitätsregelkarten, in: Handbuch der Qualitätssicherung, Masing, W. (Hrsg.), 2. Auflage, München-Wien 1988, S. 171ff.

zeigt, enthalten Regelkarten ein rechtwinkliges Koordinatensystem, an dessen senkrechter Achse eine Skala für die zu erwartenden Ausprägungen des Prüfmerkmals und an dessen horizontaler Achse die Zeit, der Zeitpunkt oder die Nummer der Stichprobe eingetragen wird. Bei qualitativen Merkmalen werden die Fehlerzahlen oder die Anzahl fehlerhafter Einheiten und bei quantitativen Merkmalen die Ur- bzw. Meßwerte in Regelkarten eingetragen. Ferner können Skalen statistische Kennwerte wie Fehleranteil, Mittelwert, Zentralwert, Standardabweichung oder Spannweite anzeigen.

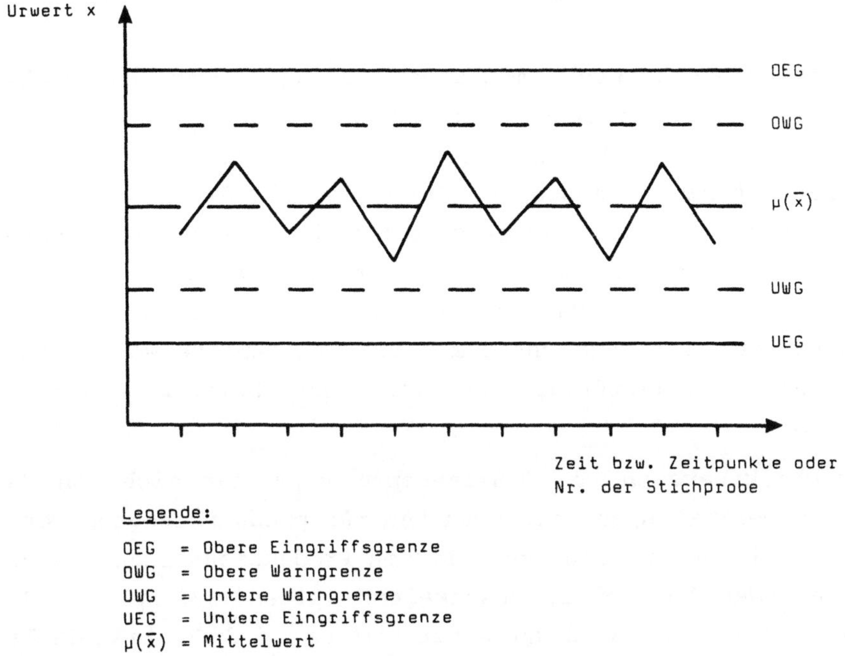

Abb.13: Schema einer Qualitätsregelkarte für Urwerte[160]

Mit Qualitätsregelkarten wird überprüft, ob die Streuung der Merkmalswerte gegenüber der Toleranz der Meßgröße genügend klein ist oder ob aufgrund systematischer Störein-

160 Eine ähnliche Darstellung findet sich bei Kirschling, G., a.a.O., S. 172.

flüsse die Merkmalswerte außerhalb der Toleranz liegen. Dazu werden dem Fertigungsprozeß in regelmäßigen Intervallen Stichproben gleichen Umfangs entnommen und die Prüfergebnisse in die Qualitätsregelkarte eingetragen. Bei Überschreiten einer angegebenen Warngrenze ist erhöhte Aufmerksamkeit etwa dadurch geboten, "...daß in kürzeren Zeitabständen geprüft wird oder sofort eine neue Stichprobe entnommen wird. Das Überschreiten einer Eingriffsgrenze erfordert dagegen einen sofortigen Eingriff in den zu überwachenden Prozeß"[161]. Das frühzeitige Erkennen systematischer Störeinflüsse ermöglicht deren Abstellung und damit eine Regelung der Fertigungsprozesse.

Qualitätsregelkarten ermöglichen Aussagen über die Qualitätsfähigkeit und Stabilität eines Prozesses. Der Prozeß, dessen Verhalten Abbildung 13 zeigt, ist als beherrscht und qualitätsfähig einzustufen. Kriterium für die Qualitätsfähigkeit ist das Nicht-Überschreiten der oberen und unteren Warn- bzw. Eingriffsgrenzen. Der Prozeß kann als beherrscht bezeichnet werden, da ungefähr die gleiche Anzahl von Datenpunkten ober- und unterhalb des Gesamtmittelwertes liegen und die Eingriffsgrenzen nicht überschritten werden[162].

Der Objektbereich von Qualitätsprüfungen hat sich von den Produktmerkmalen auf die Ursachen für produktbezogene Merkmalsabweichungen, d.h. auf die den Produktionsprozeß determinierenden Parameter, ausgeweitet. Diese Methode der direkten Prozeßüberwachung setzt voraus, daß Prozeßmodelle, d.h. "...typisch reproduzierbare Parameterprofile..."[163], die ein fehlerfreies Werkstück aufweist, aufgestellt und mit den während der Bearbeitung kontinuierlich gemessenen Parametern verglichen werden. Die Prozeßparameter können technologische, geometrische und umweltbezogene Meßgrößen

161 Kirschling, G., a.a.O., S. 171f.
162 Vgl. Füller, H.A., a.a.O., S. 476.
163 Bläsing, J.P., CAQ (Computer Aided Quality Management), Qualitätssicherung unter CIM-Zielen, Braunschweig-Wiesbaden 1990a, S. 57.

sein, deren Ausprägungen an der Maschine oder dem Werkzeug erhoben werden[164]. Während des Prozeßverlaufes und vor Entstehen eines Fehlers können bei der direkten Prozeßüberwachung auf diese Weise Störungen des Fertigungsprozesses wie "...gestörter Späneablauf, Werkzeugbruch oder Werkzeugverschleiß unmittelbar im Prozeß selbst erkannt..."[165] und vor einer Fehlerentstehung geeignete Maßnahmen zur Gegensteuerung eingeleitet werden. Dadurch ist die direkte Prozeßüberwachung in ihrer Wirkung einer erzeugnisbezogenen Vollkontrolle weit überlegen, durch die aufgetretene Fehler lediglich entdeckt werden.

Nach dem Prüfzeitpunkt werden Prüfungen vor Bearbeitungsbeginn, während des Bearbeitungsvorganges und nach Beendigung des Bearbeitungsvorganges voneinander abgegrenzt[166]. Diese werden in der Literatur auch als Pre-, In- und Post-Process-Prüfungen bezeichnet[167]. Maßstab für die Effizienz von Qualitätsprüfungen ist die Minimierung des Zeitraumes zwischen Fehlerentstehung und Fehlerfeststellung. Pre-Process-Prüfungen sind präventiver Natur und dienen zur sicheren Gestaltung der Produktionsprozesse[168]. Bei In-Process-Prüfungen wird direkt am potentiellen Entstehungsort eines Fehlers geprüft. Sofern der Bearbeitungsvorgang während der Prüfung nicht unterbrochen wird, fallen keine getrennten Prüfzeiten an. Das Prüfmittel ist im Arbeitsraum der Maschine zu installieren. Sich daraus ergebende Probleme bestehen in der Einschränkung der Prüfmittelauswahl durch die Geometrie des Arbeitsraumes der Maschine sowie dem Umstand,

---

164 Vgl. Pfeifer, T./Schüller, H., Geregelte Fertigung steigert Qualität, in: Industrie-Anzeiger, 45/1988, S. 19f.

165 Bläsing, J.P., 1990a, a.a.O., S. 57.

166 Vgl. Babić, H., Beitrag zur systematischen Planung der Qualitätsprüfung bei Klein- und Mittelserienfertigung, Berlin-Heidelberg-New York 1982, S. 41ff.

167 Vgl. Liebgott, H.M., Qualitätssicherung mit moderner Meß-, Prüf- und Regeltechnik bei Just-in-Time-Produktion, in: Beschaffung aktuell, 7(1988), S. 30/Pfeifer, T./Schüller, H., a.a.O., S. 19f.

168 Vgl. Babić, H., a.a.O., S. 41.

daß das Prüfmittel den Störgrößen des Fertigungsprozesses und den oftmals rauhen Umgebungsbedingungen der Maschine ausgesetzt ist. Diesbezüglich erschließen sich neue Anwendungsfelder mit der Entwicklung moderner Sensoren und Sensor-Systeme, deren Marktangebot sich ständig verbreitert und die sich durch eine hohe Integrationsfähigkeit auszeichnen[169]. Bei Bearbeitungsverfahren, die In-Process-Prüfungen aus technologischen Gründen nicht zulassen, werden Post-Process-Prüfungen durchgeführt. Dabei entstehen neben getrennten Prüfzeiten zusätzlich Transportzeiten des Werkstückes zum Prüfmittel, die in ihrer Höhe abhängig sind von dessen Standort. Externe Prüf- und Meßtechnik kann fertigungsnah oder in speziellen Meßzentren installiert sein. Externe Prüfsysteme zeichnen sich durch einen zunehmenden Automatisierungsgrad sowie eine wachsende Flexibilität gegenüber verschiedenen Prüfaufgaben aus. "Je nach Prüfhäufigkeit, Genauigkeitsanforderung und Flexibilität kann es sich dabei um Vielstellenmeßgeräte, optische Meßstationen oder Koordinatenmeßgeräte handeln"[170]. Vorteile eines zentralen Meßraumes bestehen insbesondere beim Einsatz komplexer Meßmittel in besseren Klimatisierungsmöglichkeiten sowie in einer im Vergleich zum Fertigungsbereich größeren Sauberkeit und Ruhe[171]. Dies eröffnet die Möglichkeit, Messungen mit hohen Genauigkeitsanforderungen durchzuführen. Um den Wirkungsgrad von Qualitätsprüfungen zu erhöhen, besteht in wachsendem Maße das Bestreben, diese durch den Einsatz prozeßnaher oder prozeßintegrierter Prüf- und Meßtechnik in den Fertigungsablauf einzubinden. Automatisierung und Flexibilisierung der Prüf- und Meßtechnik reduzieren den Anteil manuell durchzuführender Prüfungen. In Verbindung mit der Installation beherrschter und fähiger Pro-

---

169 Vgl. Warnecke, H.-J., Der Faktor Qualität im Produktionsbetrieb, in: Herausforderung Qualität, Warnecke, H.-J. (Hrsg.), Berlin-Heidelberg 1989, S. 21.

170 Pfeifer, T./Schüller, H., a.a.O., S. 21.

171 Vgl. Bläsing, J.P., Qualitätsinformationssysteme, eine konsequente Weiterentwicklung des Qualitätsdenkens im Unternehmen, in: Integrierte Qualitätssicherung als Managementaufgabe, Höhl, M. (Hrsg.), München 1985, S. 158.

duktionsprozesse führt diese Entwicklung zu einer weitgehenden Verlagerung der Qualitätsverantwortung und -kompetenz vom Qualitätswesen auf das Fertigungspersonal[172].

Die Prüfdatenverarbeitung wertet die Prüfdaten nach den Vorgaben des Prüfplanes aus. Dies beinhaltet die Sortierung von Prüfdaten nach bestimmten Gesichtspunkten, deren Verdichtung, d.h. Zusammenfassung über bestimmte Zeiträume, sowie deren Analyse unter Anwendung statistischer Verfahren und Berechnungen[173]. Die Dokumentation bezieht sich auf die schriftliche und graphische Fixierung der Qualitätsdaten, wobei eine empfängerorientierte Form der Berichterstattung im Vordergrund steht. Die Archivierung von Prüfdaten erhält ihre herausragende Bedeutung vor allem durch die eventuelle Abwehr von Produkthaftungsfällen. Qualitätsdaten werden im folgenden eingeteilt in Vorgabedaten (Soll-Daten der Prüfpläne) und Prüfergebnisdaten. Letztere beinhalten Prüfdaten (Ist-Daten der ausgeführten Prüfungen), Ergebnisdaten (bewertete und verdichtete Prüfdaten, z.B. anhand von Fehlerfolgen bewertete Fehler und Qualitätskennzahlen) sowie Textinformationen und Kommentare[174].

---

172 Vgl. Danzer, H.H., Umdenken, Neue Abstimmungstechniken versachlichen Kommunikation im Betrieb, verlagern Qualitätsverantwortung in die Fertigung, in: NC-Fertigung, 6/1984, S. 48ff.

173 Vgl. Hölterhoff, K./Oehmke, F./Zeller, P., Systematische Auswahl von CAQ-Systemen, in: Integriertes Produktions- und Qualitätsmanagement, Bläsing, J.P. (Hrsg.), München 1988, Band 2, S. 613f.

174 Vgl. dazu Bläsing, J.P., 1990a, a.a.O., S. 53.

2.4.4. Qualitätslenkung

Unter Qualitätslenkung sind "die vorbeugenden, überwachenden und korrigierenden Tätigkeiten bei der Realisierung der Einheit mit dem Ziel, die Qualitätsforderung zu erfüllen"[175], zu verstehen. Die Qualitätslenkung erfolgt im Anschluß an die Qualitätsplanung auf der Grundlage der Prüfergebnisdaten der Qualitätsprüfungen sowie weiterer Qualitätsdaten[176].

Nach ihrem zeitlichen Bezug können die unmittelbare Qualitätslenkung während der Entstehung eines Erzeugnisses und die mittelbare Qualitätslenkung unterschieden werden, die dazu dient, die zur Herstellung eines Erzeugnisses benötigte Qualitätsfähigkeit durch Korrekturmaßnahmen und durch Maßnahmen zur Qualitätsförderung herbeizuführen bzw. zu verbessern[177]. Die unmittelbare Qualitätslenkung bezieht sich neben dem Produkt auch auf Tätigkeiten und Prozesse, d.h. auf die eigentlichen Bezugspunkte für Fehlerursachen. Korrekturmaßnahmen sind erforderlich, sofern auf den Produktionsprozeß Störungen einwirken, die dazu führen, daß die einer Qualitätsforderung zugrundegelegte Qualitätsfähigkeit nicht gegeben ist. Sie beziehen sich nicht auf fehlerhafte Produkte, sondern auf Fehlerursachen[178] und können produkt-, einrichtungs-, verfahrens- und personenbezogen erfolgen. So werden Fehlerursachen z.B. durch die Wahl eines anderen Rohstoffes, das Nachstellen einer Maschine, den Einsatz einer neuen Technologie oder durch Maßnahmen zur Weiterbildung und Motivationssteigerung des Personals be-

---

175 DIN 55350, Teil 11, a.a.O., S. 7.
176 Vgl. DIN 55350, Teil 11, a.a.O., S. 7.
177 Vgl. DGQ 11-04, a.a.O., S. 21.
178 Vgl. Geiger, W., Begriffe, in: Handbuch der Qualitätssicherung, Masing, W. (Hrsg.), 2. Auflage, München-Wien 1988, S. 44.

seitigt[179]. Die Qualitätsförderung kann die gleichen Bezüge wie Korrekturmaßnahmen aufweisen, bezieht sich aber nicht auf die Beseitigung von Fehlerursachen, sondern bezeichnet die Maßnahmen zur Verbesserung der Qualitätsfähigkeit. Auslöser der Qualitätsförderung sind z.B. wachsende Marktanforderungen, deren Erfüllung ein Verbessern der Qualitätsfähigkeit notwendig macht. Durch eine Qualitätsförderung wird eine Qualitätsverbesserung möglich, d.h. eine Verschärfung oder Ausweitung einer Qualitätsforderung durch Verschärfen und/oder Hinzufügen von Einzelforderungen[180].

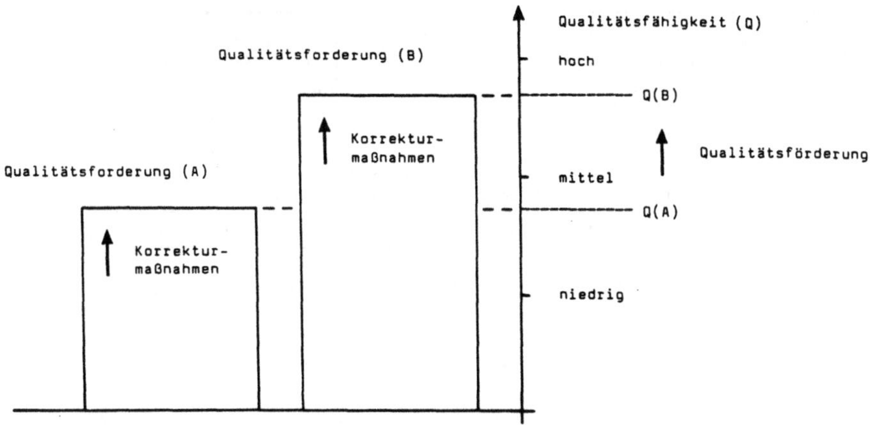

Abb.14: Zusammenhang zwischen Korrekturmaßnahmen und Qualitätsförderung

Entsprechend Abbildung 14 beziehen sich Korrekturmaßnahmen auf die Verbesserung der Qualitätsfähigkeit nach der Festlegung der Qualitätsforderung in Richtung (A) bzw. (B),

179 Vgl. Geiger, W., 1988, a.a.O., S. 44.
Im folgenden bezeichnet der Begriff Korrekturmaßnahmen sowohl die unmittelbare Qualitätslenkung als auch Korrekturmaßnahmen im Rahmen der mittelbaren Qualitätslenkung, wobei Bezug und Zeitpunkt der Korrekturmaßnahme jeweils ersichtlich sind.

180 Vgl. DGQ 11-04, a.a.O., S. 19.

während eine Qualitätsförderung eine Verbesserung der Qualitätsfähigkeit von Q(A) zu Q(B) darstellt.

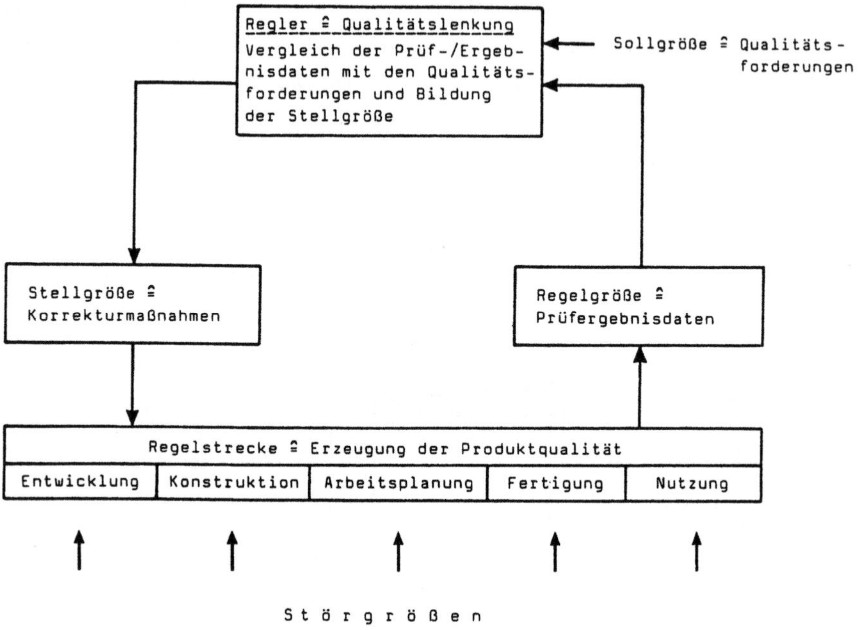

Abb.15: Modell der Qualitätslenkung[181]

Die prinzipielle Funktionsweise der Qualitätslenkung verdeutlicht Abbildung 15 anhand eines Regelkreismodells. Regelstrecke bilden die Qualitätselemente einer Organisation, die mit Entwicklung, Konstruktion, Arbeitsplanung, Fertigung und Nutzung angegeben sind und die Produktqualität erzeugen. Die durch Qualitätsprüfung ermittelten Prüfergebnisdaten beschreiben die Ausführungsqualität von Erzeugnissen und werden mit den Vorgabewerten der Qualitätsplanung

181 Vgl. Golücke, H./Steinbach, W., Qualität und Qualitätssicherung als Verkaufsargument, in: Qualität und Zuverlässigkeit, 33.Jg.(1988), Heft 2, S. 103.

verglichen. Bei unzulässigen Plan/Ist-Abweichungen, die als Folge von Störgrößen auftreten, die auf die Qualitätselemente einwirken, sind durch die Qualitätslenkung geeignete Korrekturmaßnahmen einzuleiten.

Ziel von Korrekturmaßnahmen ist eine minimale Zeitdifferenz zwischen Fehlerfeststellung und Fehlerabstellung. Dies wird durch den Aufbau hierarchisch gegliederter Regelkreise erreicht[182]. Kleine Regelkreise zur unmittelbaren Qualitätslenkung sind der maschineninterne und der maschinennahe Regelkreis auf der operativen Ebene, mit denen ein ermitteltes Prüfergebnis an den Prozeß zurückgeführt und dort mit dem Plan-Wert des Prüfmerkmals verglichen wird. Bestehen Abweichungen zwischen Plan- und Ist-Wert, wird der Prozeß über eine Stellgröße geregelt, um eine Übereinstimmung beider Werte zu erreichen. Die mittelbare Qualitätslenkung erfordert den Aufbau weiterer über der operativen Ebene liegender Regelkreise. Diese dienen dazu, Qualitätsinformationen an die an der Qualitätssicherung beteiligten Unternehmensbereiche zurückzuführen, die auf dieser Grundlage korrektive Maßnahmen einleiten können. Auch die Qualitätsförderung basiert auf den Prüfergebnisdaten, die die gegebene Qualitätsfähigkeit einer Organisation beschreiben. Deren Vergleich mit den Qualitätsanforderungen des Marktes liefert Ansatzpunkte für ein Verbessern der Qualitätsfähigkeit.

182 Vgl. Steinbach, W., Anforderungen und Auswahlkriterien bei CAQ-Systemen, in: Qualität und Zuverlässigkeit, 32.Jg.(1986), Heft 2, S. 93.

Hierarchieebene	Qualitätsinformationen	Darstellungsform	Ausgabefrequenz
Planungsebene (z.B. Unternehmensleitung)	- Ausfälle und Reklamationen je Produktgruppe - Anteil der Qualitätskosten an Umsatz, Werksleistung, Gesamtleistung und Wertschöpfung	- Verdichtete Übersichten und Berichte - Graphiken Histogramme Balkendiagramme Säulendiagramme Paretodiagramme	- Periodisch - Jährlich - 1/2 jährlich - 1/4 jährlich - Monatlich + Ausnahmefälle
Leitebene (z.B. Abteilungs-, Bereichs-, Werksleitung, Meister)	- Fehleranzahl pro Produktgruppe, Fertigungsverfahren, Maschinengruppe, Fertigungsstufe - Qualitätskosten pro Abteilung, Bereich, Werk, Verantwortungsbereich	- Texte - Listen - Tabellen - Matrizen	- Periodisch und aktuell - Wöchentlich - Täglich - Pro Schicht - Pro Stunde
Operative Ebene (z.B. Arbeitsplatz)	- C_p/C_{pk} - Indizes - Mittelwert - Standardabweichung - Ursprungswerte	- Zeichnungen - Schriftliche und mündliche Anweisungen und Mitteilungen	- Aktuell bei Erfordernis

Tab.1: Ebenenstruktur bei der Bereitstellung von Qualitätsinformationen

Qualitätsdaten sind empfängerorientiert aufzubereiten. Daher nimmt ihr Verdichtungsgrad mit steigender Hierarchieebene der aufgebauten Regelkreise zu. Tabelle 1 sind Beispiele für Qualitätsinformationen zu entnehmen, die auf der planenden, leitenden und operativen Hierarchieebene eines Industrieunternehmens zur Qualitätslenkung bereitzustellen sind[183]. Während auf der operativen Ebene noch Ursprungsdaten und einfache statistische Kennwerte verwendet werden (z.B. Mittelwert, Standardabweichung, C_p und C_{pk}-Indizes),

183 In einer weitergehenden Differenzierung können in einem Industrieunternehmen folgende Hierarchiestufen unterschieden werden: Konzern-, Produktbereichs-, Werks-, Betriebsmittelgruppen-, Betriebsmittel- und Betriebsmittelkomponentenebene. Vgl. Scheer, A.-W., CIM, Computer Integrated Manufacturing, Der computergesteuerte Industriebetrieb, 4., neu bearbeitete und erweiterte Auflage, Berlin-Heidelberg 1990b, S. 127ff.

weisen die Qualitätsdaten auf der Leitebene (z.B. Abteilungs-, Bereichs-, Werksleitung und Meister) bereits einen höheren Verdichtungsgrad auf. Die Qualitätslenkung erfolgt vorwiegend auf Basis von Qualitätskennzahlen (z.B. Fehleranzahl pro Produktgruppe, Fertigungsverfahren, Maschinengruppe oder Fertigungsstufe), u.a. mit Bezug auf Qualitätskosten (z.B. Qualitätskosten je Abteilung, Bereich, Werk, Verantwortungsbereich). Qualitätsinformationen auf der planenden Ebene (Unternehmensleitung) sind stark verdichtete Qualitätskennzahlen (z.B. Ausfälle und Reklamationen je Produktgruppe sowie Anteil der Qualitätskosten an erlös- und kostenorientierten Größen wie Umsatz, Gesamtleistung, Werksleistung oder Wertschöpfung[184]). Während sich Qualitätskennzahlen vor allem in ihrem Verdichtungsgrad ebenenabhängig unterscheiden, differieren Qualitätskennzahlen mit Bezug auf Qualitätskosten auch in ihrem Inhalt[185]. Mögliche Formen, in der Qualitätsinformationen bereitgestellt werden, sind verdichtete Übersichten und Berichte, die z.B. Graphiken (z.B. Histogramme, Balken-, Säulen- und Pareto-Diagramme), Texte, Listen, Tabellen und Matrizen enthalten und durch Muster ergänzt werden. Des weiteren sind Zeichnungen sowie schriftliche und mündliche Mitteilungen und Anweisungen zu nennen[186]. Auf der Planungsebene erfolgt die Ausgabe von Qualitätsinformationen im allgemeinen periodisch in Zeiträumen von einem Jahr bis zu einem Monat, wobei in Ausnahmefällen (z.B. Rückrufaktionen) auch aktuelle Qualitätsdaten bereitzustellen sind. Die Ausgabe der Qualitätsinformationen auf der leitenden und operativen Ebene erfolgt periodisch (z.B. pro Woche, Tag, Schicht oder Stunde) und aktuell bei Erfordernis[187]. Der Zeitbezug der Qualitätsdaten reicht von langfristig auf der planenden

---

184 Zu Qualitätskostenkennzahlen vgl. Steinbach, W., 1988, a.a.O., S. 895f.
185 Vgl. DGQ-Schrift Nr. 14-17, a.a.O., S. 38ff.
186 Zu den Darstellungsformen von Qualitätsinformationen vgl. DGQ, Rechnerunterstützung in der Qualitätssicherung (CAQ), Berlin 1987, S. 73ff.
187 Vgl. DGQ, 1987, a.a.O., S. 79.

über mittel- bis kurzfristig auf der leitenden bis zu ganz kurzfristig auf der operativen Ebene[188].

Eine ebenenspezifische Bereitstellung von Qualitätsinformationen setzt eine Analyse der in einem Industrieunternehmen vorhandenen Organisationsstruktur voraus. Ein wirkungsvolles Instrument zur Untersuchung der Phänomene von Organisationen ist die Mehr-Ebenen-Analyse (MEA), in der neben den materiell-sachtechnologischen mental-soziale Aspekte Berücksichtigung finden[189]. Die Einbeziehung des mental-sozialen Bereichs ist insbesondere in bezug auf die Qualitätssicherung von großer Bedeutung, da deren Wirkungsgrad wesentlich von dem Motivationsgrad der Aufgabenträger abhängig ist, und kann sich z.B. auf den Inhalt und die Form der Darstellung von Qualitätsinformationen auswirken.

Die Effizienz der Qualitätslenkung ist wesentlich von der Qualität der Eingangsinformationen und von deren unverzüglicher Bereitstellung abhängig. Mit dem Aufbau von Qualitätsinformationssystemen wird eine reibungslose Verteilung von Informationen im Unternehmen institutionalisiert. Dadurch sollen Qualitätsdaten bereichs- und abteilungsübergreifend bereitgestellt, verdichtet und eine "...vollständige Nutzung der vorhandenen Daten und ein redundanzfreier geregelter Informationsfluß..."[190] sichergestellt werden.

188 Vgl. DGQ, 1987, a.a.O., S. 79.
189 Vgl. Steinle, C., Organisation und Wandel, Berlin; New York 1985, S. 469ff.
190 Eversheim, W. u.a., Konzeption eines Informationsmodells für die QS, in: Industrie-Anzeiger, 70/1987, S. 39.

2.5. Organisation der Qualitätssicherung

Die Qualitätsfähigkeit von Industrieunternehmen kann rückwirkend anhand der Produktqualität beurteilt werden. Diese Auffassung der traditionellen Qualitätssicherung wird den veränderten technischen und betriebswirtschaftlichen Rahmenbedingungen nicht mehr gerecht. Der Aufbau eines Qualitätssicherungssystems dient der Systematisierung, Strukturierung und Dokumentation der Maßnahmen der Qualitätsplanung, -prüfung und -lenkung und schafft die Voraussetzung für eine Beurteilung der Qualitätsfähigkeit eines Industrieunternehmens vor Erteilung eines Auftrages[191].

Die Deutsche Norm definiert ein Qualitätssicherungssystem als "die festgelegte Ablauf- und Aufbauorganisation zur Durchführung der Qualitätssicherung sowie die hierfür erforderlichen Mittel"[192]. Anerkannte Planungsgrundlage für den Aufbau von Qualitätssicherungssystemen sind die weitgehend branchen- und produktunabhängigen DIN ISO Normen 9000-9004, mit denen aufgrund ihrer internationalen Anerkennung eine Grundlage zur Harmonisierung nationaler Normen geschaffen wurde[193].

DIN ISO Norm 9000 beinhaltet Anleitungen zur Auswahl und Benutzung der DIN ISO Normen 9001-9004. Das Ziel der DIN ISO 9001-9003 Normen ist die Schaffung einer einheitlichen Grundlage für Vertragspartner, eine Qualitätsnachweisführung festzulegen, d.h. "alle geplanten systematischen Tätigkeiten, die notwendig sind, um hinreichendes Vertrauen herzustellen, daß die Qualitätsforderungen erfüllt werden"[194]. Qualitätsnachweisforderungen stellen Forderungen hinsichtlich des Nachweises über die Realisierung von Qua-

---

191 Vgl. Bläsing, J.P., 1990a, a.a.O., S. 12.
192 DIN 55350, Teil 11, a.a.O., S. 9.
193 Vgl. DIN ISO 9000-9004, a.a.O.
194 DIN 55350, Teil 11, a.a.O., S. 10.

litätssicherungselementen dar[195]. Derartige Nachweise können vom Gesetzgeber oder vom Abnehmer eines Erzeugnisses verlangt werden.

Qualitätssicherungs-(QS-)Nachweisforderungen werden entsprechend den DIN ISO Normen in QS-Nachweisstufen eingeteilt, bei denen sich die Nachweisführung auf Qualitätssicherungselemente in Entwicklung, Konstruktion, Produktion, Montage und Kundendienst (DIN ISO 9001-Nachweisstufe 1), in Produktion und Montage (DIN ISO 9002-Nachweisstufe 2) und bei Endprüfungen (DIN ISO 9003-Nachweisstufe 3) bezieht[196]. In Abhängigkeit von der Anzahl berücksichtigter Qualitätssicherungselemente innerhalb einer QS-Nachweisstufe variiert der QS-Nachweisumfang. Den Detaillierungsgrad der QS-Nachweisführung für ausgewählte Qualitätssicherungselemente gibt die QS-Nachweistiefe wieder, die für bestimmte Qualitätssicherungselemente mit steigender DIN ISO Normnummer abnimmt.

DIN ISO Norm 9004 beschreibt die in Industrieunternehmen häufig vorhandenen Qualitätssicherungselemente. Da diese unternehmensspezifisch in unterschiedlicher Auswahl, Tiefe und Ausprägung vorkommen, werden diese beschrieben, nicht aber verbindlich genormt. Darüber hinaus enthält diese Norm Empfehlungen für den Aufbau eines Qualitätssicherungssystems.

---

195 Zum Zusammenhang zwischen Qualitätselementen und Qualitätssicherungselementen vgl. S. 23f.

196 Vgl. DIN ISO 9000, a.a.O., S. 4.

Qualitätssicherungselemente nach DIN ISO 9001	
4.1.	Managementaufgaben
4.2	Qualitätssicherungssystem (QS-System)
4.3	Vertragsprüfung
4.4	Entwicklung
4.5	Dokumentation
4.6	Beschaffung
4.7	Beigestellte Produkte vom Auftraggeber
4.8	Kennzeichnung und Rückverfolgbarkeit
4.9	Produktion
4.10	Qualitätsprüfungen
4.11	Prüfmittelüberwachung
4.12	Prüfzustand
4.13	Behandlung fehlerhafter Einheiten
4.14	Korrekturmaßnahmen
4.15	Umgang mit Produkten sowie deren Lagerung, Verpackung und Versand
4.16	Qualitätsaufzeichnungen
4.17	Interne Qualitätsaudits
4.18	Schulung
4.19	Kundendienst
4.20	Statistische Verfahren

Tab.2: Qualitätssicherungselemente im Qualitätssicherungssystem[197]

Die in der DIN ISO Norm 9001 aufgeführten Qualitätssicherungselemente sind in der Tabelle 2 genannt[198] und werden in QS-Führungs-, QS-Aufbau- und QS-Ablaufelemente eingeteilt[199].

---

197 Die angegebenen Nummern beziehen sich auf die Abschnitte der DIN ISO Norm 9001, unter denen die Beschreibungen der Qualitätssicherungselemente zu finden sind.

198 Zur genauen Beschreibung der Qualitätssicherungselemente vgl. DIN ISO 9001, a.a.O., S. 4ff.

199 Vgl. Geiger, W., Bedeutung und Anerkennung eines Qualitätssicherungssystems, in: Qualität und Zuverlässigkeit, 31.Jg.(1986b), Heft 12, S. 521ff.

QS-Führungselemente enthalten QS-Grundsätze und QS-Dokumente. Zu den QS-Grundsätzen gehören eine klare und eindeutige Zuordnung von Zuständigkeiten, interne Qualitätsaudits, die Überwachung der Dokumentation sowie die Bewertung des Qualitätssicherungssystems durch die Organisationsleitung. QS-Dokumente beinhalten Qualitätssicherungs-Handbücher, Verfahrensanweisungen zu QS-Ablaufelementen wie Arbeitsanweisungen, Prüfanweisungen und Verfahrensregeln sowie Qualitätsberichte und Qualitätsnachweise. QS-Aufbauelemente hängen von der gesamten Aufbauorganisation, dem Produktsortiment und der Auffassung der maßgeblichen Führungskräfte einer Unternehmung ab und variieren daher extrem; oftmals existieren Stabs-, Linien- und gemischte Organisationsformen nebeneinander[200]. QS-Ablaufelemente werden in phasenbezogene und phasenübergreifende eingeteilt. Phasenbezogene QS-Elemente sind Vertragsprüfungen sowie Qualitätssicherungsmaßnahmen in der Planungs-, Beschaffungs-, Realisierungs- und Nutzungsphase eines Erzeugnisses. Qualitätsprüfungen, die in allen Phasen der Produktentstehung stattfinden können, sind phasenübergreifende Qualitätssicherungselemente. Dies gilt ebenso für die Behandlung fehlerhafter Einheiten, für Korrekturmaßnahmen und für die Qualitätssicherung bei der Kennzeichnung von und dem Umgang mit Produkten. Maßnahmen zur Qualitätssicherung bei Lagerung, Verpackung und Versand sowie die Prüfmittelüberwachung sind weitere phasenübergreifende Qualitätssicherungselemente.

Infolge des bereichsübergreifenden Charakters der Qualitätssicherung geht mit der Implementierung eines Qualitätssicherungssystems eine Straffung der gesamten Unternehmensorganisation einher. Qualitätssicherungssysteme erhalten ihre Bedeutung daher aufgrund ihres Beitrages zur kurz- und langfristigen Verbesserung der Qualitätsfähigkeit einer Organisation.

---

200 Vgl. Geiger, W., 1986b, a.a.O., S. 523.

Die Akzeptanz eines Qualitätssicherungssystems hängt in hohem Maße von dessen transparenter Dokumentation ab. Zu diesem Zweck wird ein Qualitätssicherungshandbuch erstellt, das zugleich die Voraussetzung für Überprüfungen der Wirksamkeit eines Qualitätssicherungssystems schafft[201]. Diese werden u.a. bei kapitalintensiven Projekten durchgeführt, vor deren Realisierung die Fähigkeit eines Lieferanten überprüft wird, seine vertraglichen Verpflichtungen erfüllen zu können, sowie bei technisch komplizierten Produkten, bei denen eine nachträgliche Korrektur aus wirtschaftlichen Gründen dem Sicherheitsziel zuwiderläuft. Hinzuweisen ist darüber hinaus auf Qualitätsaudits bei Zulieferbetrieben, deren Kunden eine fertigungssynchrone Anlieferung verlangen, sowie auf gesetzlich vorgeschriebene Überprüfungen von Qualitätssicherungssystemen.

Der Aufbau eines Qualitätssicherungssystems ist eine wesentliche Voraussetzung für eine erfolgreiche Einführung der Elektronischen Datenverarbeitung (EDV) im Rahmen einer rechnergestützten Qualitätssicherung.

---

201 Vgl. Jahn, H., Zertifizierung von Qualitätssicherungs-Systemen, in: Handbuch der Qualitätssicherung, Masing, W. (Hrsg.), 2. Auflage, München-Wien 1988, S. 924.

3. Rechnergestützte Qualitätssicherung im Rahmen des Computer Integrated Manufacturing (CIM)

3.1. Komponenten des Computer Integrated Manufacturing (CIM) im Überblick

Computer Integrated Manufacturing (CIM) besteht in der EDV-gesteuerten Abwicklung zusammenhängender Unternehmensprozesse unter Bezug auf eine integrierte Datenbasis. Voraussetzung für die Zusammenfassung von Planungs-, Ausführungs-, Kontroll- und Steuerungsaufgaben in einem CIM-System bildet die Datenintegration[202]. Darunter ist die Integration der zur Bewältigung von Teilproblemen in Industrieunternehmen eingesetzten EDV-gestützten Informationssysteme zu verstehen. Die Datenintegration erfolgt durch den Aufbau einer anwendungsunabhängigen integrierten Datenbank, die den Zugriff aller Unternehmensbereiche auf einen aktuellen und konsistenten Datenbestand sicherstellt.

Mit dem Einsatz integrierter Datenbanken ist die Verlagerung von Funktionen der Informationserfassung und -verarbeitung vom Menschen auf die EDV verbunden. Die hohe Kapazität von EDV-Arbeitsplätzen zur Informationsverarbeitung[203] ermöglicht die Funktionsintegration innerhalb einzelner Funktionalbereiche von Industrieunternehmen. In einem CIM-System kann z.B. der Konstrukteur Restriktionen, die sich aus dem Prüfmittelbestand ergeben (z.B. in bezug auf Meßbereiche und Meßgenauigkeit), berücksichtigen und somit prüfgerecht konstruieren. Mit der Zuordnung von Prüfmitteln zu einzelnen Prüfmerkmalen ist eine Verlagerung von Prüfplanungsaufgaben in den Konstruktionsbereich verbunden. Damit entfallen zeitaufwendige Abstimmungen zwischen Kon-

---

202 Vgl. Scheer, A.-W., EDV-orientierte Betriebswirtschaftslehre, 4., völlig neu bearbeitete Auflage, Berlin-Heidelberg 1990a, S. 38.

203 Vgl. dazu Scheer, A.-W., CIM: Organisation und Implementierung, Havardmanager, 1(1987), S. 86.

struktion und Qualitätswesen wie sie in arbeitsteiligen Organisationen auftreten.

Mit der Bildung konsequenter Prozeßketten unter Berücksichtigung aller Unternehmensprozesse geht eine erhebliche Straffung der betrieblichen Abläufe einher[204]. Diese Entwicklung bewirkt radikale Veränderungen der Aufbau- und Ablauforganisationen von Industrieunternehmen[205]. CIM ist gekennzeichnet durch eine flexible Automatisierung sowohl der Produktions- als auch der Planungsprozesse. In einem CIM-System weist eine Produktion, bei der automatisierte Fertigungs- und Prüfeinrichtungen organisatorisch und technisch miteinander vernetzt sind und die Bearbeitungs- und Prüfvorgänge zentral gesteuert ablaufen, in Verbindung mit einer Automatisierung in den der Produktion vor- und nachgelagerten Bereichen den höchsten Automatisierungsgrad auf. Das Organisieren zusammenhängender Prozeßketten in Verbindung mit hohen Automatisierungsgraden, vor allem in Konstruktion und Fertigung, bedingt eine Erhöhung der Flexibilität von Industrieunternehmen und eine drastische Reduzierung von Erzeugnisdurchlaufzeiten. CIM schafft damit die Voraussetzungen, den marktbezogenen Forderungen nach möglichst kurzen Lieferzeiten und individuellen Produkten zu begegnen[206].

Komponenten des CIM sind das Produktionsplanungs- und -steuerungssystem (PPS-System), dem vor allem betriebswirtschaftlich planerische Funktionen zugeordnet sind, und das

---

204 Eine typische Prozeßkette ist die Produktentwicklung vom Marketing über Konstruktion, Arbeitsvorbereitung, Qualitätssicherung und Vertrieb. Vgl. Scheer, A.-W., 1990b, a.a.O., S. 90f.

205 Vgl. Sauerbrey, G., Neue Aufbau- und Ablauforganisation - eine Voraussetzung für CIM, in: CIM-Management, 6(1988), S. 22ff.

206 Vgl. Steffen, R., Verbindung computergestützter Erzeugniskonstruktion (CAD) mit der Kosten- und Erlösrechnung in CIM-Konzeptionen, in: Zeitschrift für betriebswirtschaftliche Forschung (Kontaktstudium), 43.Jg.(1991), Heft 4, S. 359f.

Computer Aided Design/Computer Aided Manufacturing-System (CAD/CAM-System), das primär auf die Erfüllung technischer Funktionen ausgerichtet ist. In der Abbildung 16 sind die einzelnen Funktionen bzw. Bausteine der PPS- und CAD/CAM-Komponenten erkennbar, die sich der Planungsphase (oberer Bereich) bzw. der Realisierungsphase (unterer Bereich) zuordnen lassen[207].

Die Erweiterung des CIM-Begriffes um betriebswirtschaftlich-administrative[208] Aufgaben wie Personalwirtschaft, Rechnungswesen und Bürokommunikation, die dem Begriff Computer Aided Office (CAO) zugeordnet werden, kann als Computer Aided Industry (CAI), Computer Integrated Enterprise (CIE) oder Computer Integrated Business (CIB) bezeichnet werden[209].

---

207 Grundlage der folgenden Ausführungen bildet der von Scheer geprägte CIM-Begriff.
Vgl. Scheer, A.-W., 1990a, a.a.O., S. 195ff./1990b, a.a.O., S. 19ff.
Der Ausschuß für wirtschaftliche Fertigung (AWF) bezieht lediglich die computergestützte Produktionsplanung und -steuerung (PPS), Konstruktion (CAD), Arbeitsplanung (CAP) und Qualitätssicherung (CAQ) in die CIM-Konzeption ein. Vgl. AWF (Ausschuß für wirtschaftliche Fertigung e.V.), AWF-Empfehlung: Integrierter EDV-Einsatz in der Produktion, CIM-Computer Integrated Manufacturing, 1985, S. 8.
Scheer ergänzt diesen CIM-Begriff um die Funktionen Auftragsabwicklung, Vertrieb und Beschaffung und unterteilt CAM in einzelne Funktionen.
PPS-Systeme und CA-Applikationen werden im folgenden als CIM-Bausteine bezeichnet. Den CIM-Bausteinen können jeweils einzelne durch sie abgedeckte Funktionen zugeordnet werden.

208 Auf die Notwendigkeit der Einbeziehung der Kosten- und Erlösrechnung in CIM-Konzeptionen wird in Kapitel 3.6.3. eingegangen.

209 Zu CIM-Begriffen vgl. Geitner, U.W., Die CIM-Konzeption, in: CIM-Handbuch, Geitner, U.W. (Hrsg.), 2., vollständig überarbeitete und erweiterte Auflage, Braunschweig 1991, S. 4ff.

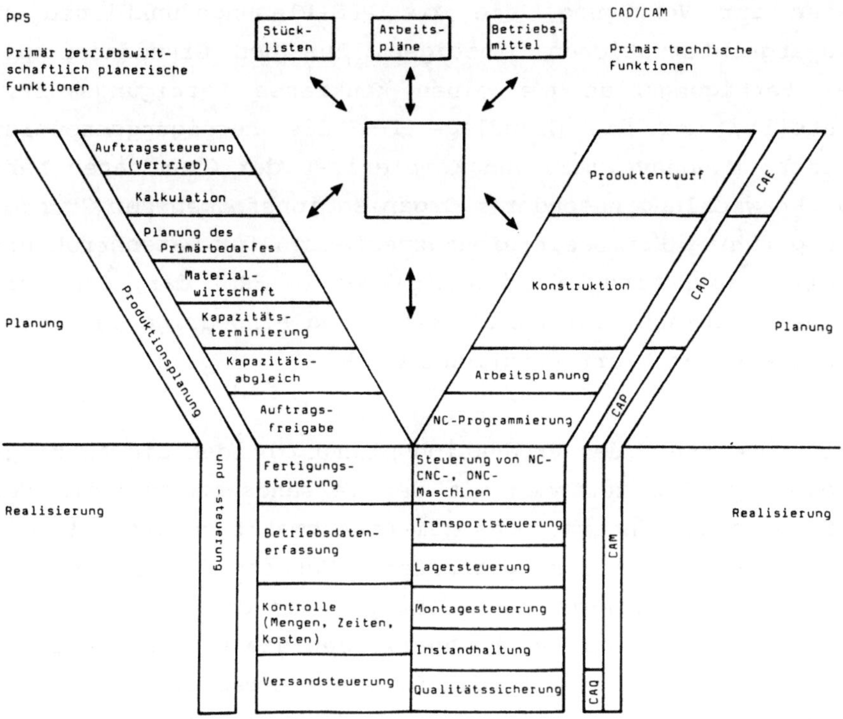

Abb.16: Komponenten des Computer Integrated Manufacturing (CIM)[210]

Die betriebswirtschaftlich planerischen Funktionen eines PPS-Systems begleiten den gesamten Prozeß der betrieblichen Leistungserstellung und dienen zur mengen-, termin- und kapazitätsmäßigen Planung und Steuerung der Produktion. Die Basis von PPS-Systemen bildet eine einheitliche Verwaltung der Grunddaten. Dies sind die durch CAD in ihrer Struktur festgelegten Stücklisten, die durch CAP erstellten Arbeitspläne sowie die Spezifikationen über die Betriebsmittel aus dem Fertigungsbereich. Die Grunddatenverwaltung stellt die

210 Scheer, A.-W., 1990b, a.a.O., S. 2.

Daten zur Verfügung, die die PPS-Planungsfunktionen als Eingangsinformationen benötigen. Aus den Grunddaten wird der Fertigungsplan für einen konkreten Fertigungsauftrag erstellt, der die Grundlage für die Fertigungssteuerung bildet. Mengenvolumen und Komplexität der Grunddaten haben zur Entwicklung besonderer Organisationsformen der Grunddaten geführt. Ein Beschreibungsverfahren für Datenstrukturen stellt das Entity-Relationship-Modell (ERM) dar, das durch seine graphische Darstellungsform und eindeutige Definition besonders benutzerfreundlich ist[211].

Die erste Stufe der Produktionsplanung bildet die Auftragssteuerung, die zusammen mit der Versandsteuerung die Verbindung eines Unternehmens zum Absatzmarkt schafft. In dieser Planungsfunktion getroffene Entscheidungen beziehen sich auf die Annahme von Aufträgen und die Festlegung von Lieferterminen. Darüber hinaus werden die Eingangsdaten für die Aufstellung eines Produktionsprogrammes ermittelt sowie eine terminliche periodenbezogene Grobplanung vorgenommen.

---

211 Im ERM werden Entities, Attribute und Beziehungen unterschieden. Entities bezeichnen für ein Unternehmen interessante Dinge (z.B. Kunden und Artikel). Als Mengen betrachtete Entities werden als Entitytypen bezeichnet (z.B. alle Kunden und alle Artikel). Attribute sind Eigenschaften der Entities (z.B. Kunden- und Artikelnummern), deren Wertebereich die möglichen Ausprägungen von Entitytypen identifiziert. Eine Beziehung (engl. relationship) entspricht der logischen Verknüpfung zweier oder mehrerer Entitytypen (z.B. Kaufen). Gleichartige Beziehungen werden zu Beziehungstypen zusammengefaßt, denen ebenfalls Attribute zugeordnet werden können (z.B. die von einem Kunden gekaufte Menge eines Artikels). Die Beziehungen können zwischen 1:1, M:N, M:1 und 1:N Elementen der Entitytypen bestehen. Das ERM ermöglicht eine weitgehend redundanzfreie Datenablage und stellt eine hohe Flexibilität für Auswertungen sicher. Vgl. Scheer, A.-W., Wirtschaftsinformatik, Informationssysteme im Industriebetrieb, 3., neu bearbeitete Auflage, Berlin-Heidelberg 1990c, S.29ff.

Die Kalkulation besteht in der Ermittlung der Herstellkosten eines Erzeugnisses[212]. Auf ihrer Basis werden häufig Preisgrenzen für den Vertrieb festgelegt. Datengrundlage bilden einerseits die Stücklisten, Arbeitspläne und Betriebsmitteldaten, aus denen die Herstellkosten berechnet werden, und andererseits Preisdaten über die zu beziehenden Einzelteile und Baugruppen.

Die Primärbedarfsplanung basiert auf den aus der Auftragssteuerung vorgegebenen Auftragseingängen und/oder auf Absatzerwartungen und ermittelt den Bedarf an Endprodukten, Endproduktgruppen und Ersatzteilen. Bei Einzelproduktion liegt mit den Auftragseingängen das Produktionsprogramm einer Planperiode weitgehend fest. Bei marktorientierter Fertigung lassen sich die herzustellenden Produktarten und -mengen aus vergangenheitsorientierten Daten hochrechnen und/oder mit Instrumenten der Marktforschung prognostizieren. Bei Mehrfachproduktion resultiert die wirtschaftliche Relevanz der Primärbedarfsplanung somit aus dem Problem, mit den festgelegten Produktarten und -mengen den Marktbedarf möglichst exakt abzudecken. Qualitative und quantitative Fehlplanungen können zu Überbeständen bzw. vollständiger oder partieller Lieferunfähigkeit[213] und damit bereits kurzfristig zu einer existenziellen Gefährdung eines Unternehmens führen. Viele PPS-Systeme bieten keine geeigneten Prognoseunterstützungen, sondern gehen von einem vom Vertrieb vorgegebenen Primärbedarf aus, der bei Prognoseänderungen zu störenden Umdispositionen führen kann. Weitere Mängel von PPS-Systemen sind fehlende "...Simulationsmodelle zum rechtzeitigen Erkennen von Material- und Kapazitätsengpässen und Optimierungsmodelle zur Ermittlung von Kosten- und Erlöswirkungen alternativer Produktionsprogramme"[214]. Von der Qualität der Primärbedarfsplanung hängt

212 Zu Voraussetzungen und Formen der Kalkulation in einem CIM-System vgl. Kapitel 3.6.3.
213 Vgl. Feierabend, R., Qualitätssicherung und Logistik, in: Integriertes Produktions- und Qualitätsmanagement, Bläsing, J.P. (Hrsg.), München 1988, Band 1, S. 293.
214 Scheer, A.-W., 1990b, a.a.O., S. 24.

zugleich die Planungsqualität nachfolgender Funktionen ab, da diese auf die dort erzeugten Daten zurückgreifen.

Planungsgrundlage für die Materialwirtschaft bilden die Stücklisten der herzustellenden Produktarten. Über die Auflösung der Stücklisten wird aus dem Primärbedarf der Bedarf an Einzelteilen, Baugruppen und sonstigen Materialien hinsichtlich der benötigten Mengen und Termine ermittelt. Neben diesen deterministischen Verfahren zur Ermittlung des Bruttobedarfs werden statistische Verfahren für verbrauchsgesteuerte Dispositionen angewandt, die den zukünftigen Bedarf auf der Basis des Verbrauchs in der Vergangenheit ermitteln[215]. Von den Bruttobedarfen werden im Rahmen einer Brutto/Netto-Rechnung die Lagerbestände abgezogen. Vor allem eine genaue Erfassung der Lagerbestände ermöglicht eine exakte Beschaffungsplanung und trägt damit zu einer Reduzierung von Beständen und Kapitalbindungskosten bei[216]. Eine terminliche Grobplanung erfolgt über die Berücksichtigung von Losbildungen und Durchlaufzeiten für die eigene Fertigung sowie von Fristenplänen für die Beschaffung, die die Lieferzeiten für zu beziehende Materialien angeben. Als Ergebnis liegen grob terminierte Eigenfertigungs- und Beschaffungsaufträge vor. Letztere leitet die Materialwirtschaft an den Einkauf weiter; Materialwirtschaft und Einkauf bilden gemeinsam die Verbindung des Produktionsbereiches zum Beschaffungsmarkt. Just-In-Time-(JIT-)Konzepte beinhalten die Forderung nach einer weitgehend lagerfreien Fertigung zur Reduzierung von Kapitalbindungs- und Verwaltungskosten. Eine Reduzierung von Lagerbeständen im Wareneingang erfolgt durch eine fertigungssynchrone Beschaffung, bei der fremdbezogene Komponenten unmittelbar vor ihrer Be- bzw. Verarbeitung angeliefert werden. Unabdingbare Voraussetzung für JIT-Konzepte ist eine anforderungsgerechte Qua-

---

215 Vgl. Reichwald, R./Mrosek, D., a.a.O., S. 417.

216 Vgl. Kurbel, K./Meynert, J., Materialwirtschaft, in: CIM-Handbuch, Geitner, U.W. (Hrsg.), 2., vollständig überarbeitete und erweiterte Auflage, Braunschweig 1991, S. 72ff.

lität der Zulieferteile. CIM-Konzeptionen erfordern daher die Entwicklung neuer Formen der Wareneingangsprüfung[217].

Die erste Stufe im Rahmen der Zeitwirtschaft bildet die Kapazitätsterminierung, die die Fertigungsaufträge mit den Arbeitsplänen verbindet. Auf Grundlage der in den Arbeitsplänen enthaltenen Zuordnung der Arbeitsgänge zu Betriebsmittelgruppen und der in der Materialwirtschaft durchgeführten Grobterminierung erfolgt die zeitliche Einordnung der Arbeitsgänge und deren Zuordnung zu Fertigungskapazitäten[218]. Planungsergebnis sind auftragsbezogene Terminpläne sowie periodenbezogene Übersichten über die Kapazitätsbelastung der einzusetzenden Betriebsmittelgruppen.

Ein Kapazitätsabgleich wird erforderlich, wenn der Kapazitätsbedarf nicht mit dem Kapazitätsangebot einer Planperiode übereinstimmt. Der Abgleich erfolgt durch den Einsatz von Überstunden bzw. Zusatzschichten, von Ausweichaggregaten oder durch eine Erhöhung der Fertigungsintensität, wobei die zeitliche Reihenfolge der Arbeitsgänge im wesentlichen unverändert bleibt. Sofern weiterhin Engpässe verbleiben, werden Arbeitsgänge eines Engpaßaggregats unter Beachtung zugesagter Liefertermine in Perioden niedriger Kapazitätsauslastung verschoben. Um den zeitlichen Ablauf der Arbeitsgänge eines Auftrages aufrechtzuerhalten, werden dabei alle Arbeitsgänge eines Auftrages verlegt[219]. Die Bestimmung des im Fall eines Kapazitätsengpasses zu verschiebenden Auftrages orientiert sich an Kriterien wie Dringlichkeit der Aufträge, Kundenpriorität oder Höhe einer eventuellen Konventionalstrafe und führt zur Bildung von

---

217 Vgl. Salvisburg, H.P., Qualitätsmanagement für JIT-Fertigung, in: io Management Zeitschrift, 58(1989), Nr. 6, S. 67ff. und Kapitel 4.2.3.
218 Vgl. Scheer, A.-W., 1990b, a.a.O., S. 25.
219 Vgl. Scheer, A.-W., 1990a, a.a.O., S. 202.

Auftragsprioritäten[220]. Dabei werden Aufträge höherer Priorität eher berücksichtigt als Aufträge geringerer Priorität.

Die Auftragsfreigabe überprüft die Verfügbarkeit der zur Ausführung eines Fertigungsauftrages benötigten Mitarbeiter, der Kapazitäten der einzusetzenden Maschinen und Werkzeuge sowie der Komponenten wie Einzelteile, Baugruppen und sonstiger Materialien und gibt die Aufträge bei gegebener Verfügbarkeit frei. Der Einsatz von NC-(Numerical Control-), CNC-(Computerized Numerical Control-) und DNC-(Direct Numerical Control-)gesteuerten Maschinen[221] erfordert die Überprüfung der Bereitstellung entsprechender NC-Programme. Mit zunehmender Implementierung autarker Prüfsysteme in der Qualitätssicherung wie NC-gesteuerte Mehrstellenmeßgeräte und Meßroboter[222] ist vor Auftragsfreigabe ferner die Verfügbarkeit entsprechender NC- bzw. Roboterprogramme festzustellen. Mit der Auftragsfreigabe ist der Übergang von der Planungsphase zur Realisierungsphase verbunden. Hinsichtlich der Fortpflanzung von Fehlern hat die Auftragsfreigabe für die Realisierungsphasen die gleiche Bedeutung wie die Primärbedarfsplanung für die nachfolgenden Planungsstufen.

Die Aufgabe der Fertigungssteuerung besteht in der Festlegung der Reihenfolge der auszuführenden Arbeitsgänge. Dies erfolgt nach ausgewählten Kriterien wie Vermeidung von Umrüstzeiten und -kosten, gleichmäßige Auslastung von Ferti-

---

220 Vgl. Heß-Kinzer, D., Produktionsplanung und -steuerung mit EDV, Stuttgart 1976, S. 178ff.

221 NC-Maschinen werden über Lochstreifen gesteuert. CNC-Systeme speichern mehrere NC-Programme und bieten flexiblere Möglichkeiten zur Wiederholung oder Änderung eines Arbeitsganges. Bei DNC-Maschinen werden benötigte NC-Programme über einen Minicomputer in den entsprechenden Mikrocomputer der CNC-Maschine übertragen, wobei mehrere CNC gesteuerte Maschinen über einen Minirechner miteinander verknüpft sind. Vgl. Scheer, A.-W., 1990a, a.a.O., S. 213.

222 Vgl. Becker, J., CIM-Integrationsmodell, New York-Berlin-Heidelberg 1991, S. 143.

gungseinrichtungen oder Minimierung des Abfalls bei Zuschnittoptimierungen[223]. Ergebnis sind Fertigungsreihenfolgen sowie arbeitsgangbezogene Start- und Endtermine[224]. Aufgrund des kurzen Zeitraumes von einer Woche bis zu nur einem Tag sind die erzeugten Daten der Feinterminierung sehr änderungsempfindlich.

Eine aktuelle Fertigungssteuerung basiert auf Ist-Daten aus der Produktion, die von einem Betriebsdatenerfassungssystem (BDE-System) erfaßt und an den Planungs- und Steuerungsprozeß zurückgemeldet werden. Fertigungsdaten können auftrags-, maschinen-, mitarbeiter- oder materialbezogen sein[225]. Die den Zustand der Produktion beschreibenden Ist-Daten vermitteln ein unmittelbares Bild über das aktuelle Betriebsgeschehen[226] und werden im Rahmen der Kontrolle den geplanten Daten gegenübergestellt. Bei Plan/Ist-Abweichungen, insbesondere der Mengen und Zeiten, erfolgt im Sinne eines Regelkreises die Einleitung von Steuerungsaktivitäten für Fertigungsabläufe und -reihenfolgen. Als integraler Bestandteil von PPS-Systemen ermöglichen BDE-Systeme somit die gezielte Optimierung betrieblicher Abläufe[227]. Die Betriebsdaten werden darüber hinaus in der Qualitätssicherung, der Instandhaltung, dem Personalwesen und in der betrieblichen Kostenrechnung benötigt.

Von zunehmender Bedeutung sind dezentrale Fertigungseinheiten, die ohne manuellen Eingriff Arbeitsgänge bei wechselnden Bearbeitungsreihenfolgen ausführen und mit automatisierten Steuerungssystemen ausgestattet Funktionen der Fertigungssteuerung und der Betriebsdatenerfassung überneh-

---

223 Vgl. Scheer, A.-W., 1990b, a.a.O., S. 27f.
224 Vgl. Scheer, A.-W., 1990a, a.a.O., S. 203.
225 Vgl. dazu Scheer, A.-W., 1990b, a.a.O., S. 27.
226 Vgl. Eisenbeis-Trinkle, P., Ist-Werte schnell erfassen, in: Industrie-Anzeiger, 20/1990, S. 32.
227 Vgl. Brankamp, K./Paul, H.J., BDE-Daten als Basis für die Überwachung der Fertigungssteuerung, in: Zeitschrift für wirtschaftliche Fertigung, 81(1986)6, S. 298.

men[228]. Sie werden über Mikrocomputer gesteuert, die mit dem übergeordneten PPS-System zum Austausch relevanter Daten wie Start- und Endtermine, produzierte Mengen und Qualitäten vernetzt sind.

Die Daten über fertiggestellte Produktarten und -mengen werden an die Versandsteuerung übermittelt. Diese ist verantwortlich für die Zusammenstellung von Verpackungseinheiten und Touren unter den Kriterien Transportkostenminimierung und Einhaltung von vereinbarten Lieferterminen.

Charakteristisch für PPS-Systeme sind zeitraumbezogene Stufenplanungskonzepte[229]. Ein wesentlicher Nachteil der Sukzessivplanung besteht darin, daß interdependente Informationsbeziehungen einzelner Funktionen und daraus resultierende rückwärtsgerichtete Informationen kaum verarbeitet werden können. Die Planungsergebnisse der einzelnen Funktionen beziehen sich auf hierarchisch gegliederte Zeiträume. Diese liegen in der Primärbedarfsplanung zwischen sechs Monaten und einem Jahr und können in der Feinterminierung aus nur einem Tag bestehen. Die Änderungsempfindlichkeit der Planungsdaten nimmt mit abnehmendem Bezugszeitraum zu.

Zu den EDV-Merkmalen von PPS-Systemen zählen der Einsatz von Datenbanken, ein hoher Dialogisierungsgrad zur Lösung komplexer Planungsprobleme im Mensch-Computer-Dialog sowie die Vernetzung unterschiedlicher Hardware. Der Einsatz von Datenbanksystemen ist auf die Komplexität und das Mengenvolumen der zu verwaltenden Grunddaten zurückzuführen. Dialogfunktionen dienen zur Lösung komplexer Planungsprobleme im interaktiven Mensch-Computer-Dialog und werden vor allem zum Kapazitätsabgleich und zur Reihenfolgeplanung eingesetzt. Auf Grundlage der am Terminal angezeigten Kapazitätsübersichten entwickelt der Planer Lösungsvorschläge und simuliert die Auswirkungen einzelner Alternativen bis durch

228 Vgl. dazu Scheer, A.-W., 1990b, a.a.O., S. 64.
229 Vgl. Scheer, A.-W., 1990b, a.a.O., S. 19f.

eine Iteration der Lösungsalgorithmen eine problemadäquate Lösung gefunden ist[230]. Die unterschiedlichen Anforderungen, die vom Planungs- und Realisierungsbereich an die eingesetzte Hardware und das Betriebssystem gestellt werden, haben zur Installierung unterschiedlicher Rechnertypen geführt, deren physikalische und informationstechnische Vernetzung erforderlich ist, um eine bedarfsgerechte Kommunikation zwischen CIM-Bausteinen sicherzustellen.

CAD/CAM-Systeme sind wie PPS-Systeme auf einen durchgängigen Planungsablauf ausgerichtet. Computer Aided Design (CAD) bezeichnet die rechnergestützte Konstruktion, bei der Problemlösungsprozesse interaktiv im Dialog zwischen Konstrukteur und EDV-System oder automatisch im CAD-System ablaufen. Der überwiegende Anteil der Konstruktionstätigkeiten bezieht sich auf die Erstellung geometrischer Zeichnungen. Ein CAD-System unterstützt den Konstrukteur bei der Graphikerstellung, indem dieser auf in einer Teilebibliothek abgelegte geometrische Komponenten wie Dreiecke, Trapeze und Kreise sowie auf gespeicherte Zeichnungen für Normteile und eigenentwickelte Teile zugreifen kann. In zwei- oder dreidimensionalen CAD-Systemen lassen sich diese im graphischen oder alphanumerischen Dialog in ihrer geometrischen Form verändern, d.h. verkleinern oder vergrößern. Zudem lassen sie sich drehen oder mit anderen Zeichnungen zu einer neuen Zeichnung komponieren. Geometrische Modelle können als Kanten-, Flächen- und Volumenmodell auf dem Bildschirm dargestellt werden[231]. Neben der Zeichnungserstellung unterstützen CAD-Systeme auch technische Berechnungen im Rahmen des Computer Aided Engineering (CAE). Die Methode der finiten Elemente erlaubt die Darstellung und Untersuchung von Veränderungen konstruierter Modelle als Folge von Kräfteeinwirkungen. In der Automobilindustrie können anhand rechnerintern dargestellter Prototypen Belastungs- und Crash-Tests simuliert werden[232]. Damit werden

230 Vgl. Scheer, A.-W., 1990a, a.a.O., S. 205.
231 Vgl. Scheer, A.-W., 1990b, a.a.O., S. 39f.
232 Vgl. Scheer, A.-W., 1990a, a.a.O., S. 212.

aufwendige und kostenintensive Herstellungen von Prototypen vermieden und in der Planungsphase Herstellkosten gesenkt, Konstruktionsfehler entdeckt sowie die Sicherheit von Produkten erhöht. CAD-Systeme bieten darüber hinaus beachtliche Möglichkeiten für aktuelle konstruktionsbegleitende Kalkulationen[233]. Ergebnis der Konstruktion sind technische Zeichnungen, aus denen sich über die Vergabe von Attributen, wie z.B. einer Teilenummer, für jedes in der Zeichnung enthaltene Teil automatisch die Konstruktionsstückliste generieren läßt.

Die Leistungsfähigkeit von CAD-Systemen ist bestimmt durch den Umfang der Konstruktionsdatenbank sowie die Effizienz der angewandten Suchmethoden. Der erzielte Rationalisierungseffekt besteht in einer zeitlichen Beschleunigung des Konstruktionsvorganges und damit in einer Reduzierung der Entwicklungszeiten[234] und hängt wesentlich davon ab, ob es sich bei der Konstruktionsaufgabe um eine Neu-, Anpassungs-, Varianten- oder Prinzipkonstruktion handelt[235], die das Durchlaufen verschiedener Konstruktionsphasen[236] und damit in unterschiedlichem Ausmaß den Zugriff auf die in der Konstruktionsdatenbank des CAD-Systems abgelegten Daten erfordern[237]. In der Praxis beträgt die Abnahme der Ent-

233 Zur konstruktionsbegleitenden Kalkulation vgl. Kapitel 3.6.3.

234 Vgl. Eigner, M./Maier, H., Einführung und Anwendung von CAD-Systemen, München 1982, S. 194ff.

235 Vgl. Opitz, H., Produktplanung - Konstruktion - Arbeitsvorbereitung, Essen 1971, S. 52ff.

236 An Konstruktionsphasen sind Planen, Konzipieren, Entwerfen und Ausarbeiten zu unterscheiden. Vgl. VDI 2222, a.a.O., S. 2ff./Zu Konstruktionsphasen vgl. auch Spur, G./Krause, F.-L., CAD-Technik, München-Wien 1984, S. 16ff.

237 Vgl. Steffen, R., "Computer Integrated Manufacturing" (CIM) - Bausteine und (noch) fehlende Elemente der Kostenrechnung, in: Kostenrechnungspraxis, 1(1987), S. 8f.

wicklungszeiten beim CAD-Einsatz im Vergleich zur konventionellen Konstruktion 50% und mehr[238].

Computer Aided Planning (CAP) bezeichnet die rechnergestützte Erstellung von Arbeitsplänen für die manuelle und automatisierte Teilefertigung und Montage, in denen "...die Umwandlung eines Werkstückes vom Rohzustand in seinen Fertigzustand..."[239] beschrieben wird. Grundlage für die Arbeitsplanung sind die geometrischen und technologischen Informationen aus der Konstruktion sowie die Stücklisten. Im Dialog mit dem Rechnersystem legt der Arbeitsplaner den Arbeitsplan für Fertigung und Montage fest, in dem Arbeitsvorgangsfolgen, notwendige Fertigungsmittel, technologische Daten, Vorgabezeiten für jeden einzelnen Arbeitsgang sowie Lohnvorgaben enthalten sind[240]. Ein CAP-System stellt dem Planer Arbeitspläne für gleiche oder ähnliche Einzelteile sowie Standardarbeitspläne zur Verfügung, "...die für gewisse Teilefamilien typisch und Ausgangspunkt der Erstellung eines konkreten Arbeitsplans sind"[241] Eine weitere Aufgabe des CAP besteht in der Erstellung von NC-Programmen, die Steuerinformationen für die Bearbeitung von Werkstücken auf computergesteuerten Produktionseinrichtungen enthalten. NC-Programme entsprechen computerisierten Arbeitsplänen, die neben Informations- auch Anweisungsfunktionen erfüllen[242].

---

238 Vgl. N.N., CIM-Computer Integrated Manufacturing, Stand der CIM-Realisierung in der Bundesrepublik Deutschland, Firmenschrift A.T. Kearney in Zusammenarbeit mit dem VDI-ADB, S. 10.
239 Scheer, A.-W., 1990b, a.a.O., S. 45.
240 Vgl. Hebbeler, M.B./Klaas, K.-J., Rechnergestützte Generierung von Arbeitsplänen, in: CIM-Handbuch, Geitner, U.W. (Hrsg.), 2., vollständig überarbeitete und erweiterte Auflage, Braunschweig 1991, S. 274.
241 Scheer, A.-W., 1990b, a.a.O., S. 46.
242 Vgl. Scheer, A.-W., 1990b, a.a.O., S. 47.

Computer Aided Manufacturing (CAM) bezeichnet die rechnergestützte Produktion[243] im Sinne einer computergestützten Steuerung der Produktions-, Lager- und Transportanlagen auf Basis der im CAP erstellten Steuerungsdaten. CAM beinhaltet den Einsatz von NC-, DNC-, CNC-Maschinen sowie von Industrierobotern. Roboter erfordern zunehmend geringere Investitionsausgaben[244]; aufgrund ihrer Flexibilität sowie ihrer Integrations- und Lernfähigkeit werden sie daher zukünftig verstärkt in Industrieunternehmen eingesetzt werden. Von wachsender Bedeutung im CAM-Bereich sind computergestützte Lagersysteme zur automatischen Bereitstellung von Werkzeugen, Werkstücken und Materialien sowie Systeme zur automatischen fahrerlosen Transportsteuerung (FTS), deren kombinierter Einsatz zu einer erheblichen Reduzierung der Durchlaufzeiten beiträgt[245]. Beim Einsatz flexibler Organisationsformen wie Bearbeitungszentren, Flexible Fertigungszellen (FFZ), Flexible Fertigungssysteme (FFS), Fertigungs- und Montageinseln sowie Flexible Transferstraßen werden einige der oben genannten Techniken miteinander verbunden[246].

Die CAM-Funktion Instandhaltung ist bisher unzureichend entwickelt. An Instandhaltungsstrategien sind die ausfallbedingte, die vorbeugende und die zustandsabhängige Instandhaltung zu unterscheiden[247]. Der Rechnereinsatz in der Instandhaltung dient der Berechnung optimaler Instandhaltungsintervalle unter Funktions- und Kostenaspekten.

In der CIM-Funktion Computer Aided Quality Assurance (CAQ) werden einzelne Maßnahmen der Qualitätssicherung rechnerge-

243 CAM im weiteren Sinne beinhaltet auch die CIM-Bausteine CAP und CAQ. Vgl. Scheer, A.-W., 1990b, a.a.O., S. 2. Vgl. auch S. 77.
244 Vgl. Hahn, R., Montageautomation und Industrieroboter, in: Zeitschrift für wirtschaftliche Fertigung, 83(1988) 9, S. 433.
245 Vgl. Scheer, A.-W., 1990b, a.a.O., S. 52.
246 Vgl. Venitz, U., CIM-Rahmenplanung, Berlin - Heidelberg 1990, S. 66ff.
247 Vgl. Bläsing, J.P., 1990a, a.a.O., S. 129f.

stützt abgewickelt. Die Ausgestaltungsmöglichkeiten des CAQ sind Untersuchungsgegenstand der folgenden Kapitel.

Wesentliche Voraussetzung für die Reduzierung von Auftragsdurchlaufzeiten durch ein CIM-System ist eine On-line-Datenverarbeitung und -übertragung in den einzelnen Teilbereichen[248]. Technische Probleme einer CIM-Realisierung ergeben sich dadurch, daß CIM-Bausteine häufig als isolierte Einzellösungen ohne geeignete Schnittstellen zu deren Vernetzung angeboten werden. Überwindungen der Schnittstellenproblematik werden durch die Einrichtung lokaler Netzwerke (Local Area Network (LAN)) sowie durch die Entwicklung von Protokollstandards wie MAP (Manufacturing Automation Protocol), Feldbus und TOP (Technical and Office Protocol) erreicht[249]. Zusätzliche Probleme entstehen dadurch, daß standardisierte Programmodule die unternehmensindividuellen Anforderungen in vielen Fällen nicht abdecken[250]. Die genannten Aspekte bedingen einen hohen Aufwand zur Erstellung unternehmensspezifischer Software. Neben dem hohen Anpassungs- und organisatorischen Änderungsaufwand sind die mangelnde Transparenz der zum Einsatz kommenden Technologien, die Vielfalt der angebotenen Systeme und die daraus resultierende Abhängigkeit von externen Beratern sowie die erforderlichen Schulungsmaßnahmen des Personals im Umgang mit EDV-Systemen weitere Hemmnisse für eine CIM-Implementierung. Betriebswirtschaftliche Probleme bestehen darin, "...das große Datenvolumen des technischen Bereiches sinnvoll zu wirtschaftlich aussagekräftigen Daten zu verdichten"[251]. Zusätzlich ist eine monetäre Quantifizierung großer Teile des CIM-Erfolgspotentials nicht möglich. Sta-

---

248 Vgl. Scheer, A.-W., 1990b, a.a.O., S. 4.
249 Vgl. Scholz, B., CIM-Schnittstellen, München 1988, S. 87ff.
250 Vgl. Eversheim, W., Strategien auf dem Weg zu CIM, in: DIN Mitteilungen, 67.Jg.(1988), Nr. 5, S. 243.
251 Vgl. Knolmayer, G., Computer-Integrated Manufacturing (CIM), in: Informatik-Spektrum, (1985)8, S. 91.

tischen und dynamischen Investitionsrechenverfahren sind deutliche Grenzen gesetzt[252].

Trotz der aufgezeigten organisatorischen und technischen Probleme können sich die einer zunehmenden Konkurrenz ausgesetzten Unternehmen langfristig der mit einem hohen wirtschaftlichen Erfolgspotential verbundenen CIM-Technologien nicht verschließen. Vor allem Zulieferbetriebe sehen sich einem wachsenden Implementierungsdruck durch ihre Abnehmer ausgesetzt[253]. Für eine CIM-Installation ist die Entwicklung einer an den industriellen Oberzielen ausgerichteten CIM-Strategie von grundlegender Bedeutung, in der die technischen und organisatorischen unternehmensspezifischen Erfordernisse gleichermaßen Berücksichtigung finden. Dazu sind die CIM-Funktionen innerhalb des Unternehmens, eine geeignete Rechnerhierarchie sowie die Profile der neu entstehenden Mischarbeitsplätze festzulegen[254].

---

252 Vgl. dazu Gerlach, H.-H./Rickert, M./Rosenbaum, M., Wirtschaftlichkeitsbetrachtung flexibler Fertigungsstrukturen in der Praxis, in: VDI-Zeitschrift, 131 (1989), Nr. 3, S. 41. Zu statischen und dynamischen Verfahren der Investitionsrechnung vgl. Schmidt, R.-B., Investitionsrechnung, in: Handwörterbuch der Produktionswirtschaft, Kern, W. (Hrsg.), Stuttgart 1979, Sp. 856ff.

253 Vgl. Krautwurst, J., iQ-Basis - ein Baustein für flexible Qualitätssicherung, in: CIM-Management, 4(1989), S. 15.

254 Vgl. Scheer, A.-W., 1987, a.a.O., S. 84. Zur Planung von CIM vgl. auch Schulz, H., CIM-Planung und -Einführung, Berlin - Heidelberg - New York 1990.

3.2. Konzept des Computer Aided Quality Assurance (CAQ)

3.2.1. CAQ als Element des Total Quality Management (TQM)

Der Begriff Total Quality Management (TQM)[255] steht für eine Unternehmensphilosophie, durch die ein kontinuierlicher, alle Unternehmensbereiche einbeziehender Prozeß zur Verbesserung der Qualitätsfähigkeit eines Unternehmens initiiert wird. Oberstes Ziel des TQM ist die Kundenzufriedenheit[256]. Grundlage für die Umsetzung eines TQM in die betriebliche Praxis bildet eine vom Management entwickelte Qualitätspolitik, die im Rahmen einer Top-Down-Strategie[257] an die konkreten Aufgaben der einzelnen Unternehmensbereiche angepaßt wird[258]. Damit betonen TQM-Konzeptionen die explizite Qualitätsverantwortung des Managements. Die Einbeziehung aller Unternehmensbereiche und der Lieferanten in ein TQM dient der konsequenten Ausrichtung des Unternehmens auf die Erfüllung der Kundenforderungen. Qualitätsbewußtsein und -verantwortung der Mitarbeiter werden durch Motivationsprogramme gefördert. Aus- und Weiterbildungsmaßnah-

---

255 Inhaltlich weitgehend identisch sind die Begriffe Total Quality Management (TQM), Total Quality Control (TQC), Company Wide Quality Control (CWQC) und Company Wide Quality Improvement (CWQI). Vgl. Kirstein, H., How to Start with a Quality Program, in: EOQC Quality 2/1987, S. 11f.

256 Vgl. Bläsing, J.P., Total Quality Management, Philosophie und Praxis qualitätsorientierter Führungsstrukturen, in: Qualität ist Chefsache, Total Quality Management, 8. Qualitätsleiterforum, München 1990b, S. 80. Weigang entwickelt zur Messung der Kundenzufriedenheit einen Kundenzufriedenheits-Index (KZI). Vgl. Weigang, F., Hinweise für die Einführung eines TQC-Konzeptes, in: Qualität und Zuverlässigkeit, 33.Jg.(1988), Heft 11, S. 620f.

257 Im Rahmen einer Top-Down-Strategie sind die Mitarbeiter auf den einzelnen Hierarchiestufen eines Unternehmens schrittweise von oben nach unten (top down), also von der Planungs- über die Leitebene bis hin zur operativen Ebene, von der Notwendigkeit einer Konzeption zu überzeugen und in deren Umsetzung einzubeziehen. Vgl. dazu Scheer, A.-W., 1987, a.a.O., S. 89ff.

258 Vgl. Frehr, H.-U., Unternehmensweite Qualitätsverbesserung, in: Handbuch der Qualitätssicherung, Masing, W. (Hrsg.), 2. Auflage, München-Wien 1988, S. 798.

men sowie eine offene Informationspolitik über Qualitätsprobleme und erzielte Verbesserungen schaffen ein Instrumentarium, das dieser Qualitätsverantwortung gerecht zu werden versucht. Die Durchführung von Schulungsmaßnahmen und Beratungsleistungen in Fragen der Qualitätssicherung bilden den Schwerpunkt der Aufgaben des Qualitätswesens[259].

Im Mittelpunkt von TQM-Konzeptionen steht das Verbessern der Qualitätsfähigkeit einer Organisation als Voraussetzung für eine hohe Produktqualität. Dazu bedient sich TQM bewährter Verfahren zur Qualitätssicherung (z.B. FMEA und Prozeßfähigkeitsuntersuchungen) und bindet diese in einen systematischen und kontinuierlichen Prozeß der Qualitätsförderung ein[260]. Charakteristikum von TQM-Konzepten in technischer Hinsicht ist der Einsatz modernster Technologien, insbesondere der rechnergestützten Qualitätssicherung (CAQ). Da TQM-Konzeptionen darüber hinaus auf Methoden anderer Disziplinen vor allem der Psychologie und des Marketings zurückgreifen, können sie nicht als neue Management-Konzeptionen angesehen werden[261]. Allerdings leisten sie durch die Integration aller Unternehmensbereiche einen erheblichen Beitrag zur Durchführung aller Unternehmensaktivitäten unter dem Kriterium einer hohen Produktionsqualität. Obwohl sich mit der Umsetzung von TQM-Konzeptionen beachtliche wirtschaftliche Erfolge erzielen lassen[262], sind

---

259 Vgl. dazu Zink, K.J., Ausgewählte Aspekte einer Verknüpfbarkeit von CIM und Total Quality Management (TQM), in: Gestaltung CIM-fähiger Unternehmen, Wildemann, H. (Hrsg.), S. 391.

260 Vgl. Frehr, H.-U., a.a.O., S. 803.

261 Vgl. Engelhardt, W.H./Schütz, P., Total Quality Management, in: Wirtschaftswissenschaftliches Studium, (1991), Heft 8, S. 399.

262 Vgl. Gann, D., Total Quality Management - Konsequenzen für die Qualitätsorganisation, in: Qualität ist Chefsache, Total Quality Management, 8. Qualitätsleiterforum, Bläsing, J.P. (Hrsg.), 1990, S. 380ff.

sie in der Bundesrepublik Deutschland bisher kaum realisiert[263].

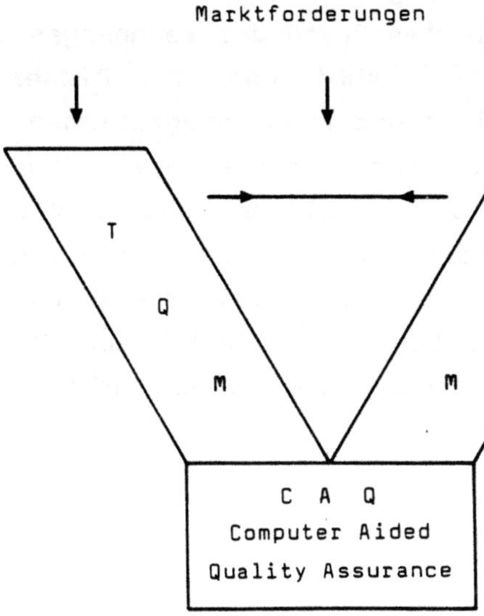

Abb.17: Verknüpfung von TQM- und CIM-Konzeptionen[264]

Die Entwicklung von TQM- und CIM-Konzeptionen verlief bisher weitgehend getrennt, obwohl zwischen beiden eine Reihe von Gemeinsamkeiten bestehen[265]. Ausgangspunkt für die Entwicklung beider Konzepte sind wachsende Marktforderungen (hohe Produktqualität, kurze Lieferzeiten, individuelle Erzeugnisse). Beide Konzeptionen haben strategischen Charakter und basieren auf einer prozeßorientierten Sichtweise. Ihre Umsetzung erfordert die Einbeziehung aller Unterneh-

---

263 Ein Praxisbeispiel einer TQM-Realisierung in den USA findet sich bei Bergholz, H.-J., Total Quality Management: Der Weg in die Zukunft, in: Qualität und Zuverlässigkeit, 36.Jg.(1991), Heft 7, S. 389ff.

264 Eine ähnliche Darstellung findet sich bei Zink, K.J., a.a.O., S. 402.

265 Vgl. Zink, K.J., a.a.O., S. 400ff.

mensbereiche und bedingt Veränderungen traditioneller Aufbau- und Ablauforganisationen.

Ein Element zur Verbindung von TQM und CIM ergibt sich über den derzeitig realisierten Stand der rechnergestützten Qualitätssicherung (CAQ)[266] (Abbildung 17). Dieser ist unter CIM-Aspekten durch einen geringen Integrationsgrad zu anderen CA- bzw. PPS-Funktionen gekennzeichnet. Eine umfassende Integration des CAQ in die CIM-Umgebung in Verbindung mit einer stärkeren Durchdringung von Industrieunternehmen mit der TQM-Philosophie schafft zukünftig die Voraussetzung für eine Verknüpfung der TQM- und CIM-Konzeptionen, die als Company Integrated Quality Management (CIQM) bezeichnet wird[267].

---

266 Vgl. Zink, K.J., a.a.O., S. 401f.
267 Vgl. Zink, K.J., a.a.O., S. 401f.

3.2.2. CAQ als Baustein des Computer Integrated Manufacturing (CIM)

CAQ steht als unvollständiges CA-Akronym für den Terminus 'Computer Aided Quality Assurance' (CAQ), der im folgenden mit dem Begriff 'Rechnergestützte Qualitätssicherung' übersetzt wird. Eine verbindliche deutschsprachige Definition für den CAQ-Begriff existiert bisher nicht. Im folgenden werden unter CAQ realisierte und zukünftig mögliche Formen der Unterstützung von Elementen der Qualitätssicherung durch den Einsatz der EDV verstanden[268].

In einem CAQ-System werden einzelne qualitätssicherungsbezogene EDV-Anwendungen strukturiert und unter Integrationsgesichtspunkten aufeinander abgestimmt. Ein CAQ-System bildet einen Baustein unternehmensweiter CIM-Konzeptionen und erfüllt primär technische Funktionen. Es wird daher dem CAD/CAM-Bereich zugeordnet, weist aber auch erhebliche informationstechnische Vernetzungen zum PPS-Bereich auf und nimmt infolgedessen in einem CIM-System eine bereichsübergreifende Funktion wahr. In Abbildung 18 ist CAQ als eigenständiger CIM-Baustein ausgewiesen. Da CAQ Funktionen zur Qualitätssicherung in der Planungs- und der Realisierungsphase eines industriellen Erzeugnisses bietet, ist diese Darstellungsweise zutreffender als die ausschließliche Zuordnung des CAQ zur Realisierungsphase[269].

---

268 Der Begriff 'Quality Assurance' wird definiert als "All those planned and systematic actions necessary to provide adequate confidence that a product or service will satisfy given requirements for quality" und in der Norm DIN ISO 9000 mit 'Qualitätssicherungs-Nachweisführung' übersetzt. DIN ISO 9000, a.a.O., S. 5.
Der Qualitätssicherungs-Nachweis bezieht sich auf alle Maßnahmen der Qualitätssicherung in den Qualitätsphasen. Zu Qualitätsphasen vgl. S. 10ff. Da CAQ-Systeme gegenwärtig nur einen Teil dieser Maßnahmen unterstützen, ist die oben vorgenommene Definition exakter.

269 Vgl. Scheer, A.-W., 1990b, a.a.O., S. 2. Vgl. auch S. 77.

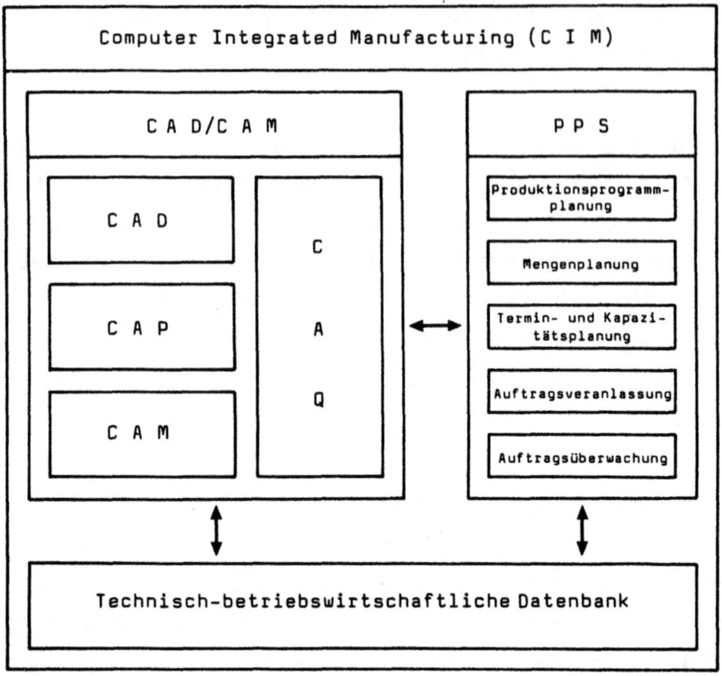

Abb.18: CAQ als integraler Baustein von CIM-Konzeptionen[270]

Anhand des Kriteriums der technischen Integrationsfähigkeit sind unterschiedliche Integrationsformen von CAQ-Anwendungen zu nennen. Unternehmensbezogene Integrationen erfolgen bereichsbezogen und bereichsübergreifend. Erstere bezeichnen interne Integrationen der in der Qualitätssicherung erzeugten Informationen, während letztere sich auf die Integration des CAQ-Systems mit den weiteren an der Produktionsqualität beteiligten CIM-Bausteinen (CAD/CAP/CAM und PPS) beziehen. Aus spezifischen Beziehungen eines Unternehmens zu seinen Beschaffungs- und Absatzmärkten können darüber hinaus unternehmensübergreifende Integrationsanforderungen an ein CAQ-System resultieren.

270 In Anlehnung an AWF, a.a.O., S. 10 sowie Hahn, D./Laßmann, G., a.a.O., S. 92.

Der Einsatz von CAQ-Systemen betrifft beide Komponenten der Produktionsqualität (Qualitätsfähigkeit einer Organisation und Produktqualität)[271]. Die Rechnerunterstützung der Qualitätsprüfung sowie die unmittelbare Rückführung von Prüfergebnissen an den Fertigungsprozeß zur Einleitung korrektiver Maßnahmen dient der Sicherstellung der geforderten Prozeßqualität. Ein CAQ-System verbessert die Möglichkeiten zur Erfassung und Auswertung von Prüfergebnissen in quantitativer und qualitativer Hinsicht. Mit zunehmender Integration in die CIM-Umgebung sind Qualitätsinformationen für alle Unternehmensfunktionen verfügbar. Diese Datenintegration verbessert nachhaltig die Planungs-, Beschaffungs-, Realisierungs- und Nutzungsfähigkeit. CAQ-Systeme tragen somit wesentlich dazu bei, daß die Qualitätsfähigkeit einer Organisation verbessert und eine hohe Produktqualität sichergestellt wird.

Mit der Implementierung von CAQ-Systemen verfolgen Unternehmen das Ziel, den marktbezogenen Forderungen nach hoher Produktqualität bei vertretbaren Qualitätskosten gerecht zu werden. Vor allem durch die Automatisierung von Prüfabläufen lassen sich erhebliche in der traditionellen Qualitätssicherung vorhandene Rationalisierungspotentiale realisieren. Damit ist eine erhebliche Abnahme der variablen Kontrollkosten verbunden. Als Folge hoher CAQ-Investitionsausgaben nehmen die fixen Kontrollkosten deutlich zu. Der Rechnereinsatz bedingt einen steigenden Wirkungsgrad von Qualitätssicherungsmaßnahmen im Sinne einer Abnahme der Anzahl hergestellter und ausgelieferter fehlerhafter Erzeugnisse und damit eine Reduzierung von Fehlerkosten. Im Ergebnis führt ein CAQ-Einsatz zu einer tendenziellen Lösung des Dilemmas der traditionellen Qualitätssicherung, da im Hinblick auf die Ausgestaltung der Qualitätssicherung eine Konformität der traditionell konfliktären Zielsetzungen 'Geringe Kostenverursachung' und 'Hoher Wirkungsgrad' herbeigeführt wird.

---

271 Vgl. Seite 11ff.

Die gegenwärtige Situation in der Qualitätssicherung ist charakterisiert durch den Aufbau von Qualitätssicherungs- und Qualitätsinformationssystemen[272]. Beide Systeme stellen auf die vorrangig qualitätsbezogene Optimierung der unternehmensspezifischen Aufbau- und Ablauforganisation ab. Zugleich implementieren Unternehmen zunehmend CIM-Bausteine zur rechnergestützten Abwicklung einzelner Unternehmensfunktionen, die als Insellösungen oder teilvernetzte Systeme betrieben werden. Aus diesen Rahmenbedingungen resultiert für ein CAQ-System das Erfordernis einer umfassenden organisatorischen und technischen Integration[273] als wesentliche Voraussetzung für einen effektiven und wirtschaftlichen Einsatz.

Anzahl und Tiefe, in denen Qualitätssicherungselemente durch den EDV-Einsatz unterstützt werden, resultieren aus den unternehmensindividuellen Strukturmerkmalsausprägungen. In der theoretischen Konzeption besteht für alle Elemente eines Qualitätssicherungssystems die Möglichkeit der Rechnerunterstützung. Diese reicht von einer CAQ-integrierten Textverarbeitung, z.B. für die Erstellung eines Qualitätssicherungshandbuches bis hin zu einer prozeßintegrierten automatisierten Meßwertaufnahme, On-line-Meßdatenverarbeitung und automatischen Einleitung von Korrekturmaßnahmen bei Plan/Ist-Abweichungen der Merkmalswerte. CAQ-Systeme, die ursprünglich für den Einsatz in der Wareneingangsprüfung mit dem Schwerpunkt prüflosbezogener Stichprobenprüfungen[274] entwickelt wurden[275], decken gegenwärtig auch Funktionen der Qualitätsprüfung in der Fertigung, Montage und Endprüfung ab. Die Qualitätsplanung unterstützen CAQ-Systeme derzeit vor allem indirekt über die Bereitstellung

---

272 Vgl. Bläsing, J.P., 1990a, a.a.O., S. 13.
273 Vgl. Bläsing, J.P., 1990a, a.a.O., S. 14ff.
274 Zur Definition des Begriffs Prüflos vgl. S. 56, Fußnote 156.
275 Vgl. Köppe, D., Forderungen an die Integrationsfähigkeit von CAQ-Systemen, in: CIM-Management, 3(1988), S. 15.

von Qualitätsinformationen. Allerdings existieren Ansätze einer direkten Rechnerunterstützung, z.B. zur Erstellung einer FMEA[276]. Diese ist gegenwärtig allerdings auf die Abwicklung verwaltungstechnischer Funktionen begrenzt. Die unmittelbare Qualitätslenkung kann durch automatische Korrekturvorgänge vollständig vom CAQ-System übernommen werden. Dies wird beispielsweise durch Adaptive-Control-(AC-) Systeme realisiert, die mittels Sensoren ergebnis- oder prozeßbezogene Meßwerte aufnehmen, diese mit vorgegebenen Sollgrößen vergleichen und bei Abweichungen automatisch Korrekturvorgänge einleiten[277]. Dagegen sind Maßnahmen der mittelbaren Qualitätslenkung, z.B. die Entwicklung neuer Fertigungs- und Prüfverfahren, aufgrund ihrer Komplexität nicht auf ein Rechnersystem übertragbar.

CAQ-Basisfunktionen	CAQ-Einzelfunktionen
CAQ-Prüfplanung	CAQ-Prüfplanerstellung
	CAQ-Prüfplanverwaltung
	CAQ-Prüfmittelüberwachung
CAQ-Prüfausführung	CAQ-Prüfloserfassung
	CAQ-Prüfsteuerung
	CAQ-Prüfauftragsgenerierung
	CAQ-Prüfdatenerfassung
	CAQ-Prüfauftragsverwaltung
	CAQ-Prüfentscheid
CAQ-Prüfdatenverarbeitung	CAQ-Prüfdatenauswertung
	CAQ-Prüfdatenarchivierung

Abb.19: Basis- und Einzelfunktionen eines CAQ-Systems

276 Vgl. Bläsing, J.P., Qualität = Verantwortung und Herausforderung, in: Beschaffung aktuell, 7(1988b), S. 25.
277 Vgl. Autorenkollektiv, Adaptive-Control-Systeme bei spanenden und abtragenden Bearbeitungsverfahren, in: Industrie-Anzeiger, 96/1974, S. 1696.

Trotz der unternehmensindividuellen Ausgestaltung von CAQ-Systemen können

- CAQ-Prüfplanung,
- CAQ-Prüfausführung und
- CAQ-Prüfdatenverarbeitung

als CAQ-Basisfunktionen herausgestellt werden. In Abbildung 19 sind diesen Basisfunktionen jeweils weitere Einzelfunktionen zugeordnet. Der modulare Aufbau von CAQ-Systemen ist an den Basis- und Einzelfunktionen ausgerichtet und erlaubt deren an unternehmensindividuellen Kriterien ausgerichtete stufenweise Implementierung.

3.3. Basisfunktionen eines CAQ-Systems[278]

3.3.1. CAQ-Funktion Prüfplanung

Die CAQ-Funktion Prüfplanung beinhaltet die Funktionen

- Prüfplanerstellung (Neuerstellung und Anpassung),
- Prüfplanverwaltung und
- Prüfmittelüberwachung.

Um eine automatische Erstellung des Prüfplans durch das CAQ-System zu ermöglichen, wäre eine vollständige Algorithmierung der einzelnen Aufgaben der Prüfplanung erforderlich. Dies leisten die gegenwärtig verfügbaren CAQ-Systeme nicht, da die Prüfplanungsschritte starke Interdependenzen untereinander und zum Herstellungsprozeß aufweisen. Die in der Prüfplanung zu treffenden Entscheidungen wie das Festlegen der Prüfmerkmale, der Prüfhäufigkeit und der Prüfmit-

278 Der überwiegende Teil des im folgenden beschriebenen Funktionsumfanges ist bereits in CAQ-Lösungen realisiert. Auf Funktionen, die als Forderungen an zukünftige CAQ-Lösungen zu verstehen sind, wird im Text hingewiesen.

tel bleiben in weiten Teilen dem Erfahrungswissen des Prüfplaners vorbehalten[279].

Planungsgrundlage für die Prüfplanung bilden die produktdefinierenden Daten aus der Konstruktion, die Arbeitsplandaten aus der Arbeitsvorbereitung und die in einem Unternehmen vorhandenen Qualitätsdaten. Die CAQ-Prüfplanung hat ihren Schwerpunkt in der dialogorientierten Unterstützung des Prüfplaners bei der Neuerstellung und Anpassung von Prüfplänen. Der Anstoß zur Prüfplanung erfolgt durch die Konstruktion und Arbeitsvorbereitung bei der Planung neuer oder geänderter Produkte oder durch die Qualitätslenkung bei notwendigen Korrekturen oder Ergänzungen. Aufgrund des ablauforganisatorischen Zusammenhanges zwischen Arbeitsplanung und Prüfplanung sind bei Erstellung, Änderung und Löschen eines Arbeitsplanes analoge Vorgänge in der Prüfplanung vorzunehmen[280]. Um frühzeitig die Verfügbarkeit von Prüfplänen für eigengefertigte und fremdbezogene Teile sicherzustellen, ist die CAQ-Funktion Prüfplanung in die Neuteilfreigabe und den technischen Änderungsdienst einzubinden[281]. Darüber hinaus können Wareneingänge, für die bisher keine Prüfpläne vorhanden sind, z.B. bei einer kurzfristigen Beschaffung von Zukaufteilen, die Erstellung von Prüfplänen veranlassen.

CAQ-Systeme bieten standardisierte Prüfplanformulare an, die vom Prüfplaner übernommen bzw. bedarfsgerecht angepaßt werden können, sowie die Möglichkeit, Prüfplanformulare beispielsweise auf der Grundlage der bisher im Unternehmen verwendeten Formulare am Bildschirm zu entwerfen und im Sy-

---

279 Vgl. Vogt, H.P., Marktübersicht CAQ-Systeme, in: Qualität und Zuverlässigkeit, 33.Jg.(1988a), Heft 4, S. 204.

280 Vgl. Wolf, R., CAQ als CIM-Baustein, in: Fortschrittliche Betriebsführung und Industrial Engineering, 37(1988), Heft 4, S. 169.

281 Vgl. Clieves, H.-P., Integrierte EDV-gestützte Qualitätssicherung, in: Integrierte Qualitätssicherung als Managementaufgabe, Höhl, M. (Hrsg.), München 1985, S. 60.

stem zu hinterlegen[282]. Zur Prüfplanerstellung gibt der Prüfplaner die Stammdaten des Arbeitsplanes wie Arbeitsplan-, Teile- und Arbeitsvorgangsnummer im Dialog, z.B. über Barcode-Leser oder Tastatur, in das CAQ-System ein und übernimmt diese in den zu erstellenden Prüfplan. Die Integration von Qualitätsprüfungen in den Fertigungsprozeß wird erreicht, indem Prüfungen durch Vergabe eigener Arbeitsvorgangsnummern in den Arbeitsplänen verankert werden.

Komfortable Editierfunktionen wie Kopieren, Löschen, Einfügen und Speichern vereinfachen die Prüfplanung, in deren Verlauf der Prüfplaner am Bildschirm angezeigte Masken sukzessive mit Texten und Werten füllt. Dazu bietet der Rechner in einem programmabhängigen Detaillierungsgrad Auswahlmenüs z.B. für Prüfmerkmale, Prüfmittel und Stichprobenverfahren an. Diese Listen reichen von einer Bestandsführung bis hin zu Zuordnungskatalogen wie Prüfmerkmal-Prüfmittel oder Prüfaufgabe-Prüfzeit[283]. Ferner werden Kataloge angeboten, die für vom Planer vorzugebende Arbeitsgänge potentielle Prüfmerkmale anbieten, deren Rangfolge "...auf der Basis der Qualitätshistorie in festen Zeitintervallen aktualisiert wird..."[284] und die Häufigkeit aufgetretener Fehler widerspiegelt. Aus den Katalogen wählt der Prüfplaner der Prüfaufgabe entsprechende Teile aus und übernimmt diese in den neuen Prüfplan. Der Bestand an Prüfmitteln und die Prüfmerkmalsdaten sind unternehmensindividuell im System zu verankern. Stichprobenverfahren können alternativ vom System als genormte Stichprobenverfahren wie DIN 40 080 oder MIL STD 414 übernommen oder als eigene Standards im

---

282 Vgl. Strohbach, P., Konzeption eines Qualitätsdatenerfassungs- und Informationssystems, in: Integrierte Qualitätssicherung als Managementaufgabe, Höhl, M. (Hrsg.), München 1985, S. 177ff.

283 Vgl. Pfeifer, T./Mecklenburg, R., Fehlerverhütende Maßnahmen senken Kosten, in: Industrie-Anzeiger, 70/1987, S. 47.

284 Eversheim, W. u.a., Integrierte rechnerunterstützte Qualitätssicherung in einem mittelständischen Unternehmen, in: Qualität und Zuverlässigkeit, 33.Jg.(1988), Heft 10, S. 550.

CAQ-System hinterlegt werden. Die Rationalisierung der Neuerstellung von Prüfplänen resultiert im wesentlichen aus der Freistellung des Planers von Schreibarbeiten und der Verfügbarkeit anwenderorientiert aufbereiteter Informationen.

Weitergehende Rationalisierungseffekte ergeben sich bei der Anpassung von Prüfplänen. Mit Zugriff auf im Unternehmen vorhandene und im CAQ-System verwaltete Prüfpläne kann sich der Prüfplaner diese am Bildschirm anzeigen lassen und der Prüfaufgabe entsprechend verändern. Dies beinhaltet das Kopieren von ganzen Prüfplänen, Prüfschritten oder einzelnen Merkmalen[285]. Langfristig läßt sich der Verwaltungsaufwand weiter reduzieren, indem aus Kopiervorgängen hervorgehende Beziehungen gespeichert werden[286].

EDV-erstellte Prüfpläne sollten ein Pseudomerkmal 'Verbale Beanstandung' enthalten, das frei formulierbare Beanstandungen zu nicht im Prüfplan definierten Merkmalen durch den Prüfer zuläßt[287]. Der Prüfplaner kann daraufhin eine Liste der Teile, für die Beanstandungen eingegeben wurden, abrufen, die Beanstandungen für ein Teil gezielt anwählen und den Prüfplan z.B. durch Einfügen eines neuen Prüfmerkmals entsprechend ändern[288].

Die erzeugten Prüfpläne werden im CAQ-System abgelegt, verwaltet und gepflegt und bilden die Grundlage zur Erstellung der Prüfaufträge im Rahmen der CAQ-Funktion Prüfausführung. Nicht mehr benötigte Prüfpläne verbleiben aus Kapazitäts-

---

285 Vgl. Pfeifer, T./Köppe, D., Kommerzielle CAQ-Systeme, Eine Übersicht, in: Qualität und Zuverlässigkeit, 32.Jg.(1987), Heft 2, S. 87.
286 Vgl. Pfeifer, T./Köppe, D., 1987, a.a.O., S. 87.
287 Vgl. Rainer-Harbach, G., Chancen und Risiken des EDV-Einsatzes in der Qualitätssicherung, in: Integrierte Qualitätssicherung als Managementaufgabe, Höhl. M. (Hrsg.), München 1985, S. 81.
288 Vgl. Rainer-Harbach, G., 1985, a.a.O., S. 81.

gründen nicht auf dem aktuellen Bestand, sondern werden auf Datenträgern wie Magnetbänder ausgelagert und archiviert[289].

Der Rechnereinsatz in der CAQ-Funktion Prüfmittelüberwachung dient der sicheren und aktuellen Erfassung der Prüfmittel durch geeignete Editierfunktionen und durch effiziente Dynamisierungsregeln zur Festlegung der Intervalle zur Überwachung der Prüfmittel. Werden diese Intervalle vom Nutzungsgrad abhängig gemacht, erfolgt eine Intervallplanung aufgrund des Auftragsgeschehens oder eine Festlegung des Überwachungsintervalls aufgrund der tatsächlichen Einsatzhäufigkeit[290]. Überschrittene Überwachungstermine sind vom CAQ-System zu melden. Der Aufwand zur Installation eines umfassenden Systems zur Prüfmittelüberwachung ist relativ hoch. Ursächlich dafür sind u.a. die im allgemeinen hohe Anzahl zu verwaltender Prüfmittel, deren zunehmende Komplexität, die Notwendigkeit zur individuellen Festlegung der Überwachungsintervalle für jedes Prüfmittel sowie diverse benötigte Standards und Normalien[291]. Aufgrund der großen Datenmengen ist aber der Rechnereinsatz in der Prüfmittelverwaltung und -überwachung trotz des hohen Implementierungsaufwandes unumgänglich[292].

---

289 Vgl. Endemann, D., Strategie und Gestaltung rechnergestützter Qualitätssicherungssysteme, CAQ im CIM-Umfeld, in: Integriertes Produktions- und Qualitätsmanagement, Bläsing, J.P. (Hrsg.), München 1988, Band 2, S. 549.
290 Vgl. Bläsing, J.P., 1990a, a.a.O., S. 105.
291 Vgl. Bläsing, J.P., 1990a, a.a.O., S. 104.
292 Vgl. Schiefer, K.-H./Hacker, H., Prüfmittel rechnerunterstützt verwalten und überwachen, in: Qualität und Zuverlässigkeit, 36.Jg.(1991), Heft 7, S. 439.

3.3.2. CAQ-Funktion Prüfausführung

Der CAQ-Funktion Prüfausführung werden die Einzelfunktionen

- Prüfloserfassung,
- Prüfsteuerung,
- Prüfauftragsgenerierung,
- Prüfdatenerfassung,
- Prüfauftragsverwaltung und
- Prüfentscheid zugeordnet.

Schwerpunkte der Rechnerunterstützung in der CAQ-Funktion Prüfausführung bilden prüflosbezogene Stichprobenprüfungen im Wareneingang und der Endprüfung, statistische Verfahren zur indirekten Prozeßüberwachung sowie In-Process-Prüfungen und eine fertigungsnah installierte Prüf- und Meßtechnik im Fertigungsbereich.

"Entscheidend für das Funktionieren eines CAQ-Systems ist das Ändern der bisher üblichen freien Zuordnung durchzuführender Prüfungen in Auftragsprüfungen"[293]. Der Anstoß zur Generierung von Prüfaufträgen erfolgt durch den Wareneingang bzw. durch die Fertigmeldung von Arbeitsgängen in der Fertigung und Montage. Die in den Fertigungs- bzw. Beschaffungsaufträgen angegebenen Stammdaten wie Teile- und Prüfvorgangsnummern sowie die aktuelle Prüflosgröße werden im Dialog in das CAQ-System eingegeben, das daraufhin den dazugehörigen Prüfplan identifiziert und die automatische Erstellung der Prüfaufträge auslöst. Auf Grundlage der aktuellen Prüflosgröße, der im Prüfplan angegebenen Stichprobentabelle und der Stichprobenanweisung bestimmt das CAQ-Rechnersystem automatisch den Prüfumfang[294].

293 Bläsing, J.P., 1990a, a.a.O., S. 54.
294 Vgl. Rainer-Harbach, G., 1985, a.a.O., S. 82.

Die Prüfsteuerung bezeichnet die qualitätshistorienabhängige Veränderung des Prüfumfanges zu prüfender Teile, mit dem Ziel den Prüfaufwand bei gleichbleibender Qualitätslage zu reduzieren. Die Bestimmung des Prüfumfanges in Abhängigkeit von vorherigen Prüfergebnissen wird als Dynamisierung bezeichnet und erfolgt nach möglichst einfachen Regeln. Diese schließen nach einer bestimmten vorzugebenden Anzahl fehlerfreier Teile den Prüfverzicht ein, der als Skip-Lot (Übersprungenes Los) bezeichnet wird. Im Skip-Lot liegende Prüflose werden lediglich einer Identitätsprüfung unterzogen. Nach einer individuell festzulegenden Anzahl von Prüflosen im Skip-Lot sollte aus Sicherheitsgründen eine Prüfung für das nachfolgende Prüflos angesetzt werden. Der Rationalisierungseffekt der Dynamisierung kann erhöht werden, wenn diese statt prüflosbezogen merkmalsbezogen erfolgt. Ein optimales merkmalsbezogenes Skip-Lot Verfahren wird durch eine Synchronisation von Merkmalsprüfungen erreicht[295]. Die Dynamisierung von Wareneingangsprüfungen erfolgt lieferantenbezogen und stellt die Grundlage für die Bildung von Kennzahlen zur Lieferantenbeurteilung dar.

Die Eröffnung der Prüfaufträge löst die Prüfaktivitäten aus und erfolgt automatisch oder manuell durch den Prüfer. Die eröffneten Prüfaufträge werden vom CAQ-System zur Überwachung und Steuerung verwaltet und der Status ihrer Abwicklung fortgeschrieben[296]. Dies gewährleistet jederzeit eine aktuelle Darstellung der eröffneten und der vorläufig unterbrochenen Prüfungen sowie über gesperrte Prüfvorgänge und Prüflose. Das anstehende Prüfarbeitsvolumen wird dadurch transparent und disponierbar. Eine Bedienerführung des Prüfers ermöglicht eine detaillierte Anzeige des Status eines Prüfauftrages am Prüfplatz[297]. Das Anwählen eines be-

---

295 Vgl. Bläsing, J.P., 1990a, a.a.O., S. 68.
296 Vgl. Winterhalder, L., Konzepte und Funktionen der rechnergestützten und integrierten Qualitätssicherung, in: Praxishandbuch Qualitätssicherung, Band 1, (1986), Baustein C1, S. 30.
297 Vgl. Rainer-Harbach, G., 1985, a.a.O., S. 83.

stimmten Prüfschrittes im Prüfauftrag löst den Start des entsprechenden Prüfprogrammes bzw. die Eröffnung der manuellen Eingabe aus. Entsprechend werden die Ergebnisdaten im Dialog vom Prüfer eingegeben oder direkt von autarken Subsystemen in das CAQ-System übernommen[298] und den Prüfaufträgen zugeordnet. Bei langandauernden und komplexen Prüfungen existieren Funktionen zur Überwachung des Prüfablaufes, die das Abrufen des Status einzelner Prüfvorgänge ermöglichen[299]. Neben vollständigen Prüfaufträgen können auch einzelne Prüfschritte an Subsysteme übertragen werden, z.B. wenn einzelne Prüfschritte an verschiedenen Subsystemen abgearbeitet werden müssen oder bei manuellen und automatischen Prüfschritten innerhalb eines Prüfauftrages[300]. Die Fortschreibung der Prüfaufträge ist dann auf Prüfschrittebene durchzuführen.

Das Akronym SPC steht für Statistic Process Control und wird im folgenden mit 'Statistische Prozeß Regelung'[301] übersetzt. Die Statistische Prozeß Regelung basiert auf dem Verfahren der Qualitätsregelkarten, wobei das aufwendige manuelle Führen der Qualitätsregelkarte auf ein SPC-Rechnersystem übertragen wird. Ziel von SPC-Verfahren ist die Fehlervermeidung durch Prozeßbeherrschung. Dazu werden prozeßnahe Regelkreise aufgebaut und produktbezogene Prüfdaten nach Ausführung eines Arbeitsganges erfaßt und ausgewertet. Auf Grundlage der ermittelten Prüfergebnisdaten, deren Aussagekraft durch den Einsatz von SPC-Verfahren erheblich zunimmt, lassen sich Prozeßveränderungen erkennen, einwirkende Störeinflüsse ermitteln und unverzüglich korrektive Maßnahmen einleiten.

---

298 Vgl. Köppe, D., a.a.O., S. 15.
299 Vgl. Rainer-Harbach, G., 1985, a.a.O., S. 83.
300 Vgl. Rainer-Harbach, G., CAQ - ein Baustein von CIM, in: CIM-Management, 2(1987), S. 10.
301 Vgl. Horn, B., Vernetzte SPC-Meßplätze im Rahmen von CAQ, in: Integriertes Produktions- und Qualitätsmanagement, Bläsing, J.P. (Hrsg.), München 1988, Band 2, S. 640.

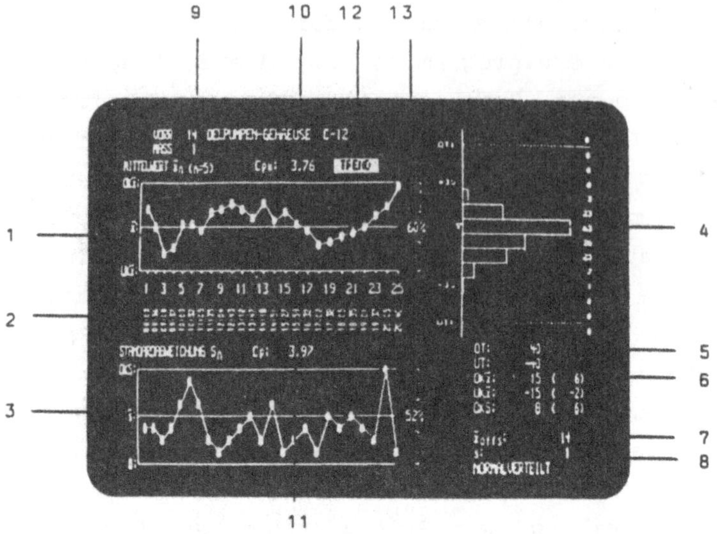

1. Qualitätsregelkarte für Mittelwerte
2. Uhrzeit der Prüfdurchführung
3. Qualitätsregelkarte für Standardabweichungen
4. Histogramm der Einzelwerte
5. Toleranzgrenzen des Prüfmerkmals
6. Kontrollgrenzen für Mittelwert und Streuung/ Berechnete und korrigierte Kontrollwerte
7. Abweichung des letzten Mittelwertes von der Mitte des Kontrollbereiches
8. Aktuelle Standardabweichung
9. Angaben zum Prüfteil, Prüfmerkmal und Stichprobenumfang
10. Aktueller C_{pk}-Wert
11. Aktueller C_p-Wert
12. Beschreibung des Prozeßverhaltens (Trend, Run, Middle Third)
13. Anteil der im mittleren Drittel des Kontrollbereichs liegenden Mittelwerte

Abb.20: Display eines SPC-Systems[302]

Abbildung 20 zeigt exemplarisch das Display eines SPC-Systems. Dieses enthält Angaben zum Prüfteil, zum Prüfmerkmal

302 Vgl. Bläsing, J.P., 1990a, a.a.O., S. 84ff.

und zum Umfang der zu ziehenden Stichproben (9). Die Regelkarten für Mittelwerte (1) und Standardabweichungen (3) zeigen auf der Waagerechten die Anzahl der letzten 25 Stichproben sowie die Uhrzeit, zu denen die Stichproben jeweils gezogen wurden (2). Sie werden ergänzt um die Angabe der aus den letzten 25 Stichproben berechneten C_{pk}- und C_p-Werte (10/11)[303] sowie die prozentuale Angabe des Anteils der Mittelwerte, die im mittleren Drittel des Kontrollbereiches liegen (13). Der rechte Teil des Displays enthält ein aus den Einzelwerten aller Stichproben gebildetes Histogramm (4), die Toleranzgrenzen des Prüfmerkmals (5) sowie die Kontrollgrenzen für Mittelwert und Streuung und die vom SPC-System jeweils berechneten und korrigierten Kontrollwerte (6). Ferner sind angegeben die Abweichung des letzten Mittelwertes von der Mitte des Kontrollbereichs (7) und die aktuelle Standardabweichung (8). Unter (12) wird das Prozeßverhalten anhand der Merkmale Trend (Gang/Tendenz), Run (Lageverschiebung) und Mittle Third (Mittleres Drittel) beschrieben[304].

Die Anwendung von SPC-Verfahren bei quantitativen Merkmalen ist im Vergleich zu der bei qualitativen Merkmalen mit erheblichen Vorteilen verbunden. Dazu zählen das Erkennen von Prozeßveränderungen vor dem Entstehen von Fehlern und damit die Möglichkeit, das Auftreten von Fehlern vollständig zu vermeiden sowie eine höhere Aussagekraft der Prüf- und Ergebnisdaten. Darüber hinaus genügt bei quantitativen Merkmalen ein sehr kleiner Prüfumfang, um zuverlässige Aussagen

---

303 Zur Berechnung der Prozeßfähigkeitsindizes vgl. S. 51, Fußnote 142.

304 Weisen sieben Mittelwerte nacheinander gezogener Stichproben eine Tendenz nach plus oder minus auf, besteht ein Trend. Liegen sieben aufeinanderfolgende Mittelwerte auf einer Seite des Kontrollbereichs, handelt es sich um einen Run. Als Mittle Third wird eine Verteilung bezeichnet, wenn weniger als 40% oder mehr als 90% der Mittelwerte im mittleren Drittel des Kontrollbereiches liegen. Vgl. Dutschke, W., Qualitätssicherung mit SPC, in: VDI-Zeitschrift, 131(1989), Nr. 2, S. 63.

über die Prozeßfähigkeit und -stabilität zu erhalten[305]. Ein erfolgreicher Einsatz von SPC-Verfahren wird durch eine eigenverantwortliche Selbstprüfung und Prozeßregelung durch den Maschinenbediener gewährleistet[306], dem die Qualitätsregelkarte sowie die nach jeder Messung aktualisierten Prozeßfähigkeitsindizes angezeigt werden. Statt handgeführte SPC-Prüfplätze einzurichten wird die Prüfung zunehmend aber auch direkt in den Prozeß integriert und der "...Computer nicht nur für die Registrierung der Meßwerte, sondern auch für die Korrektur der Werkzeugmaschine..."[307] eingesetzt. Mit der Vernetzung von SPC- und CAQ-System werden die Daten beider Systeme zusammengeführt und deren Verwaltung vereinfacht. Damit gewinnen SPC-Prüfdaten an Aussagekraft und sind langfristig nutzbar.

SPC-Verfahren stellen dem Anwender eine Vielzahl von Informationen zur Verfügung, die ständig beobachtet und interpretiert werden müssen und erhebliches Fachwissen erfordern, um daraus bei kritischem Prozeßverhalten Korrekturmaßnahmen ableiten zu können. Dies führt häufig zu einer Überforderung der Benutzer, die sich durch den Einsatz von Expertensystemen[308] in Kombination mit SPC vermeiden läßt.

---

305 Bei quantitativer Prüfung sind Einzelstichproben von normalerweise 5 Teilen ausreichend, während bei qualitativen Merkmalen Einzelstichproben von mindestens 50, häufig auch einigen hundert Teilen benötigt werden. Vgl. Füller, H.A., a.a.O., S. 476f.

306 Vgl. Straube, W./Kohl, D., Vernetzte SPC-Systeme, in: Qualität und Zuverlässigkeit, 34.Jg.(1989), Heft 1, S. 24.

307 Straube, W./Kohl, D., a.a.O., S. 24.

308 Expertensysteme bestehen aus einer Wissenserwerbskomponente, mit der spezifisches Fachwissen in Form von Fakten und Regeln in eine Wissensbasis eingebracht wird, einer Problemlösungskomponente (Inferenzmechanismus), die das Wissen für ein zielgerichtetes Vorgehen verknüpft, einer Erklärungskomponente, die dem Anwender Erläuterungen zur Problemlösung gibt und einer Dialogkomponente, die über eine bedienerfreundliche Schnittstelle die Verbindung zum Anwender herstellt.
Zum Aufbau von Expertensystemen vgl. Scheer, A.-W., 1990a, a.a.O., S. 173ff./Rembold, U. et al., Qualitätssicherung, in: CAM-Handbuch, Berlin - Heidelberg 1990, S. 337ff.

Dazu werden SPC-Verfahren um eine wissensbasierte Komponente erweitert, in der in erster Linie heuristisches Wissen in Form funktionaler Zusammenhänge zwischen potentiellen Fehlern, deren Ursachen sowie Abhilfemaßnahmen zu deren Beseitigung hinterlegt ist. Dieses wird im Rahmen einer Wissensakquisition in das System eingegeben[309]. Neben den durch SPC bereitgestellten Informationen über das aktuelle Prozeßverhalten hinaus ist es das Ziel eines kombinierten SPC/Experten-Systemeinsatzes, den Bediener bei Unregelmäßigkeiten zu warnen und geeignete Korrekturmaßnahmen vorzuschlagen. Der in seiner Länge vom individuellen Fachwissen und der Motivation des Bedieners abhängige Zeitraum für die Analyse von Fehlerursachen wird durch den Einsatz eines Expertensystems deutlich verkürzt und damit der Wirkungsgrad von SPC-Verfahren wesentlich erhöht. Zukünftige Schwerpunkte des Einsatzes von Expertensystemen in der Qualitätssicherung bestehen in der Mustererkennung und der Bilddatenverarbeitung[310].

Aufgrund der erhöhten Aussagefähigkeit von Meßdaten, insbesondere der Erkennung von Trendentwicklungen sowie der breiteren Möglichkeit zur Anwendung statistischer Methoden, ist in der Qualitätssicherung ein Trend zur quantitativen Prüfung zu verzeichnen. Damit verbunden ist ein verstärkter Einsatz automatisierter Prüf- und Testsysteme und ein Anwachsen der zu verarbeitenden Datenmengen. Qualitative Prüfungen sind im allgemeinen Sichtprüfungen und erfordern das Aufstellen einheitlicher Fehlerkataloge, mit denen ermittelte Fehler zur Verankerung im CAQ-System codiert werden. Der Detaillierungsgrad der Codierung ist für Analysezwecke ausreichend hoch festzulegen. Zudem sollte die Möglichkeit bestehen, daß der Prüfer Fehler, z.B. im Hinblick auf Art, Ort, Ursache und Maßnahmen, beschreiben kann[311]. Rationali-

---

309 Vgl. Pfeifer, T./Grob, R./Schmid, R., Expertensysteme für die SPC, in: Qualität und Zuverlässigkeit, 36.Jg. (1991), Heft 7, S. 433f.
310 Vgl. Rembold, U. et al., a.a.O., S. 339.
311 Vgl. Vogt, H.P., 1988a, a.a.O., S. 204.

sierungseffekte dürfen aber durch eine unangemessen hohe Detaillierung und der daraus folgenden zeitlichen Inanspruchnahme der Prüfer nicht untergraben werden[312]. Die Automatisierung von Sichtprüfungen ist für Teilaufgaben bereits realisiert. Dadurch lassen sich die Genauigkeit von Sichtprüfungen wesentlich erhöhen und menschliche Fehlerquellen weitgehend ausschließen.

Nach Abschluß einer Prüfung gibt das CAQ-System einen Prüfentscheid vor, der bei Bedarf vom Prüfer verändert werden kann. Anhand der Prüfergebnisse werden die Qualitätshistorien differenziert für Teile, Merkmale und Lieferanten fortgeschrieben. Bei positivem Prüfentscheid erfolgt die Freigabe der für die Prüfung gesperrten Prüflose. Bei Ablehnung des Prüfloses werden entsprechende Maßnahmen eingeleitet, z.B. dessen Rücksendung zum Lieferanten oder dessen Deklaration als Nacharbeit oder Ausschuß. Der Prüfentscheid wird an die Fertigungsteuerung bzw. den Wareneingang übermittelt, damit diese auf eventuelle Veränderungen der Produktions- bzw. Liefermengen reagieren können.

Von großer Bedeutung ist eine eindeutige Kennzeichnung und Aussonderung fehlerhafter Teile, um deren Weiterverarbeitung auszuschließen. CAQ-Systeme eignen sich in besonderem Maße dafür, "...den lückenlosen Nachweis zu führen, daß fehlerhafte Einheiten von ihrer Entdeckung bis zum endgültigen Verwendungsentscheid ordnungsgemäß verwaltet werden"[313].

312 Vgl. Bläsing, J.P., 1990a, a.a.O., S. 60.
313 Vgl. Bläsing, J.P., 1990a, a.a.O., S. 41.

3.3.3. CAQ-Funktion Prüfdatenverarbeitung

Die CAQ-Funktion Prüfdatenverarbeitung beinhaltet die Einzelfunktionen

- Prüfdatenauswertung und
- Prüfdatenarchivierung.

Die Auswertung der während der Prüfausführung erfaßten Qualitätsdaten erfolgt on line und dient dazu, den Ursache-Wirkungszusammenhang in bezug auf die ermittelten Plan/Ist-Abweichungen unverzüglich nach deren Entstehen aufzudecken. Die auf diese Weise ermittelten qualitätsbezogenen Schwachstellen werden im Rahmen der Qualitätslenkung durch geeignete technische und organisatorische Maßnahmen unverzüglich behoben. Der On-line-Zugriff auf die im Unternehmen vorhandenen Qualitätsdaten ist Voraussetzung für eine hohe Effektivität der Prüfdatenverarbeitung und gewährleistet deren einheitliche Analyse und bessere Vergleichbarkeit[314]. Die CAQ-Prüfdatenverarbeitung zeichnet sich durch eine Vielzahl von Auswerte- und Darstellungsmöglichkeiten aus, wobei Daten in beliebiger Weise verdichtet und miteinander kombiniert werden können. Typische Beispiele sind die Bildung statistischer Kenngrößen (z.B. Mittelwert, Standardabweichung, Prozeßfähigkeitsindizes), vergleichende Auswertungen (z.B. verschiedener Zeiträume, Produkte oder Anlagen) und die Bildung von Kennzahlen (z.B. Fehleranzahl pro Produkt oder Produktgruppe). Die Darstellung der Qualitätsinformationen erfolgt in Form von Listen, Tabellen, Graphiken und Zeichnungen[315]. CAQ-Systeme bieten Funktionen zur automatischen Erstellung von Analysen an wie die Aktualisierung von Historiendaten und separat aufzurufende Analysen, wie z.B. statistische Auswertungen und graphische Darstellungen[316]. Hinzuweisen ist ferner auf die Möglichkeit zur Ar-

314 Vgl. Rainer-Harbach, G., 1985, a.a.O., S. 84.
315 Vgl. DGQ, 1987, a.a.O., S. 73ff.
316 Vgl. Köppe, D., a.a.O., S. 15.

chivierung von Daten über beliebige Zeiträume und damit zu Langzeitanalysen sowie zur Bewältigung großer Datenmengen. In quantitativer und qualitativer Hinsicht ist die CAQ-Prüfdatenverarbeitung der konventionellen Analyse von Prüfdaten somit weit überlegen. Dies gilt insbesondere im Hinblick auf eine empfängerorientierte Bereitstellung aktueller Qualitätsdaten. Die Prüfdatenverarbeitung stellt die Verbindung zwischen der Prüfausführung und der Qualitätslenkung dar und schließt die im Unternehmen aufgebauten kleinen, mittleren und großen Regelkreise. In diese gehen jeweils spezifische Informationen ein, deren Verdichtungsgrad mit steigender hierarchischer Ebene zunimmt[317].

Die Erstellung von Prüfzeugnissen für eigengefertigte Teile, Prüfberichten für Zukaufteile sowie sonstiger Berichte leisten CAQ-Systeme automatisch oder im Dialog, wobei der Bediener Textbausteine kopieren oder frei formulierte Texte eingeben kann[318]. Der Aufwand für die manuelle Erstellung von Prüfberichten, vor allem zur Dokumentation des fehlerfreien Zustandes ausgelieferter Produkte, kann mit einem CAQ-System somit erheblich reduziert werden. Gleiches gilt für die systemintern fortgeschriebenen prüflos- und -merkmalsbezogenen Qualitätshistorien und die Bildung von Kennzahlen zur Lieferantenbewertung. Die Qualitätsberichte werden im CAQ-System verwaltet und müssen, z.B. bei Produkthaftungsfällen, problemlos wieder auffindbar sein. Dies erfordert eine klare Datenorganisation und einen geeigneten Datenschutz.

Qualitätsdaten, die während der Nutzung eines Produktes gewonnen werden, stellen eine wichtige Grundlage zur Verbesserung der Planungsfähigkeit dar. Eine CAQ-Funktion zur Erfassung und Auswertung von Nutzungsdaten erhöht zugleich die Nutzungsfähigkeit, z.B. indem Fehlerursachen schneller

317 Zur Bereitstellung empfängerorientiert aufbereiteter Qualitätsdaten vgl. Kapitel 2.4.4.

318 Vgl. Rainer-Harbach, G., 1985, a.a.O., S. 85.

erkannt werden und sich dadurch Reparaturzeiten reduzieren. Auf diese Weise wird die Zeitspanne, die einem Kunden ein Erzeugnis nicht zur Verfügung steht, verkürzt. Reklamations- und Wartungsdaten können frühzeitig auf Serienfehler hinweisen und potentielle Schäden sowie daraus entstehende externe Fehlerkosten begrenzen. Zudem erhöhen sie die Markttransparenz und damit die Kenntnis externer Qualitätsforderungen an zukünftige Produkte. Vor allem Unternehmen der Konsumgüterindustrie haben frühzeitig den Nutzen einer Verarbeitung von Garantie- und Kundendienstdaten erkannt und entsprechende EDV-Funktionen entwickelt[319].

319 Vgl. Köppe, D., a.a.O., S. 16.

3.4. Einbindung eines CAQ-Systems in die CIM-Umgebung

Die Integration von rechnergestützten Maßnahmen der Qualitätssicherung erfolgt bereichsbezogen und bereichsübergreifend innerhalb eines Unternehmens sowie unternehmensübergreifend. Die in einer CAQ- bzw. CIM-Funktion erzeugten Daten, die ausschließlich bzw. u.a. Qualitätsbezug haben, bilden die Planungsgrundlage für nachgelagerte CAQ- bzw. CIM-Funktionen. Daraus resultiert die Forderung nach einer Integration von Qualitätsdaten, mit der eine unternehmensbezogene und zum Teil -übergreifende Verfügbarkeit eines aktuellen und konsistenten Qualitätsdatenbestandes sichergestellt wird (Abbildung 21).

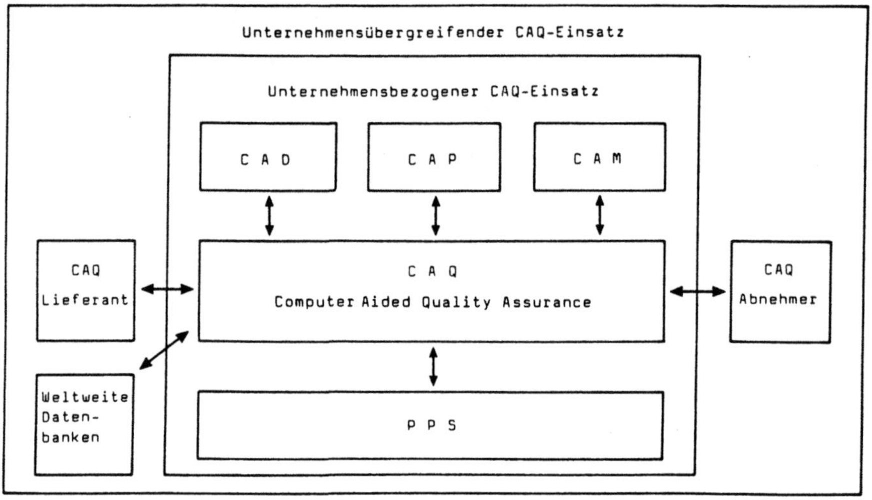

Abb.21: Unternehmensbezogene und -übergreifende CAQ-Integration[320]

---

320 Eine ähnliche Darstellung findet sich bei Bläsing, J.P., 1990a, a.a.O., S. 17.

Mit der auf den Bereich Qualitätssicherung bezogenen Datenintegration wird der Datenzugriff einer CAQ-Funktion auf die in anderen CAQ-Funktionen erzeugten Daten möglich. Die bereichsbezogene Datenintegration ist eine Folge der vielfältigen informationstechnischen Abhängigkeiten zwischen den CAQ-Einzelfunktionen. So erfordert eine effektive Prüfplanung den Zugriff auf Daten, die in der CAQ-Funktion Prüfausführung gewonnen und in der CAQ-Funktion Prüfdatenverarbeitung verdichtet werden. Die Prüfplanpflege übernimmt die in den abgearbeiteten Prüfaufträgen eingetragenen verbalen Beanstandungen der Prüfer aus der Prüfauftragsverwaltung zur Ergänzung bzw. Änderung der Prüfpläne. Die Prüfauftragserstellung greift auf die in der CAQ-Funktion Prüfplanung erstellten Prüfplandaten zurück. Eine aktuelle Prüfsteuerung basiert auf den Historiendaten der CAQ-Funktion Prüfdatenverarbeitung sowie auf den während der Qualitätsprüfung ermittelten Prüf- und Ergebnisdaten. Die Prüfauftragspflege benötigt zur Fortschreibung des Status der einzelnen Prüfaufträge die Prüf- und Ergebnisdaten der Prüfausführung. Die im Rahmen von FMEA ermittelten Zusammenhänge zwischen möglichen Fehlern, ihren Ursachen und Wirkungen sowie den Maßnahmen zu ihrer Vermeidung können z.B. direkt zur Prüfplanung und zur Fehlerauswertung herangezogen werden[321].

Die beschriebenen vielfältigen Dateninterdependenzen erfordern eine Datenintegration, die durch den Aufbau einer Qualitätsdatenbank realisiert wird. Eine Qualitätsdatenbank stellt eine logische Datenbasis für Qualitätsdaten dar, mit der sichergestellt wird, daß diese ab ihrem Entstehungszeitpunkt allen relevanten Unternehmensbereichen zur Information und Auswertung zur Verfügung stehen. Die Speicherung der Qualitätsdaten muß nicht unbedingt zentral erfolgen, es muß aber durch entsprechende datentechnische Verknüpfungen (z.B. Rechnernetzwerke) eine Zugriffsmöglichkeit auf die

321 Vgl. Warnecke, H.-J., 1989, a.a.O., S. 13.

Qualitätsinformationen bestehen[322]. Damit wird die bereichsübergreifende Integration eines CAQ-Systems in die CIM-Umgebung realisiert. Die grundlegenden informationstechnischen Interdependenzen zwischen CAQ und den übrigen CIM-Funktionen sind in Abbildung 22 angegeben[323].

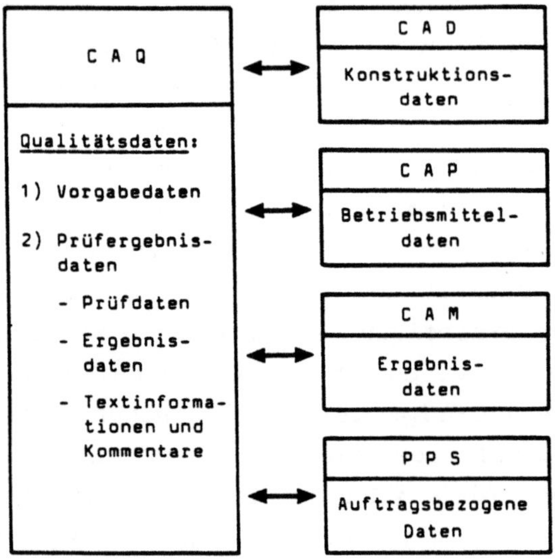

Abb.22: Dateninterdependenzen zwischen CIM-Bausteinen

In einem CIM-System erhält der Konstrukteur die für eine wirtschaftliche Konstruktion erforderlichen Informationen. Dazu zählen Kostendaten, die eine konstruktionsbegleitende Kalkulation[324] und damit eine Quantifizierung des Kostensenkungspotentials konstruktionsbezogener Maßnahmen ermöglichen, Materialdaten zur Materialauswahl und frühzeitigen Entscheidung zwischen Eigenherstellung und Fremdbezug sowie

322 Vgl. Pfeifer, T./Gimpel, B./Köppe, D./Lücker, M., a.a.O., S. 503.

323 Der zwischen CAD/CAP/CAM und PPS bestehende Datenaustausch ist in Abbildung 22 nicht dargestellt.

324 Zur konstruktionsbegleitenden Kalkulation mit Bezug auf Qualitätskostendaten vgl. Kapitel 3.6.3.

Fertigungsdaten zur Überprüfung der Verfügbarkeit von Betriebsanlagen und Werkzeugen sowie zur Bestimmung der einzusetzenden Fertigungsverfahren[325]. Diese Informationen stehen am Arbeitsplatz des Konstrukteurs zur Verfügung und ermöglichen eine fertigungsgerechte Konstruktion unter Funktions- und Kostenkriterien. Mit einer CAD/CAQ-Integration hat der Konstrukteur Zugriff auf die in einem Unternehmen vorhandenen Qualitätsdaten und kann in seine Entscheidungen neben Funktions- und Kosten- explizit auch Qualitätsaspekte einfließen lassen. Dies bezieht sich beispielsweise auf die Einbeziehung notwendiger Prüfschritte in die Entwurfs- und Konstruktionsüberlegungen[326]. Der Zugriff auf einen aktuellen Qualitätsdatenbestand ermöglicht die unverzügliche Korrektur konstruktionsbedingter Mängel der Produktqualität bzw. deren Vermeidung für neue oder veränderte Produkte. Dies ist beispielsweise durch "...die Aktualisierung eines Konstruktionskatalogs hinsichtlich zu vermeidender Fehlerwirkungen..."[327] realisierbar.

In ein CAQ-System sind aus der Konstruktion die produktdefinierenden Daten zur Erstellung der Prüfpläne zu übernehmen. Dies sind neben Merkmalsdaten auch geometrische Daten, die zur Erstellung von Prüfskizzen verwandt werden. In gleicher Weise wie ein CAD-System zur Generierung von NC-Programmen genutzt werden kann, können CAD-Daten zur Erstellung von Meßprogrammen für NC-gesteuerte Prüfsysteme wie Koordinatenmeßmaschinen eingesetzt werden. Dabei müssen erforderliche zusätzliche "...meßspezifische Parameter wie Tasterauswahl, Prüfmerkmalsbestimmung, Meßaufgabendefinition, Anzahl der Antastpunkte und Zwischenpunkte zur Verfahrensweggenerierung zugefügt werden"[328]. Programme zur automatischen Bestimmung dieser Parameter befinden sich derzeit in der Entwicklung. Bevor das Prüfprogramm über

---

325 Vgl. Scheer, A.-W., 1987, a.a.O., S. 89.
326 Vgl. Endemann, D., a.a.O., S. 545f.
327 Kring, J.R., Integrierte CAQ-Funktionen, in: CIM-Management, 4(1989), S. 8.
328 Kring, J.R., a.a.O., S. 8.

eine geeignete Rechnerschnittstelle an ein Prüfsystem übertragen wird, kann dieses am Bildschirm einer Kollisionsbetrachtung unterzogen und ein simulierter Meßablauf durchgeführt werden[329]. Die Rückführung der Prüfergebnisse an das CAD-System erlaubt deren graphische Darstellung und Analyse, während die Rückführung an das CAQ-System zu Dokumentationszwecken und zu weiteren Analysezwecken erfolgt[330]. Neben der aufgezeigten Vernetzung des CAD-Systems mit NC-gesteuerten Prüfsystemen ist auch die Vernetzung mit solchen Prüfeinrichtungen sinnvoll, "...bei denen produktabhängig Prüfparameter einzustellen sind"[331], wie SPC-Mehrstellenmeßvorrichtungen oder Bildverarbeitungssysteme zur Automatisierung von Sichtprüfungen.

Eine CAD/CAQ-Integration bietet die Möglichkeit der Erstellung eines graphischen Prüfplans. In die am CAD-Bildschirm angezeigten Konstruktionszeichnungen werden dazu "...auf sogenannten Layern die prüfrelevanten Symbole, wie Merkmale, Prüfmittel, Prüfzyklen/ Prüffrequenzen, in die Zeichnung eingebaut"[332]. Die zur Verfügung stehenden Symboldateien enthalten zudem alphanumerische Informationen, die nach der Erstellung des graphischen Prüfplans in das CAQ-System übertragen werden und auf deren Basis der konventionelle Prüfplan erstellt wird. Um bei Änderungen die Datenkonsistenz zu gewährleisten, sind diese ausschließlich am graphischen Prüfplan durchzuführen. Der Nutzeffekt kann erhöht werden, indem der graphische Prüfplan während der Prüfausführung am Bildschirm des Prüfers angezeigt wird[333].

Geht der vorhandene Betriebsmittelbestand als Datum in die Qualitäts- bzw. Prüfplanung ein, determiniert dessen quali-

---

329 Vgl. Endemann, D., a.a.O., S. 551.
330 Vgl. Kring, J.R., a.a.O., S. 8.
331 Kring, J.R., a.a.O., S. 8.
332 Winterhalder, L., CAQ-Integration heute, in: Qualität und Zuverlässigkeit, 34.Jg.(1989), Heft 3, S. CA50.
333 Vgl. Winterhalder, L., 1989, a.a.O., S. CA50.

tative Kapazität das festzulegende Qualitätsniveau[334]. Aus der Arbeitsplanung in das CAQ-System zu übertragende Daten beziehen sich auf die einzusetzenden Bearbeitungsmaschinen und deren Bearbeitungsunsicherheit sowie auf Fertigungshilfsmittel wie Werkzeuge und Transportmittel[335]. Bildet das Qualitätsniveau die Basis für die Anschaffung von Betriebsmitteln, sind die Qualitätsforderung beschreibende Daten in die Arbeitsplanung zu übernehmen[336]. Eine interaktive Prüfplanerstellung im CAQ-System erfordert die Übernahme der im Arbeitsplan enthaltenen Daten wie Arbeitsvorgangsfolgen und -nummern. Umgekehrt basiert die Erstellung der Prüfpläne durch die Arbeitsplanung auf Daten der Qualitätssicherung mit Bezug auf Prüfmerkmale, Prüfzeiten und Prüfmittel.

Prüfprogramme für Prüfautomaten werden auf der Grundlage von Vorgabedaten aus der Qualitätssicherung und Konstruktion in der NC-Programmierung erstellt[337]. Programmfehler ermittelt die CAQ-Prüfdatenverarbeitung und meldet diese an die NC-Programmierung zur Korrektur. Prozeßintegrierte Prüfungen (z.B. bei SPC-Verfahren) erfordern Datenverbindungen zwischen NC-Steuerungen und dem CAQ-System zum Austausch von Vorgabe- und Ergebnisdaten. Lagersteuerungen veranlassen die Bereitstellung von Teilen für Montagevorgänge. Eine CAQ-Vernetzung gewährleistet, daß diese erst bereitgestellt werden, wenn eigengefertigte und fremdbezogene Teile die vorgeschalteten Prüfungen unbeanstandet durchlaufen haben. Analog zur Teilefertigung werden in der Montage Qualitätsprüfungen durchgeführt. Dazu sind Vorgabe- und Ergebnisda-

---

334 Mit steigenden Automatisierungsgraden geht der Anteil menschlicher Arbeit im Produktionsprozeß zurück. Primär determinierend für das Qualitätsniveau ist daher die qualitative Kapazität der Produktionsanlagen, d.h. die Anzahl der von ihr realisierbaren Produktionsvorgangsarten. Zum Begriff der Kapazität vgl. Steffen, R., 1983, a.a.O., S. 33ff.

335 Vgl. Kring, J.R., a.a.O., S. 6.

336 Vgl. Becker, J., 1991, a.a.O., S. 135.

337 Vgl. Becker, J., 1991, a.a.O., S. 143.

ten auszutauschen. Ermittelt die Qualitätssicherung Fehler, die Maßnahmen zur Instandhaltung erforderlich machen, werden die entsprechenden Daten an die Instandhaltung übertragen. Hinweise darauf liefern z.B. überdurchschnittlich hohe Fehlerhäufigkeiten bei bestimmten Fertigungs- und Prüfeinrichtungen[338]. Werden Prüfmittel instandgesetzt, übernimmt ein CAQ-System Identifikationsdaten der Prüfmittel sowie die geplanten Start- und Endtermine von der Instandhaltung.

Eine PPS/CAQ-Vernetzung dient zur automatischen Übernahme der Auftragsdaten in das CAQ-System, die die bedienergesteuerte Dateneingabe ersetzt und nach Erstellung bzw. Freigabe der Fertigungs- und Beschaffungsaufträge erfolgt. Die Auftragsdaten bilden die Grundlage für die Generierung der Prüfaufträge im CAQ-System, die nach Übernahme der Auftragsdaten automatisch erstellt werden. Damit wird die die Prüfauftragserstellung auslösende CAQ-Funktion Prüfloserfassung vom PPS-System gestartet. Diese Integration ist für den Fertigungsbereich sowie für den Wareneingang aufzubauen. Um Prüfungen in der Termin- und Kapazitätsplanung berücksichtigen zu können, ist der Zugriff der Produktionsplanung auf die Prüfpläne erforderlich. Die Auftragsfreigabe prüft neben der Verfügbarkeit der Fertigungsaufträge die der Prüfaufträge und NC-Programme der autarken Prüfsysteme. Die Fertigungssteuerung steuert die Prüfaufträge an und löst die Prüfaktivitäten aus. Eine Integration der die Betriebsdaten erfassenden BDE-Systeme mit dem die Qualitätsdaten erfassenden CAQ-System vermeidet den Aufbau redundanter und schwer zu kontrollierender Datenmengen[339] und schafft die Voraussetzung für eine einheitliche rechnerinterne Informationsdarstellung. Zugleich ermöglicht die BDE/CAQ-Integration die Reduzierung der Peripheriegeräte in der Fertigung um bis zu 50%[340]. Ein Beispiel für eine CAQ/BDE-

---

338 Vgl. dazu Kalaitzis, D./Rekittke, K., Qualitätssicherung und Instandhaltung, in: Qualität und Zuverlässigkeit, 34.Jg.(1989), Heft 10, S. 553.

339 Vgl. Köppe, D., a.a.O., S. 17f.

340 Vgl. Köppe, D., a.a.O., S. 17.

Integration sind Sortieranlagen zur Gut/Ausschuß-Erfassung, die über Zähleinrichtungen verfügen[341]. Prüfentscheide sind vom CAQ-System an die Materialwirtschaft und an die Fertigungssteuerung zu übermitteln, damit diese bei Ausschuß und Nacharbeit auf veränderte Liefer- bzw. Produktionsmengen reagieren bzw. bei freigegebenen Prüflosen deren Einlagerung bzw. Weiterverarbeitung auslösen können. Von dem CAQ-System an den Vertrieb zu übermittelnde Daten beziehen sich u.a. auf die Verpackungs- und Transportart, den Lieferungsmodus und die Belastbarkeit der Produkte durch Stapelung.

Unternehmensübergreifende Integrationen werden bei langfristigen Lieferantenbeziehungen realisiert und beziehen sich zumeist auf die CAD-Abnehmer/CAD-Lieferanten-Systemintegration zur Überspielung von Konstruktionsdaten oder auf Verbindungen zwischen Dispositionssystemen, um automatische Auftragsabrufe zu ermöglichen[342]. Für die in der Industrie zunehmende Realisierung der fertigungssynchronen Anlieferung fremdbezogener Teile ist eine Transparenz des Qualitätsgeschehens des Lieferanten unbedingte Voraussetzung. Diese wird erreicht durch eine CAQ-Abnehmer/CAQ-Lieferanten-Systemintegration, die den Zugriff des Abnehmers auf die Qualitätsdaten des Lieferers, im wesentlichen Prüfvorgabe- und Prüfergebnisdaten, sicherstellt. Dies gilt in gleicher Weise für die Vernetzung der CAQ-Systeme verschiedener Werke desselben Unternehmens. Denkbar sind darüber hinaus unternehmensübergreifende Vernetzungen des CAQ-Systems zu privaten oder staatlichen Datenbanken sowie internationale Vernetzungen zum weltweiten Austausch von Qualitätsdaten[343]. Datenbanken mit qualitätsrelevantem Inhalt sind z.B. juristische Datenbanken bei Fragen zur Produkthaftung sowie Lieferanten- und Materialdatenbanken.

---

341 Vgl. Krautwurst, J., a.a.O., S. 13.
342 Vgl. Scheer, A.-W., 1987, a.a.O., S. 92.
343 Vgl. Bläsing, J.P., 1990a, a.a.O., S. 14f.

3.5. Technische und organisatorische Aspekte einer CAQ-Implementierung

Technische Probleme bei der Implementierung integraler CAQ-Systeme resultieren aus dem Umstand, daß PPS- und CAD/CAM-Systeme in der Vergangenheit vielfach von unterschiedlichen Hard- und Softwareherstellern entwickelt wurden. Dies führte zu einem Einsatz von Systemen in einzelnen Unternehmensbereichen, die unter Vernachlässigung ihrer bereichsübergreifenden Integrationsfähigkeit in ihren Einzelfunktionen optimiert wurden. Aufgrund fehlender Schnittstellen zwischen den installierten Systemen ist eine Integration von Einzellösungen zu einem Gesamtsystem oftmals ausgeschlossen bzw. nur unter erheblichem zeitlichen und finanziellen Aufwand möglich.

Schnittstellen können unternehmensbezogen und unternehmensübergreifend ausgeprägt sein. Für die Standardisierung von Übertragungsformaten zwischen Abnehmern und Lieferanten zeichnet sich auf internationaler Ebene die Verwendung des in den USA entwickelten Standards EDIFACT ab (Electronic Data Interchange for Administration, Commerce und Transport)[344]. Für den unternehmensbezogenen (bereichsbezogenen und -übergreifenden) Datenaustausch existieren bisher keine branchen- und produktneutralen Standards. Allerdings befindet sich in der Bundesrepublik Deutschland ein Kommunikationsstandard mit der Bezeichnung QDES (Quality Data Exchange Specification) in der Entwicklung[345]. Derzeit herrschen in der Praxis mangels standardisierter Schnittstellen oft unternehmensspezifische Lösungen vor.

---

344 Vgl. Pfeifer, T./Gimpel, B., Elektronischer Austausch von Qualitätsdaten, Unternehmensübergreifend, in: Industrie-Anzeiger, 79/1989, S. 33.

345 Vgl. Pfeifer, T./Gimpel, B./Köppe, D./Lücker, M., a.a.O., S. 518.

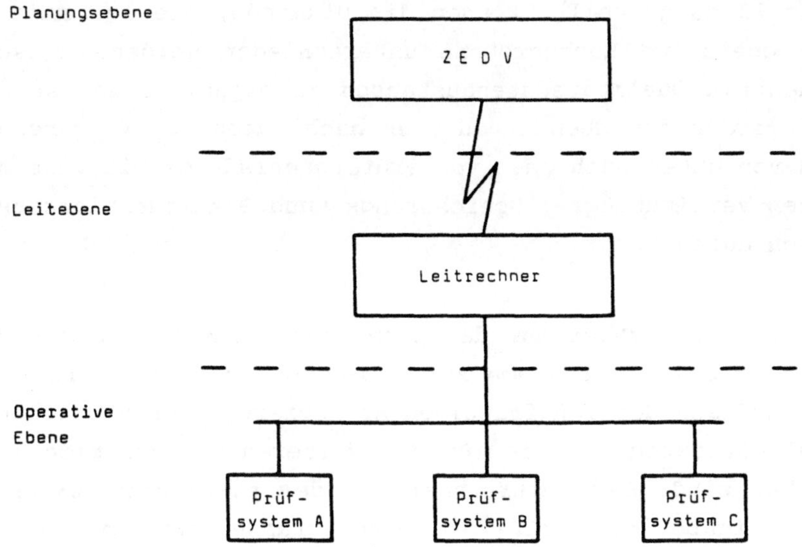

Abb.23: Ebenenkonzept als Voraussetzung integraler CAQ-Systeme

Aufgrund des unternehmensweiten Charakters der Qualitätssicherung ist der Austausch von Qualitätsdaten über alle Hierarchiestufen eines Industrieunternehmens zu organisieren[346]. Zur Realisierung des CAQ-Konzeptes werden daher zunehmend hierarchische Rechnerstrukturen eingesetzt[347], die einen bidirektionalen Datenaustausch von der Unternehmensleitung bis in die Fertigung gewährleisten. Wie in Abbil-

346 Vgl. Kapitel 2.4.4.

347 Nach der Hardware-Umgebung werden CAQ-Systeme unterschieden, die auf Hostrechnern, auf dedizierten Qualitätsleitrechnern sowie auf Personal Computern installiert sind. Auf diesen Rechnerebenen implementierte CAQ-Systeme weisen jeweils spezifische Leistungsmerkmale auf, die durch eine Integration der Rechnerebenen über eine hierarchisch geordnete Rechnerstruktur optimiert werden können.
Vgl. dazu Liefland, R., CAQ-Lösungen auf PCs oder Großrechnern - eine aufgabenbezogene Entscheidung, in: Integriertes Produktions- und Qualitätsmanagement, Bläsing, J.P. (Hrsg.), München 1988a, Band 2, S. 686ff./ Köppe, D., a.a.O., S. 16f.

dung 23 dargestellt, können die planende, die leitende und die operative Rechnerebene unterschieden werden, zwischen denen ein Qualitätsdatenaustausch zu organisieren ist. Dabei werden die Ebenen von oben nach unten von Vorgabedaten und von unten nach oben von Prüfergebnisdaten mit verschiedenen Verdichtungs-, Speicherungs- und Dokumentationsstufen durchlaufen[348].

Der Zentralrechner auf der planenden Ebene stellt die Verbindung des CAQ-Systems zur CIM-Umgebung dar[349]. Ihm kommt die Aufgabe der langfristigen Archivierung von verdichteten Qualitätsdaten zu, die für die weiteren CIM-Funktionen abrufbar sind. Der Leitrechner auf der steuernden Ebene hat die Aufgabe, die Prüf- und Datenerfassungssysteme auf der operativen Ebene zu integrieren. Die Prüfpläne werden im allgemeinen im PPS-System verwaltet und zur Prüfauftragsgenerierung an den Leitrechner übermittelt. Dieser transferiert die Prüfauftragsdaten an das entsprechende Subsystem, das einen oder mehrere Prüfaufträge autonom verwalten und abarbeiten kann[350]. Nach der Prüfdurchführung werden die Ergebnisdaten als einzelne oder summarisch verdichtete Ergebnisse an den Leitrechner übermittelt. Die CAQ-Funktionen Prüfplanung, Prüfsteuerung und Prüfauftragsverwaltung sind im Leitrechner implementiert.

Die dezentrale Struktur der eingesetzten Rechnersysteme ist eine Folge der vielfältigen Aufgabenstellungen in der Qualitätssicherung. Ihre Vorteile liegen in einer höheren Flexibilität der eingesetzten Einzelsysteme, in einer bedarfsgerechten Anpassungsfähigkeit an das spezifische betriebliche Umfeld[351] und einer weitgehend redundanzfreien Datenverwaltung. Die einzelnen Rechnersysteme sind möglichst au-

---

348 Vgl. Bläsing, J.P., 1990a, a.a.O., S. 48.
349 Vgl. Bläsing, J.P., 1990a, a.a.O., S. 48.
350 Vgl. Rainer-Harbach, G., 1987, a.a.O., S. 9.
351 Vgl. Benz, M., CAQ-Lösungen zur Analyse der Fertigungsprozesse und Produktqualität, in: CIM-Management, 2(1987), S. 40.

tark auszulegen, um die Betriebssicherheit des Gesamtsystems zu erhöhen. Die Betriebssystemsoftware eines Leitrechners sollte für Massendatenverarbeitung, hohen Durchsatz sowie für eine Vielfalt von Kommunikationsmöglichkeiten ausgelegt sein[352]. Darüber hinaus erlaubt die hierarchische Rechnerstruktur die Einbindung bestehender Insellösungen sowie die sukzessive Implementierung einzelner CAQ-Module. CIM-Systeme generell und CAQ-Systeme im besonderen müssen an den individuellen Anforderungen eines Industrieunternehmens ausgerichtet sein. Dies hat zur Folge, daß zu unterstützende Funktionen nur zu einem Teil mit unternehmensneutraler Standardsoftware abzudecken sind. Daraus ergibt sich die Notwendigkeit einer unternehmensspezifischen Anpassung bzw. Eigenentwicklung problemadäquater Software.

Mit der Integration der Datenbestände der einzelnen CIM-Funktionen in einer zentralen Datenbank ist eine umfassende Funktionsintegration innerhalb eines Industrieunternehmens verbunden. Die begrenzte Informationsverarbeitungskapazität des Menschen war ausschlaggebend für die im Taylorismus begründete arbeitsteilige Gliederung der Ablauforganisation und die funktionsbezogene Gliederung der Aufbauorganisation[353]. Durch den zielorientierten Einsatz der EDV wird die Kapazität des Menschen zur Verarbeitung von Informationen in qualitativer und quantitativer Hinsicht mit der Folge erweitert, daß zuvor getrennt wahrgenommene Funktionen reintegriert werden können und angefallene Einarbeitungs- und Informationsübertragungszeiten entfallen[354]. Dies bedingt ein Zusammenwachsen technischer und betriebswirtschaftlicher Funktionen, eine steigende Verantwortung des Menschen sowie das Entstehen neuer bzw. modifizierter aufbauorganisatorischer Einheiten.

---

352 Vgl. Rainer-Harbach, G., 1987, a.a.O., S. 10f.
353 Vgl. Scheer, A.-W., 1987, a.a.O., S. 86.
354 Vgl. Scheer, A.-W., 1987, a.a.O., S. 84ff.

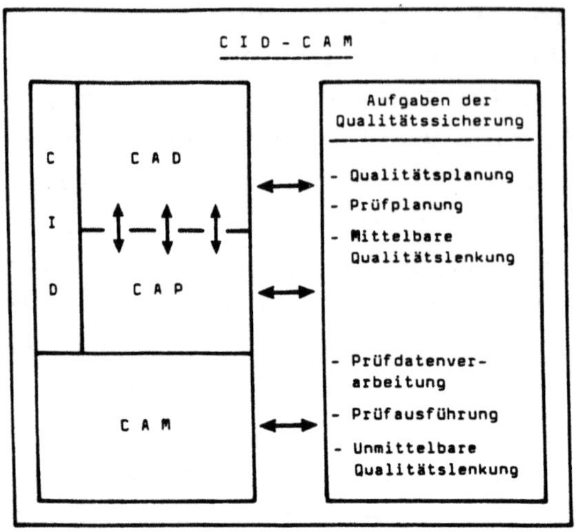

Abb.24: Funktionsintegration im CID/CAM-Bereich[355]

Im technischen Planungsbereich führt die durch ein integrales CAD-System realisierte Verfügbarkeit aller entscheidungsrelevanten Informationen zu einer umfassenden Funktionsintegration. In Abbildung 24 ist die mit zunehmendem Rechnereinsatz einhergehende Integration technischer Funktionen der Planungs- und Realisierungsphase angegeben. Zusammengefaßt werden in erster Linie Aufgaben der rechnergestützten Konstruktion (CAD) und Arbeitsplanung (CAP). Mit Zugriff auf die Qualitätsdaten können in der Konstruktion weitgehend integriert Maßnahmen der Qualitätsplanung durchgeführt werden, wobei dem Qualitätswesen aber weiterhin die Durchführung von Qualitätsprüfungen und Freigabeuntersuchungen an signifikanten Entwicklungsstufen obliegen sollte. Da die Prüfplanung auf den Ergebnisdaten der Konstruk-

355 Einzelne Qualitätssicherungsaufgaben (z.B. Prüfdatenverarbeitung und Prüfausführung) können sowohl der Planungs- als auch der Realisierungsphase zugeordnet werden. Die Darstellung ist daher qualitativ zu verstehen, d.h. sie zeigt Tendenzen der Funktionsintegration auf. CAE wird als Teil des CAD ausgewiesen, da die Anwendung von Verfahren des CAE wie die Finite Elemente Methode und Simulationsmodelle erhebliche Konstruktionstätigkeiten voraussetzt.

tion und Arbeitsplanung basiert, ist es konsequent, auch diese in den Arbeitsbereich des Konstrukteurs zu verlagern. Dies entbindet das Qualitätswesen davon, die funktionale Bedeutung eines Bauteils zu kennen, um daraus Prüfmerkmale ableiten zu können[356]. Die Rückführung von Prüfergebnissen an die Konstruktion versetzt diese in die Lage, Maßnahmen zur mittelbaren Qualitätslenkung wie die Änderung von Konstruktionen, Fertigungs- und Prüfverfahren vorzunehmen. Die Zusammenfassung von Aufgaben der rechnergestützten Konstruktion (CAD), Arbeitsplanung (CAP), Produktionsplanung und -steuerung (PPS)[357] sowie der Qualitätssicherung (CAQ) ermöglicht die Entwicklung fertigungs- und prüfgerechter Konstruktionen. Durch die umfassende Funktionsintegration im technischen Planungsbereich entsteht eine neue CIM-Funktion, die im folgenden als Computer Integrated Design (CID) bezeichnet wird[358]. Funktionsintegrationen auf der operativen Ebene resultieren aus der Automatisierung und Integration von Qualitätsprüfungen in den rechnergestützten Fertigungsprozeß (CAM). Durch die partielle bzw. vollständige Verlagerung der CAQ-Prüfausführung auf CAQ-Prüfsysteme verlagern sich Qualitätssicherungsfunktionen vom Qualitätswesen auf den Maschinenbediener, der in Abhängigkeit vom Automatisierungsgrad die Qualitätsprüfung als Selbstprüfung durchführt oder ausschließlich Überwachungsfunktionen ausübt. Neben einer automatischen Prüfausführung werden auch

---

356 Vgl. Eversheim, W./Zeller, P./Kloten, B., Rationalisierung durch CAD-integrierte Prüfplanerstellung, in: VDI-Zeitschrift, 132(1990), Nr. 11, S. 28.

357 Zu im Konstruktionsbereich wahrgenommenen Produktionsplanungs- und -steuerungsaufgaben vgl. Kapitel 3.4.

358 Der Funktionsumfang des CID-Arbeitsplatzes ist ähnlich dem des CIM-Designers von Scheer, unterscheidet sich aber hinsichtlich der expliziten Integration von Qualitätssicherungsaufgaben. Vgl. Scheer, A.-W., 1987, a.a.O., S. 89.
In der Literatur findet sich für organisatorisch und technisch integrierte CAQ-Systeme die Bezeichnung Computer Integrated Quality Assurance (CIQ). Dieser Terminus ist insofern ungenau, als CAQ-Funktionen in den Aufgabenbereich des CAD und CAP integriert werden und nicht umgekehrt wie der CIQ-Begriff vermuten läßt. Vgl. Bläsing, J.P., CIQ - Computer Integrated Quality Assurance, in: CIM-Management, 2(1987), S. 19.

Funktionen der CAQ-Prüfdatenverarbeitung und die unmittelbare Qualitätslenkung in den Fertigungsprozeß eingebunden (z.B. durch die Anwendung von SPC-Verfahren).

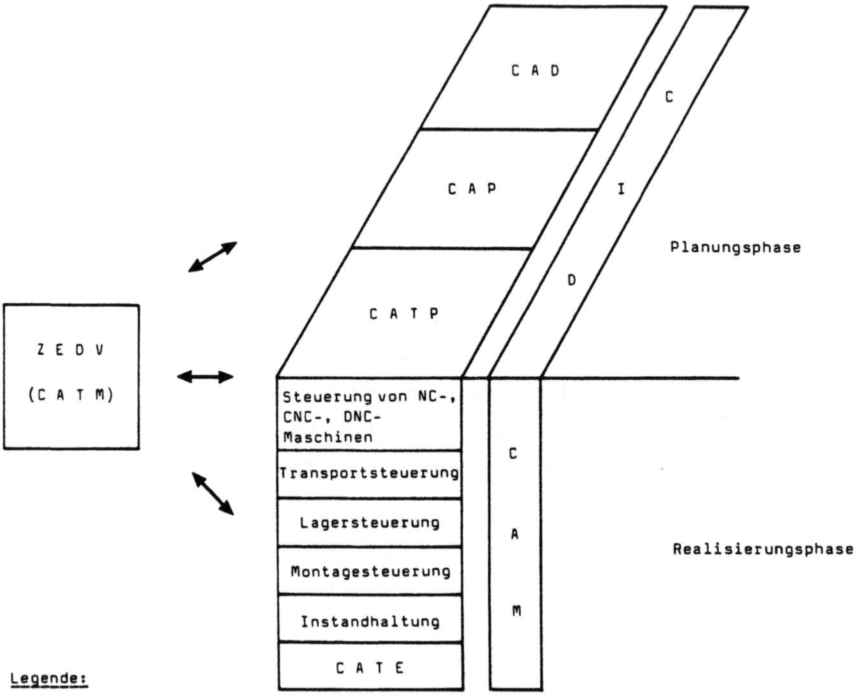

Legende:

CAD = Computer Aided Design
CAM = Computer Aided Manufacturing
CAP = Computer Aided Planning
CATP = Computer Aided Test Planning
CATE = Computer Aided Test Execution
CATM = Computer Aided Test Data Management
CID = Computer Integrated Design
ZEDV = Zentrale Elektronische Datenverarbeitung

Abb.25: Einordnung der CAQ-Basisfunktionen in die CID/CAM-Komponente eines CIM-Systems[359]

In Abbildung 25 ist die Einordnung der CAQ-Basisfunktionen in die CID/CAM-Komponente eines CIM-Systems angegeben. Da sich die Integration von CAQ und CAM nur auf einzelne CAQ-Funktionen bezieht, ist die ausschließliche Zuordnung des

359 Die Darstellung bezieht sich auf den rechten Teil des CIM-Y von Scheer, A.-W., 1990b, a.a.O., S. 2. Vgl. auch S. 77.

CAQ zu CAM zu einseitig[360]. Die CAQ-Prüfplanung (Computer Aided Test Planning (CATP)) wird in der Planungsphase durchgeführt und daher dem CID-Bereich zugeordnet. Die CAQ-Prüfausführung (Computer Aided Test Execution (CATE)) ist als Folge der Integration von Qualitätsprüfungen in den Fertigungsprozeß als Funktion des CAM ausgewiesen. Die Anordnung der Funktionen in der Planungs- und Realisierungsphase entspricht keinem logischen Ablauf, da sowohl Maßnahmen der CAQ-Prüfplanung (CATP) als auch der CAQ-Prüfausführung (CATE) mit zunehmender Funktionsintegration während des gesamten Planungs- bzw. Realisierungsablaufs durchgeführt werden. Die CAQ-Prüfdatenverarbeitung (Computer Aided Test Data Management (CATM)) bildet einen Teil der Datenverarbeitung sämtlicher Unternehmensdaten und fällt daher in den Aufgabenbereich der zentralen EDV. Die der Planungsphase zugeordneten Funktionen werden unter dem Begriff CID ausgewiesen, während die Funktionen der Realisierungsphase unter CAM zusammengefaßt werden. Da mit zunehmender Funktionsintegration im CID-Bereich eine logische Abgrenzung der dem CAM zugewiesenen Planungsfunktionen nicht möglich ist, erweist sich diese konsequente Trennung der Bereiche CID und CAM als zweckmäßig[361].

---

360 Vgl. Scheer, A.-W., 1990b, a.a.O., S. 2. Vgl. auch S. 77. In der Literatur finden sich Abbildungen des CIM-Y, in denen CAQ als eigenständiger CA-Baustein in der Realisierungsphase ausgewiesen wird. Diese Darstellungsform vermag allerdings nicht die CAQ-Funktionen in der Planungsphase eines industriellen Erzeugnisses wiederzugeben. Vgl. Becker, J., 1991, a.a.O., S. 5.

361 Im CIM-Y von Scheer ist CAP als Funktion des CAM ausgewiesen, wobei auf die enge Verbindung des CAP zum CAD und zu den CAM-Funktionen zur Maschinensteuerung hingewiesen wird. Vgl. Scheer, A.-W., 1990b, a.a.O., S. 2 und S. 49.
Da mit umfassender Funktionsintegration im CID-Bereich diese enge Verbindung auch für CAD und CATP besteht, könnten auch diese Funktionen dem CAM-Bereich zugeordnet werden. Dies hätte zur Folge, daß die Abgrenzung zwischen der Planungs- und Realisierungsphase unscharf würde. Mit der oben vorgenommenen Einteilung wird dies vermieden.

Mit der Reintegration zuvor getrennt wahrgenommener Funktionen entstehen neue Berufsbilder, denen das Ausbildungsangebot der Industrie und der Universitäten gegenwärtig nicht gerecht wird. Dies dokumentiert deutlich der aus der Presse zu entnehmende Bedarf an Wirtschaftsingenieuren und Facharbeitern mit Erfahrung im Umgang mit NC-Maschinen. Der effektive Einsatz von CAQ-Systemen erfordert von den Mitarbeitern neben EDV-Kenntnissen Wissen über die moderne Qualitätssicherung und ihre Techniken. Auf diese durch die Geschwindigkeit der technologischen Entwicklung hervorgerufene Problematik müssen Unternehmen mit der Durchführung von Ausbildungs- und Weiterbildungsmaßnahmen reagieren. Da die Unterstützung der Anbieter von CIM-Bausteinen oftmals zeitlich begrenzt ist[362], sind solche Maßnahmen frühzeitig einzuleiten, um EDV-Projekte nicht bereits in der Einführungsphase an fehlendem Know-How scheitern zu lassen.

Mit Zugriff der CIM-Funktionen auf eine gemeinsame Datenbank haben die Mitarbeiter eines Unternehmens einen einheitlichen Informationsstand. Dies begünstigt das Entstehen einer einheitlichen EDV-bezogenen Sprache und eine dadurch verbesserte Kommunikation der Unternehmensbereiche untereinander. Da marktfähige CAQ-Systeme vielfach eine eigene vorgeprägte Benutzeroberfläche anbieten, die unternehmensspezifische Begriffe und Inhalte nicht wiedergeben kann[363], besteht diesbezüglich Entwicklungsbedarf. Aufgrund der begrifflichen Komplexität und Dynamik in der Qualitätslehre profitiert die Qualitätssicherung in besonderem Maße von einer einheitlichen semantischen Festlegung und Verwendung von Qualitätsbegriffen. Dies ist zugleich die Voraussetzung für die semantische Übereinstimmung von Qualitätsinformationen, die als "...wichtigste Forderung überhaupt"[364] die

362 Vgl. Eversheim, W., a.a.O., S. 244f.
363 Vgl. Krautwurst, J., a.a.O., S. 13.
364 Rühle, W., Bausteine für rechnerunterstützte Qualitätssicherung, in: Zeitschrift für wirtschaftliche Fertigung, 83(1988), Heft 1, S. 54.

informationstechnische Kommunikationsfähigkeit zwischen CIM-Funktionen sicherstellt.

Der EDV-Einsatz in der Qualitätssicherung führt zu einer Transparenz des Qualitätsgeschehens und zu einer Straffung der betrieblichen Abläufe. Daraus resultieren bessere Kontrollmöglichkeiten, die eine Verlagerung von Entscheidungsbefugnissen in höhere Hierarchiestufen und eine Reduzierung des Verwaltungsaufwandes ermöglichen. Durch diese Entwicklung verringern sich die Kompetenzen und Koordinationsfunktionen vor allem des Mittleren Managements[365]. Die Verlagerung von Prüftätigkeiten vom Menschen auf Prüfsysteme bedingt auf Prozeßebene eine Freistellung von Personal. Dem entgegen steht eine Personalzunahme im Planungsbereich infolge der einen hohen Vorbereitungsgrad erfordernden Automatisierung von Prüfabläufen. Im günstigsten Fall gleichen sich diese gegenläufigen Tendenzen aus, so daß Personalentlassungen vermieden werden können.

Die dargestellten Entwicklungen sind vielfach mit dem Risiko einer Furcht der betroffenen Mitarbeiter verbunden, von der neuen Technik überfordert zu werden und als Folge ihren Arbeitsplatz zu verlieren. Nur die frühzeitige Einbeziehung der betroffenen Mitarbeiter bereits in der Projektierungsphase eines CAQ-Projektes kann vermeiden helfen, daß Akzeptanzprobleme und Mißerfolgserlebnisse in Ablehnung und Boykottierung einer CAQ-Einführung umschlagen. Die Durchführung von Ausbildungsmaßnahmen und Qualitätsförderungsprogrammen vor bzw. während einer CAQ-Implementierung zielt auf den Abbau von Berührungsängsten der Mitarbeiter vor der neuen Technologie durch Wissensvermittlung und Motivationssteigerung. Die Integration des Menschen als ausschlaggebender Erfolgsfaktor von EDV-Projekten wird als Human-Integrated-Manufacturing (HIM) bezeichnet und dient der Überzeugung der Mitarbeiter vom Nutzen der modernen Infor-

365 Vgl. Scheer, A.-W., 1987, a.a.O., S. 90.

mationstechnologie[366]. Diese Bottom-Up-Strategie wird durch die Einbindung der Unternehmensleitung im Rahmen einer Top-Down-Strategie ergänzt, die die Identifikation des Managements mit dem EDV-Projekt eindeutig dokumentiert[367].

Die Einführung eines CAQ-Systems ist a priori einzubetten in eine CIM-Implementierungsstrategie, die einen Teil der langfristigen unternehmerischen Gesamtstrategie darstellt. Diese Vorgehensweise ist erforderlich, um die technische und organisatorische Integrationsfähigkeit von CAQ-Systemen zu gewährleisten. Da sich die von einem CAQ-System mit zunehmender Integration in die CIM-Umgebung ausgehenden organisatorischen Veränderungen nur partiell im Vorfeld antizipieren lassen, stellen CAQ-Installationen zudem hohe Anforderungen an die organisatorische Flexibilität von Unternehmen[368].

---

366 Vgl. Liefland, R., CAQ als integrierter Bestandteil von CIM, in: Qualität und Zuverlässigkeit, 33.Jg.(1988b), Heft 3, S. 154.

367 Vgl. Scheer, A.-W., 1987, a.a.O., S. 90.

368 Zur Auswahl und Einführung eines CAQ-Systems vgl. Dieck, D./Oehmke, F., Anwendungsgerechte CAQ-Systeme auswählen und einführen, in: Qualität und Zuverlässigkeit, 36.Jg.(1991), Heft 8, S. 489ff.

3.6. Wirtschaftliche Aspekte einer CAQ-Implementierung

3.6.1. Wirtschaftlicher Nutzen von CAQ-Investitionen

Zur wirtschaftlichen Bewertung von CAQ-Systemen sind die mit ihrer Implementierung verbundenen Auswirkungen auf die Höhe der Qualitätskostenelemente[369] zu untersuchen sowie weitere durch die Qualitätskosten nicht erfaßte Kosten- und Erlöswirkungen zu prüfen.

Die steigende Automation und Integration von Qualitätsprüfungen in den Fertigungsprozeß erfordert eine Intensivierung der Qualitätsplanung sowie weiterer qualitätssichernder Maßnahmen vor Serienbeginn wie FMEA und Prozeßfähigkeitsuntersuchungen. Da Möglichkeiten zur Unterstützung dieser Planungsmaßnahmen durch CAQ derzeit nur begrenzt vorhanden sind, ist von einer Erhöhung der durch sie verursachten Kosten auszugehen[370]. Gleiches gilt hinsichtlich der Kosten für Schulungs- und Weiterbildungsmaßnahmen sowie für Qualitätsförderungsprogramme, die vor allem in der Einführungsphase eines CAQ-Systems durchgeführt werden. Durch weitere für die Implementierung eines CAQ-Systems anfallende Kosten, z.B. für die Entwicklung unternehmensspezifischer EDV-Programme und die erstmalige Eingabe von Qualitätsdaten in ein CAQ-Rechnersystem, steigen die Fehlerverhütungskosten deutlich an. Die Maßnahmen der mittelbaren Qualitätslenkung basieren durch CAQ zwar auf einer verbesserten Informations- und Entscheidungsgrundlage, deren Durchführung obliegt aber mangels geeigneter Rechnerunterstützung weiterhin den jeweiligen Entscheidungsträgern. Al-

---

369 Die im folgenden untersuchten Qualitätskostenelemente sind Abb. 6 auf Seite 25 zu entnehmen.

370 Die Intensivierung präventiver Qualitätssicherungsmaßnahmen ist zwar Voraussetzung für einen effektiven CAQ-Einsatz; sie ist jedoch in erster Linie auf eine sich in den letzten Jahren vollzogene Veränderung der Qualitätssicherungsphilosophie im Sinne des TQM zurückzuführen, deren Ausdruck auch der EDV-Einsatz in der Qualitätssicherung selbst ist. Vgl. Kapitel 3.2.1.

lerdings wird der Umfang von Qualitätslenkungsmaßnahmen mit steigender, durch einen CAQ-Einsatz forcierter Effizienz der Qualitätsplanung und -prüfung mittelfristig abnehmen. Die unmittelbare Qualitätslenkung kann hingegen durch automatisierte Meßwertnehmer und durch die Einleitung automatischer Regelungsvorgänge auf das CAQ-Rechnersystem übertragen werden. Dies bewirkt eine Abnahme der Kosten für Ausschuß und Nacharbeit. Die CAQ-Funktion Prüfdatenverarbeitung ermöglicht eine automatisierte Kennzahlenbildung zur Lieferantenbeurteilung. Kosten für die Beratung von Lieferanten steigen durch eine CAQ-Installation aufgrund der in der Einführungsphase vorzunehmenden Umstellungen an. Das Bestreben zur Reduzierung der Lieferantenanzahl führt aber nach einer entsprechenden Selektierung zuverlässiger Lieferantenbeziehungen mittelfristig zu einer Abnahme der Beratungskosten. Diese Entwicklung wird durch detaillierte Prüfberichte zu beanstandeten Lieferungen beschleunigt, deren Erstellung die CAQ-Prüfdatenverarbeitung unterstützt und auf deren Grundlage Lieferanten Fehlerursachen effizienter ermitteln und abstellen können. Die Prüfplanungskosten können durch die CAQ-Funktion Prüfplanung, insbesondere zur Anpassung von Prüfplänen, erheblich reduziert werden. Der zeitliche und wirtschaftliche Aufwand zur Erstellung von Prüfprogrammen als Teil der Prüfplanung steigt mit zunehmender Komplexität und Automation der Qualitätsprüfungen an. Dieser kann durch eine Generierung der Prüfpläne bzw. Prüfprogramme im CAD-System sowie deren automatische Überspielung an die entsprechenden Prüfsysteme begrenzt werden. Mit einer CAD-integrierten Prüfplanerstellung sind zugleich deutliche Verkürzungen der Planungszeiten und eine Verbesserung der Planungsqualität verbunden[371].

Auf der Basis einer exakten Planung von Qualitätsprüfungen ermöglicht die CAQ-Funktion Prüfausführung drastische Reduzierungen des Prüfaufwandes. Durch die Automatisierung von

---

371 Vgl. Eversheim, W./Zeller, P./Kloten, B., a.a.O., S. 28.

Prüfabläufen werden manuelle Tätigkeiten auf Prüfsysteme verlagert. Der dadurch mögliche Personalabbau liegt im Prüfungsbereich zwischen 25% und 50%[372]. Zugleich lassen sich die durchschnittlichen Prüfzeiten um ca. 25% reduzieren[373]. In einem Unternehmen der Automobilindustrie wurde die für die Vermessung einer Karosserie erforderliche Prüfzeit sogar um über 95% gesenkt[374]. Die CAQ-Funktion Prüfsteuerung dient der Dynamisierung von Prüfungen bis hin zum Prüfverzicht und somit der Reduktion der Anzahl durchzuführender Prüfungen. Dadurch nimmt der Prüfaufwand um ca. 35% ab[375]. Bei der Realisierung einer überbetrieblichen CAQ-Abnehmer/CAQ-Lieferanten-Systemintegration kann die Wareneingangsprüfung beim Abnehmer gänzlich entfallen. Die rechnergestützte Prüfmittelverwaltung verursacht im Vergleich zu einer manuellen Prüfmittelverwaltung geringere Kosten bei zugleich steigender Zuverlässigkeit und Aktualität der Planungsdaten. Durch geeignete Dynamisierungsregeln zur Festlegung von Überwachungsintervallen kann der Aufwand für Instandhaltungsmaßnahmen insbesondere dann reduziert werden, wenn die Länge des Überwachungsintervalles von dem tatsäch-

---

372 Vgl. Schoen, F., Integrierte und rechnergestützte Qualitätssicherung - ein großes Rationalisierungspotential, in: Qualität und Zuverlässigkeit, 33.Jg.(1988), Heft 11, S. 618/Liefland, R., Praktische Erfahrungen mit einem rechnerunterstützten Qualitätssicherungssystem, in: Qualität und Zuverlässigkeit, 31.Jg.(1986), Heft 8, S. 343/Brunner, R./Kratzer, G., Rechnerunterstützte Qualitätssicherung in der Karosseriefertigung, in: Automobil-Industrie, 6(1985), S. 94/Podratz, H., Planung eines CAQ-Systems unter wirtschaftlichen Aspekten, in: Qualität und Zuverlässigkeit, 34.Jg.(1989), Heft 9, S. 485.
Exakte Quantifizierungen realisierter CAQ-Einsparungen sind immer dann möglich, wenn eine manuelle Prüfausführung auf eine Rechnerunterstützung ceteris paribus umgestellt wird. In der Praxis sind eingetretene Rationalisierungseffekte häufig auf mehrere Einflußfaktoren zurückzuführen. Die im folgenden bezifferten CAQ-Einsparungen sind vor diesem Hintergrund zu interpretieren.

373 Vgl. Liefland, R., 1986, a.a.O., S. 342f./Schoen, F., a.a.O., S. 618.

374 Vgl. Brunner, R./Kratzer, G., a.a.O., S. 94.

375 Vgl. Liefland, R., 1986, a.a.O., S. 343/Podratz, H., a.a.O., S. 485/Schoen, F., a.a.O., S. 618.

lichen Einsatz des Prüfmittels abhängig gemacht wird[376]. Darüber hinaus läßt sich das Verhältnis von für Korrekturmaßnahmen anfallenden Kosten und ihrem qualitätsfördernden Nutzen besser als bei manueller Prüfdatenverarbeitung beurteilen[377]. Die hohen Investitionsausgaben für CAQ-Hard- und -Software sowie für rechnergestützte Prüfmittel führen zu entsprechend hohen Abschreibungen bzw. Kapitalkosten. Durch die Mitbenutzung der Rechner und Netzwerke der Planungs- und Leitebene anderer Anwendungen[378] sowie die Umrüstung vorhandener Prüfmittel für einen Rechnereinsatz[379] kann der Investitionsaufwand für ein CAQ-System begrenzt werden. In bezug auf die Investitionsausgaben für CAQ-Hardware kann mittelfristig eine Abnahme prognostiziert werden, die auf Entwicklungen in der Rechner-, Kommunikations- und Automatisierungstechnik zurückzuführen ist[380]. Mit steigender Flexibilität der eingesetzten Prüfmittel lassen sich zudem deren absolute Anzahl reduzieren und Mehrfachinvestitionen vermeiden. Beispielsweise wurde in einem Unternehmen der Automobilindustrie die Anzahl typgebundener Prüflehren pro Kraftfahrzeugtyp um 40 bis 60% gesenkt[381]. Eine Auswertung von Prüfergebnissen leistet die CAQ-Funktion Prüfdatenverarbeitung automatisch; zugleich wird die Dokumentation der durchgeführten Prüfungen erheblich vereinfacht, so daß der Aufwand für die Ergebnisauswertung und -dokumentation deutlich abnimmt.

Ein CAQ-Einsatz erhöht den Wirkungsgrad der Qualitätssicherung und dient damit in erster Linie der Reduzierung von internen und externen Fehlerkosten. Ursächlich dafür ist die weitgehende Vermeidung von Nacharbeit und Ausschuß sowie die Abnahme der Anzahl durchzuführender Wiederhol- und

---

376 Vgl. Bläsing, J.P., 1990a, a.a.O., S. 104ff.
377 Kosteneinsparungen für eine einzelne Werkzeugkorrektur können 100 TDM und mehr betragen. Vgl. Brunner, R./Kratzer, G., a.a.O., S. 94.
378 Vgl. Rembold, U. et al., a.a.O., S. 336.
379 Vgl. Bläsing, J.P., 1985, a.a.O., S. 158.
380 Vgl. Rühle, W., 1988, a.a.O., S. 53.
381 Vgl. Brunner, R./Kratzer, G., a.a.O., S. 94.

Sortierprüfungen. Externe Fehlerkosten können darüber hinaus durch eine CAQ-gestützte Reklamationsanalyse gesenkt werden. Sekundäre Erlöseinbußen fallen an, wenn Folgekäufe aufgrund negativer Produkterfahrungen ausbleiben[382]. Ihre Einbeziehung in eine Beurteilung der Wirtschaftlichkeit von CAQ-Systemen ist mit einer weiteren Erhöhung des Wirkungsgrades von CAQ-Systemen verbunden.

Schwerpunkt eines CAQ-Systems ist die Rechnerunterstützung der Qualitätsprüfung. Entsprechend ergeben sich deutliche Kostensenkungen für die Qualitätskostenelemente, die Prüfplanung, Prüfausführung und Prüfdatenverarbeitung sowie den infolge des CAQ-Rechnereinsatzes erhöhten Wirkungsgrad von Qualitätssicherungsmaßnahmen kostenmäßig erfassen. Eine CAQ-Investition führt daher bereits kurzfristig zu erheblichen Senkungen der Prüf- und Fehlerkosten. Die auf die CAQ-Einführung zurückzuführende Erhöhung der Fehlerverhütungskosten entfällt mittelfristig. Darüber hinaus nimmt mit weiterer Automatisierung der Qualitätsplanung, z.B. der FMEA und der Prüfplanung, der Zeitaufwand für diese Planungsprozesse ab. Mittel- bis langfristig ist daher ebenso hinsichtlich der Fehlerverhütungskosten von einer Abnahme auszugehen.

Im Ergebnis werden durch eine CAQ-Implementierung die in der traditionellen Qualitätssicherung vorhandenen Rationalisierungspotentiale ausgenutzt und zugleich der Wirkungsgrad von Qualitätssicherungsmaßnahmen erhöht. Der in Abbildung 26 dargestellte Verlauf der Qualitätskosten zeigt, daß diese mit zunehmender Verbesserung der Produktionsqualität abnehmen. Ein CAQ-Einsatz führt somit in der Tendenz zu einer Konformität der Zielsetzungen 'Geringe Kostenverursa-

382 Vgl. Kapitel 2.3.1.

chung' und 'Hoher Wirkungsgrad' und zu einer Lösung des Dilemmas der traditionellen Qualitätssicherung[383].

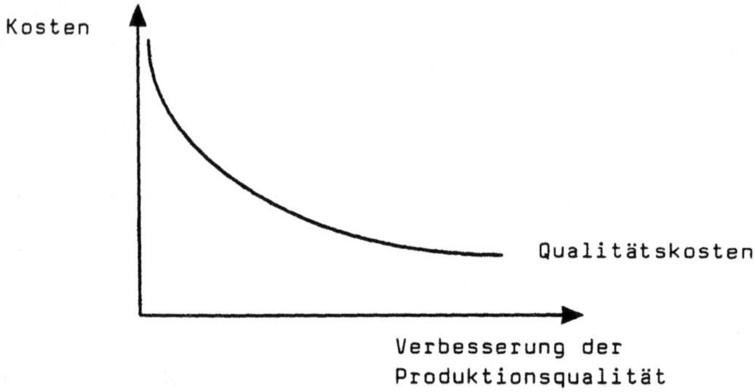

Abb.26: Verlauf der Qualitätskosten bei zunehmender Verbesserung der Produktionsqualität[384]

Die Implementierung integraler CAQ-Systeme ist mit wirtschaftlichen Effekten verbunden, die durch die Qualitätskosten nicht erfaßt werden. Mit einer CID/CAQ-Integration[385] fließen Qualitätsdaten frühzeitig in die Konstruktionsüberlegungen ein. Dadurch werden zeit- und kostenintensive

383 "...if an optimation of processes instead of inspection is conducted ... the semmingly paradoxical case occurs, where increasingly better fulfillment of requirements, i.e. quality improvement, actually causes costs to drop consistently".
Danzer, H.H., Quality Management in Upheavel, in: EOQC Quality, 2(1989), S. 5. Zwar stellt Danzer in Anlehnung an Kirstein in erster Linie auf die Optimierung von Produktionsprozessen ab. Vgl. dazu Kirstein, H., 1987, a.a.O., S. 10f. Wie gezeigt wurde, bedarf diese aber umfassender Vorbereitung in der Planungs- und Beschaffungsphase und wirkt sich wirtschaftlich auch in der Nutzungsphase aus, z.B. im Sinne abnehmender Reklamationen. 'Quality improvement' ist daher als Qualitätsförderung zu verstehen, also ein Verbessern der Qualitätsfähigkeit einer Organisation, die sich auf die Qualitätselemente in allen Qualitätsphasen eines Produktes bezieht.
384 Vgl. Danzer, H.H., 1989, a.a.O., S. 5.
385 Vgl. S. 128f.

Rückfragen sowie das Risiko von Konstruktionen vermieden, die aufgrund von Qualitätsmängeln nicht freigegeben werden. Dies trägt dazu bei, daß sich die Anzahl vorzunehmender Konstruktionsänderungen deutlich verringert. Die Prüfsteuerung reduziert den Aufwand für Qualitätsprüfungen, so daß Prüflose frühzeitig zur Weiterverarbeitung freigegeben werden können. Im Einzelfall wurde der Materialfluß von und zum Qualitätswesen um ca. 10% reduziert[386]. Die durch die CAQ-Prüfsteuerung bewirkte Abnahme von Auftragsdurchlaufzeiten und Lagerbeständen ermöglicht Zinseinsparungen, die in der Praxis bei ca. 5% liegen[387]. Mit der Verkürzung von Entwicklungs- und Auftragsdurchlaufzeiten ist eine Steigerung der Reaktionsfähigkeit und Flexibilität von Unternehmen auf Marktveränderungen und eine Verbesserung ihrer Produktivität und Rentabilität verbunden. Die Verlagerung von Wareneingangsprüfungen auf Lieferanten, die Reduzierung des Anteils fehlerhafter Erzeugnisse sowie die Senkung der Liegezeiten fehlerhafter Teile, die durch eine effizientere Teileverfolgung erzielt wird, bewirken darüber hinaus eine Abnahme der Kapitalbindungskosten und eine Verbesserung der Liquiditätslage von Unternehmen.

Zu den Kosten einer CAQ-Installation zählen die als kalkulatorische Abschreibungen verrechneten direkt erfaßbaren Anschaffungsausgaben für Rechner und Peripheriegeräte, die Kosten für deren Installation, für Umstellungen von Arbeitsplätzen und für externe Beratungsleistungen. Indirekt erfaßbare Kostenwirkungen resultieren aus umfangreichen Planungstätigkeiten im Vorfeld der Investition, Schulungsmaßnahmen für das einzusetzende Personal sowie aus der Eigenerstellung von EDV-Programmen zur Lösung unternehmensspezifischer Probleme, die mit Standardlösungen nicht zu bewältigen sind.

---

386 Vgl. Liefland, R., 1986, a.a.O., S. 343.
387 Vgl. Podratz, H., a.a.O., S. 485.

Wie Erfahrungen von Unternehmen zeigen, die ein CAQ-System eingeführt haben, amortisieren sich diese etwa zwei Jahre nach Implementierung[388]. Bei mittleren CAQ-Systemen liegen die Investitionsausgaben zwischen ein und drei Millionen DM für die Hard- und Softwareausstattung sowie für die Umstellung der Organisation; die jährlichen Folgekosten belaufen sich auf ca. 15-25% der Investitionsausgaben[389].

Eine Wirtschaftlichkeitsrechnung im Vorfeld einer CAQ-Investition erweist sich aufgrund der nicht monetär quantifizierbaren Nutzeffekte als äußerst schwierig. Diese Problematik wird in vielen Unternehmen verstärkt durch das gänzliche Fehlen von Qualitätskostendaten, wodurch bereits eine zuverlässige wirtschaftliche Beurteilung der Ist-Situation unmöglich wird. Grundsätzlich ist eine Wirtschaftlichkeitsbetrachtung von CIM und damit auch von CAQ mit einem "...Übergang von einer Kostenorientierung zu einer Nutzenorientierung..."[390] verbunden.

---

388 Vgl z.B. Vogt, H.P., Löst CAQ die Probleme der Qualitätssicherung?, in: VDI-Zeitschrift, 130(1988b), Nr. 4, S. 21/Podratz, H., a.a.O., S. 485/Schwerdtfeger, J., Alles unter Kontrolle, in: Industrie-Anzeiger, 85/1987, S. 15.

389 Vgl. Bläsing, J.P., 1990a, a.a.O., S. 24.

390 Spur, G., Einführungsstrategie zu CIM, in: VDI-Zeitschrift, 130(1988), Nr. 10, S. 13.

3.6.2. Analyse der bei unterschiedlichen Kontrollumfängen geltenden Kosten- und Erlösbeziehungen beim CAQ-Einsatz

Der Einsatz einzelner CAQ-Funktionen führt zu einer Veränderung der bei unterschiedlichen Kontrollumfängen geltenden Kosten- und Erlösbeziehungen[391]. Nach ihrem Kontrollumfang werden der Kontrollverzicht, die Vollkontrolle und die Teilkontrolle unterschieden. Ursächlich für durch den CAQ-Einsatz bedingte Veränderungen der Kosten- und Erlösbeziehungen ist die auf die Automatisierung von Kontrollvorgängen zurückzuführende Verschiebung der Kontrollkostenstruktur[392]. Mit der Übertragung der Prüfausführung auf ein CAQ-System geht eine erhebliche Abnahme der Personalkosten bei zugleich sinkenden Prüfzeiten einher. Dadurch nimmt der variable Anteil an den Kontrollkosten drastisch ab[393]. Fixe Kontrollkosten entstehen durch die Ausstattung eines Unternehmens mit Kontrolleinrichtungen. Für die Anschaffungsausgaben von rechnergestützten Kontrolleinrichtungen kann im Vergleich zu den in der traditionellen Qualitätssicherung eingesetzten Prüfmitteln von einer deutlichen Erhöhung ausgegangen werden. Im Ergebnis bewirkt der Einsatz von CAQ-Systemen somit eine drastische Abnahme der variablen zu Lasten der fixen Kontrollkostenanteile.

Im folgenden wird ein Unternehmen der Massen- oder Großserienfertigung betrachtet, dessen Erzeugnisse von Konsumenten wiederholt nachgefragt werden. Treten bei dem Prüfmerkmal, für das der erfolgsgünstigste Kontrollumfang zu bestimmen ist, Fehler auf, sind diese mit Funktionsbeein-

---

391 Vgl. Steffen, R., 1976, a.a.O., S. 1171ff.
Die folgenden Ausführungen basieren auf der obigen Veröffentlichung. Die dort vorgestellten Kosten- und Erlösbeziehungen bei unterschiedlichen Kontrollumfängen werden auf ihre Veränderungen beim Einsatz von CAQ-Systemen hin untersucht und um eine Betrachtung der mit der Anwendung von SPC-Verfahren einhergehenden wirtschaftlichen Auswirkungen ergänzt.

392 Vgl. Kapitel 3.6.4.

393 Zum Begriff Kontrollkosten vgl. Kapitel 2.3.1.

trächtigungen verbunden, die dazu führen, daß Kunden die fehlerhaften Erzeugnisse zurücksenden und die Produkte nachgearbeitet werden. Die Aufgabenstellung besteht in der Bestimmung des erfolgsgünstigsten Kontrollumfanges für eine insgesamt produzierte Menge.

Kontrollalternativen \ Erfolgskomponenten		1	2	3	4	5
Kontrollalternativen	Erfolg	Umsatzerlös	Erlösberichtigungen aufgrund von Garantieleistungen	variable und fixe Kosten aus Produktion und Absatz	variable und fixe Kontrollkosten	Kosten der Nachbearbeitung fehlerhafter Erzeugnisse
I. ohne Kontrolle	$G_I =$	$p \cdot x$	$- g \cdot z \cdot x$	$- (k_v \cdot x + K_f)$		$- k_b \cdot z \cdot x$
II. Vollkontrolle	$G_{II} =$	$p \cdot x$		$- (k_v \cdot x + K_f)$	$- (c_v \cdot x + C_f)$	$- k_b \cdot z \cdot x$
III. Teilkontrolle	$G_{III} =$	$p \cdot x$	$- g \cdot z\ (x - x_c)$	$- (k_v \cdot x + K_f)$	$- (c_v \cdot x_c + C_f)$	$- k_b \cdot z\ x$

$G =$ Erfolg
$p =$ Preis je Erzeugniseinheit
$x =$ abgesetzte Menge
$g =$ Erlösberichtigung je Erzeugniseinheit bei fehlerhafter Auslieferung
$z =$ Anteil fehlerhafter Erzeugnisse
$x_c =$ kontrollierte Erzeugnismenge
$k_v =$ variable Kosten je Erzeugniseinheit aus Produktion und Absatz
$K_f =$ fixe Kosten aus Produktion und Absatz
$k_b =$ Kosten der Nachbearbeitung fehlerhafter Erzeugnisse je Erzeugniseinheit
$c_v =$ variable Kontrollkosten je Erzeugniseinheit
$C_f =$ fixe Kontrollkosten

Beispielfall:

$x = 1.000$, $p = 100$, $k_v = 80$, $K_f = 2.000$, $k_b = 10$, $c_v = 2$, $C_f = 300$, $x_c = 100$

Tab.3: Erfolgsbestimmungsgleichungen für Kontrollverzicht, Vollkontrolle und Teilkontrolle[394]

Der Tabelle 3 sind die für den Beispielfall geltenden Erfolgsgleichungen zu entnehmen. Unabhängig vom Kontrollumfang sind zur Erfolgsermittlung die von der Produktionsmenge abhängigen variablen und die fixen Kosten, die aus der

394 Steffen, R., 1976, a.a.O., S. 1172.
Eine ähnliche Darstellungsform findet sich bei Scheer, A.-W./Seibt, H., Aufbau eines integrierten Systems der statistischen Qualitätskontrolle in einem Industriebetrieb, in: Unternehmenskontrolle, Band 17 der Schriften zur Unternehmensführung, hrsg. von H. Jacob, Wiesbaden 1973, S. 101.

betrieblichen Leistungserstellung und -verwertung ($k_v \cdot x+K_f$/ Komponente 3) resultieren, von den Umsatzerlösen abzuziehen ($p \cdot x$/Komponente 1).

Die bei einem Kontrollverzicht geltenden Kosten- und Erlösbeziehungen gibt die Gleichung G_I an. Unter der Annahme, daß das völlige Vermeiden der Auslieferung fehlerhafter Erzeugnisse ohne Kontrollen nicht sicherzustellen ist, fallen negative Erlösberichtigungen aufgrund von Garantieleistungen an ($g \cdot z \cdot x$/Komponente 2)[395] sowie Kosten für die Nachbearbeitung fehlerhafter Erzeugnisse ($k_b \cdot z \cdot x$/Komponente 5), deren jeweilige Höhe von dem in der Produktionsmenge vorhandenen Fehleranteil (z) abhängt.

Bei einer Vollkontrolle (Gleichung G_{II}) werden fehlerhafte Erzeugnisse vor Auslieferung ermittelt und nachgearbeitet ($k_b \cdot z \cdot x$/Komponente 5). Damit wird sichergestellt, daß nur fehlerfreie Erzeugnisse ausgeliefert werden und somit Erlösberichtigungen aufgrund von Garantieleistungen nicht vorzunehmen sind. Aufgrund der Durchführung von Qualitätsprüfungen entstehen variable und fixe Kontrollkosten ($c_v \cdot x+C_f$/Komponente 4). Der Anteil der variablen Kontrollkosten ist relativ hoch, weil alle Erzeugniseinheiten der Produktionsmenge geprüft werden.

395 Kosten aufgrund von Garantieleistungen resultieren aus dem Rücktransport sowie der erneuten Anlieferung eines Produktes zum Kunden, wobei von einer durchschnittlichen Entfernung zwischen Hersteller und Lieferanten ausgegangen wird.

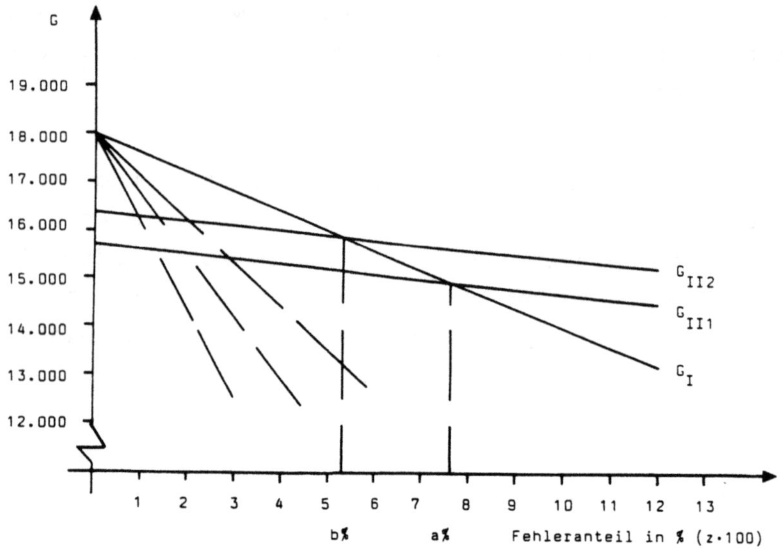

Abb.27: Erfolgsverläufe für Vollkontrolle und Kontrollverzicht in Abhängigkeit alternativer Fehleranteile

Abbildung 27 zeigt den graphischen Vergleich zwischen Kontrollverzicht (G_I) und Vollkontrolle (G_{II1}) für den betrachteten Beispielfall. Es wird deutlich, daß ein Kontrollverzicht im Bereich geringer Fehleranteile wirtschaftlicher ist als eine Vollkontrolle, da der Aufwand für Garantieleistungen unter den Kontrollkosten liegt, die für eine Vollkontrolle aufzubringen sind. Ab einem bestimmten Fehleranteil (a%) kehrt sich diese Beziehung allerdings um, so daß die Einsparungen von Kontrollkosten bei Kontrollverzicht durch die zunehmenden Erlösberichtigungen überkompensiert werden und eine Vollkontrolle gewinnsteigernd wirkt.

Die CAQ-bedingte Verschiebung der Kontrollkostenstruktur wird im Beispielfall durch eine Reduzierung der variablen Kontrollkosten um 50% (c_V=1) berücksichtigt. Diese Größenordnung ist angesichts der in Kapitel 3.6.1. aufgeführten Praxisbeispiele zum Personalabbau (bis zu 50%) und zur Abnahme der Prüfzeiten (25% bis 95%)[396] als realistisch anzu-

396 Vgl. Kapitel 3.6.1.

sehen. CIM-Technologien erfordern im Vergleich zu herkömmlichen Produktionsstrukturen bis zu 300% höhere Investitionsausgaben[397]. Wie dargestellt können durch das Umrüsten vorhandener Prüfeinrichtungen für einen CAQ-Einsatz sowie die Mitbenutzung der Rechner und Netzwerke anderer Anwendungen die Anschaffungsausgaben reduziert werden[398]. Dadurch läßt sich das wirtschaftliche Gewicht der fixen Kontrollkosten begrenzen. Im Beispielfall wird daher eine Erhöhung der fixen Kontrollkosten auf 200% angenommen (C_f=600). Die beschriebene strukturelle Veränderung der Kontrollkosten drückt sich graphisch in Form einer Parallelverschiebung der die Vollkontrolle repräsentierenden Geraden aus (G_{II1} und G_{II2}). Als Folge sinkt der kritische Fehleranteil, ab dem eine Vollkontrolle ökonomisch vorteilhafter wird (a% zu b%). Der tendenzielle betriebswirtschaftliche Effekt steigender Automatisierungsgrade in der Qualitätsprüfung besteht somit darin, daß eine Vollkontrolle auch bei geringen Fehleranteilen erfolgssteigernd wirkt. Ursächlich dafür sind sinkende variable Kontrollkosten, deren ökonomische Wirkung durch steigende Fixkostenanteile nicht überkompensiert wird. Dieser Effekt wird verstärkt, wenn sekundäre Erlöseinbußen als Folge eines Nachfragerückganges aufgrund negativer Produkterfahrungen in die Überlegungen mit einbezogen werden[399]. Da deren Quantifizierung nicht möglich ist, kann nur eine Tendenzaussage getroffen werden (gestrichelte Linien), die aber in jedem Fall zu einer Abnahme des kritischen Fehleranteils führt.

Die Erfolgsgleichung G_{III} in Tabelle 3 gibt die bei einer Teilkontrolle geltenden Kosten- und Erlösbeziehungen wieder. Im Vergleich zur Vollkontrolle nimmt das erlösmindernde Gewicht der variablen Kontrollkosten infolge der reduzierten Kontrollmenge (x_c) ab, während zusätzlich Erlösbe-

---

397 Vgl. Männel, W., Kostenrechnung für anlagenintensive Produktionsstrukturen, in: Kostenrechnungspraxis, 2(1990), S. 134.
398 Vgl. Kapitel 3.6.1.
399 Zum Begriff Erlöseinbußen vgl. Kapitel 2.3.1.

richtigungen aufgrund von Garantieleistungen vorzunehmen sind. Diese liegen in ihrer Höhe allerdings unter denjenigen bei Kontrollverzicht, da die in der Kontrollmenge vorhandenen fehlerhaften Erzeugnisse ($x_c \cdot z$) nicht zur Auslieferung gelangen. Die bei einer Teilkontrolle anfallenden Nachbearbeitungskosten entsprechen in ihrer Höhe denen bei Kontrollverzicht und Vollkontrolle, da eine Nachbearbeitung unabhängig davon erforderlich wird, ob ein Produktfehler unternehmensintern oder -extern festgestellt wird.

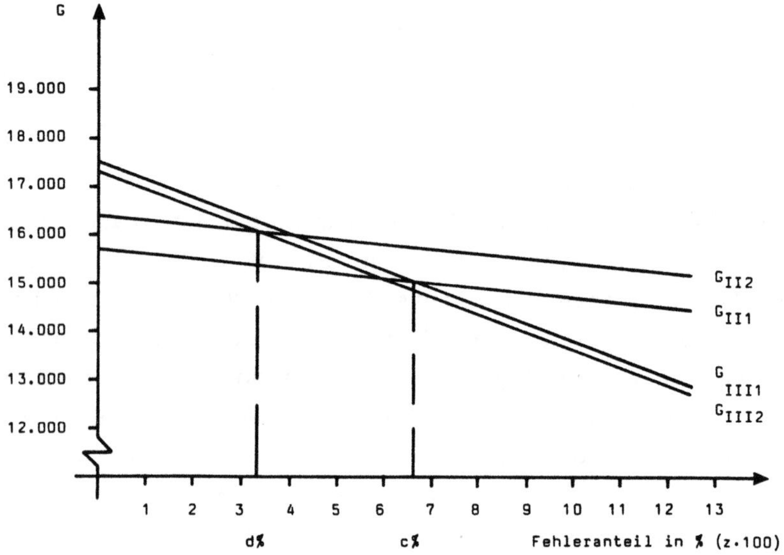

Abb.28: Erfolgsverläufe für Vollkontrolle und Teilkontrolle in Abhängigkeit alternativer Fehleranteile

Die Erfolgsverläufe für Voll- und Teilkontrolle sind Abbildung 28 zu entnehmen. Ausgehend von den bei traditioneller Qualitätsprüfung anfallenden variablen Kontrollkosten (c_V=2) ergibt sich ein kritischer Fehleranteil von c%, ab dem eine Vollkontrolle wirtschaftlicher als eine Teilkontrolle ist. Wird als Folge eines CAQ-Einsatzes erneut eine 50%ige Abnahme der variablen Kontrollkosten unterstellt, sinkt der kritische Fehleranteil auf d%. Dabei ist zu beachten, daß der Anstieg der fixen Kontrollkosten die Abnahme der variablen Kontrollkosten überkompensiert, so daß Teilkontrolle bei hohen Automatisierungsgraden im Vergleich zur manuellen Teilkontrolle erfolgsungünstiger ist (G_{III1} zu G_{III2}). Die CAQ-Funktion Prüfsteuerung beinhaltet eine Veränderung des Prüfumfanges in Abhängigkeit der ermittelten Prüfergebnisse bis hin zum Prüfverzicht. Praxisbeispiele belegen eine Senkung des Kontrollumfanges bei gleichbleibender Aussagewahrscheinlichkeit um ca. 35%[400]. Dies drückt sich graphisch in Form einer Parallelverschiebung der Geraden für Teilkontrolle aus (G_{III2}), wobei aber der kritische Fehleranteil nur unwesentlich zunimmt[401]. Mit Überschreiten des kritischen Fehleranteils (c% bzw. d%) in einer Produktionsmenge werden die als Folge der reduzierten Kontrollmenge im Vergleich zur Vollkontrolle eingesparten Kontrollkosten durch die aufgrund der in der nicht kontrollierten Menge enthaltenen fehlerhaften Erzeugnisse erforderlichen Erlösberichtigungen überkompensiert. Bei Einbeziehung sekundärer Erlöseinbußen in die Betrachtung ist von einer weiteren Abnahme des kritischen Fehleranteils auszugehen, ab dem eine Vollkontrolle ökonomisch sinnvoller wird.

Das Verfahren der Statistischen Prozeß Regelung (SPC) ist eine Form der Teilkontrolle. Ihre Erfolgsgleichung gibt daher G_{III} in Tabelle 3 wieder[402]. Gelingt es, durch den Einsatz von SPC-Verfahren den anfallenden Fehleranteil (z) in

---

400 Vgl. Kapitel 3.6.1. und die in der Fußnote 375 angegebene Literatur.

401 Auf eine graphische Darstellung dieser Verschiebung wird verzichtet, da diese die geringe Zunahme des kritischen Fehleranteils nicht hinreichend genau wiederzugeben vermag.

402 SPC-Verfahren werden während eines Produktionsprozesses eingesetzt, um auf Grundlage der ermittelten Prüfergebnisse korrektive Maßnahmen einleiten und die weitere Herstellung fehlerhafter Einheiten vermeiden zu können. Vgl. Kapitel 2.4.3. und 3.3.2.

einer Produktionsmenge um 50% zu senken[403], so nehmen die fehleranteilabhängigen Erlösberichtigungen aufgrund von Garantieleistungen und die Nachbearbeitungskosten jeweils um die Hälfte ab.

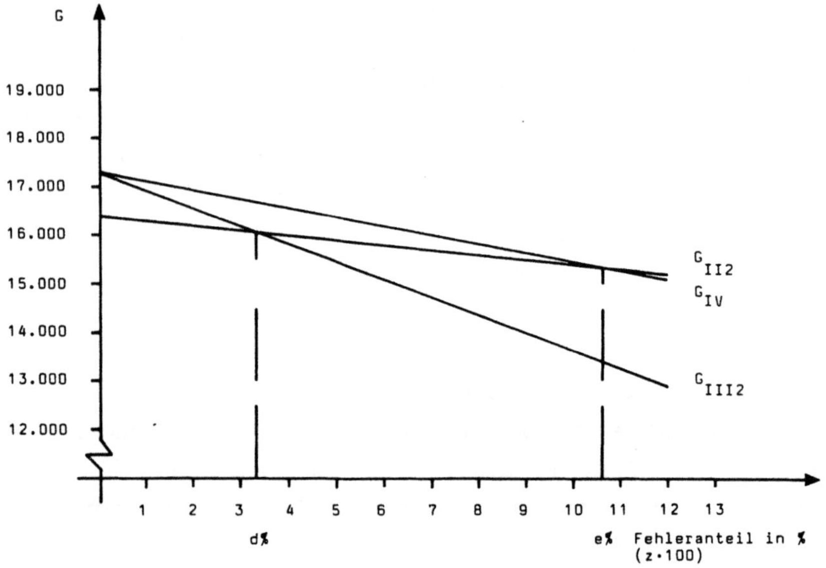

Abb.29: Erfolgsverläufe für Vollkontrolle, Teilkontrolle und Statistische Prozeß Regelung (SPC) in Abhängigkeit alternativer Fehleranteile

Der Abbildung 29 ist der graphische Vergleich zwischen Vollkontrolle (G_{II2}) und SPC-Verfahren (G_{IV}) beim CAQ-Einsatz (c_V=1) zu entnehmen. Es wird deutlich, daß der kritische Fehleranteil, bei dem eine Vollkontrolle im Vergleich zu SPC-Verfahren vorteilhafter wird (e%), weit höher liegt als bei Teilkontrolle (d%). Diese Situation ist in dem wesentlichen Erfolgseinfluß des sinkenden Anteils feh-

403 Bei quantitativen Merkmalen führt SPC im Idealfall zu einer völligen Vermeidung von Fehlern, da vor der Fehlerentstehung in den Fertigungsprozeß eingegriffen wird. Bei qualitativen Merkmalen ist das Entstehen von Fehlern hingegen unvermeidlich, da in den Prozeß nur aufgrund von Fehlerdaten eingegriffen werden kann. Insbesondere aufgrund der Tendenz zu quantitativen Prüfungen ist eine 50%ige Abnahme des Fehleranteils (z) beim Einsatz von SPC als realistisch anzusehen.

lerhafter Erzeugnisse (z) begründet. Die Erkenntnis, daß durch die Anwendung von SPC-Verfahren bis zu einem relativ hohen Fehleranteil ein höherer Erfolg realisierbar ist, als durch Vollkontrolle erklärt die hohe Bedeutung, die diesem Verfahren derzeit in der Industrie und Forschung beigemessen wird.

Die ökonomischen Auswirkungen eines CAQ-Einsatzes beziehen sich auf die Veränderung der Kontrollkostenstruktur. Insbesondere bei Berücksichtigung sekundärer Erlöseinbußen läßt diese Entwicklung 100%-Prüfungen zunehmend auch für Großserien- und Massenfertigung wirtschaftlich vertretbar werden. Diese Tendenz belegt der exemplarische Vergleich mit dem Kontrollverzicht ebenso wie mit der Teilkontrolle und bleibt bestehen, auch wenn für letztere die CAQ-Funktion Prüfsteuerung durch eine drastische Reduzierung der Kontrollmenge in die Betrachtung einbezogen wird. Sind die prozeßtechnischen Voraussetzungen zum Einsatz von SPC-Verfahren erfüllt, ist hingegen deren Anwendung als Folge ihrer präventiven Wirkungsweise im Vergleich zur Vollkontrolle mit erheblichen Kostenvorteilen verbunden.

Im Vergleich zum Kontrollverzicht und zur konventionellen Teilkontrolle weisen Vollkontrolle und SPC-Verfahren einen höheren Wirkungsgrad im Sinne geringerer Fehlerkosten auf. Als Folge der auf den CAQ-Einsatz zurückzuführenden Abnahme variabler Kontrollkosten stellen sie zugleich die Prüfverfahren dar, von denen eine vergleichsweise geringe Kostenverursachung ausgeht. Dieses Ergebnis bestätigt die durch CAQ bewirkte tendenzielle Konformität der traditionell konfliktären Zielsetzungen 'Geringe Kostenverursachung' und 'Hoher Wirkungsgrad'.

3.6.3. CAD-begleitende Kalkulation mit Bezug auf Qualitätskostendaten

Die Berücksichtigung betriebswirtschaftlicher Aufgabenstellungen in CIM-Konzeptionen erfolgt häufig ausschließlich durch PPS-Funktionen[404]. An die Ausgestaltung von CIM-Systemen stellt sich darüber hinaus die Forderung, daß "...produkt- und produktionsbezogene Maßnahmen in Planungs- und Realisierungsphasen aktuell betriebswirtschaftlich beurteilt werden können"[405]. Voraussetzung dafür bildet die Definition der Kosten- und Erlösrechnung als eine eigenständige CIM-Komponente und deren Integration in die CIM-Konzeption (Abbildung 30). Als Teilfunktionen der Kosten- und Erlösrechnung sind die Kosten-/Erlösarten-, die Kosten-/Erlösstellen- und die Kosten-/Erlösträgerrechnung sowie die kurzfristige Erfolgsrechnung zu definieren[406]. Die anzustrebende Integration ergänzt die durch CIM erreichbare Reduzierung von Erzeugnisentwicklungs- und -durchlaufzeiten um zügige Kosten- und Erlösermittlungen[407].

Aufgrund der Kosten- und Erlösverantwortung[408] des Konstrukteurs ist dessen Zugriff auf Kosten- und Erlösdaten von besonderer Bedeutung, um bereits in frühen Phasen der Produktplanung alternative Erzeugniskonzeptionen betriebswirtschaftlich beurteilen zu können. Neben der Kosten- und Erlösermittlung steht dabei die Sensibilisierung des Kon-

---

404 Vgl. Kapitel 3.1./Schultz-Wild, R. ..., An der Schwelle zu CIM: Verbreitung, Strategien und Auswirkungen, Köln 1989, S. 111ff.
405 Steffen, R., 1991, a.a.O., S. 360.
406 Zu den Teilgebieten der Erlösrechnung vgl. Männel, W., Zur Gestaltung der Erlösrechnung, in: Entwicklungslinien der Kosten- und Erlösrechnung, Chmielewicz, K. (Hrsg.), Stuttgart 1983, S. 123ff.
407 Vgl. Steffen, R., 1991, a.a.O., S. 360.
408 Vgl. Steffen, R., Nutzung der Kosten- und Erlösrechnung zur konstruktionsbegleitenden Erfolgsfrüherkennung in Verbindung mit computergesteuerten Technologien, in: Steffen, R./Wartmann, R. (Hrsg.), Kosten und Erlöse: Orientierungsgrößen der Unternehmenspolitik, 1990, S. 198.

strukteurs für betriebswirtschaftliche Fragestellungen im Vordergrund. Da mit zunehmender Relevanz der Produktionsqualität der Anteil der Qualitätskosten an den Herstellkosten zunimmt, ist der datentechnische Zugriff auf Qualitätskostendaten zu organisieren, um Konstruktionsentscheidungen auch im Hinblick auf zu erwartende Qualitätskosten treffen zu können.

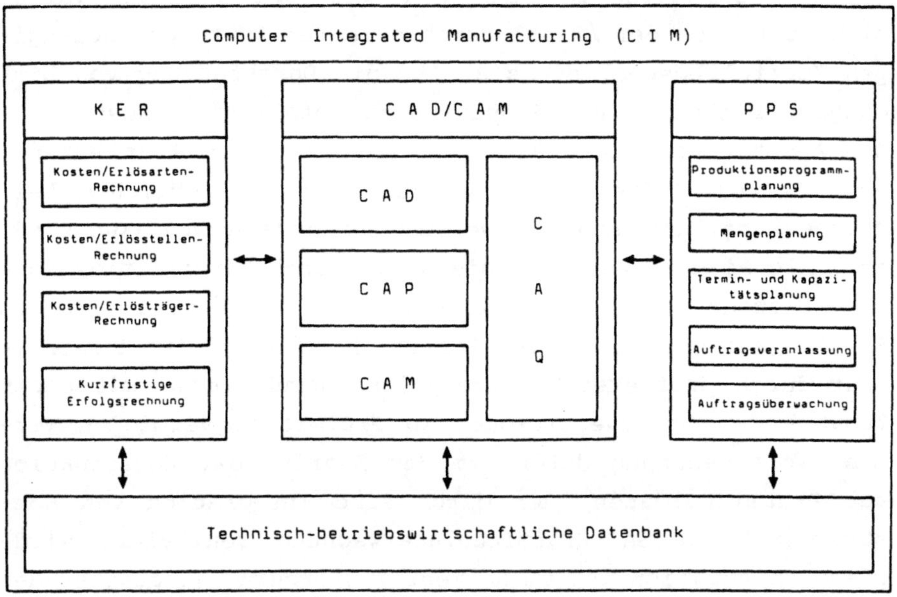

Abb.30: Integration der Kosten- und Erlösrechnung (KER) in CIM-Konzeptionen[409]

---

409 In Anlehnung an AWF, a.a.O., S. 10 sowie Hahn, D./Laßmann, G., a.a.O., S. 92, ergänzt um die Kosten- und Erlösrechnung (KER).

Der Konstrukteur kann in erster Linie die Herstellkosten[410] und damit die in den Herstellkosten enthaltenen Qualitätskostenelemente beeinflussen. Für eine konstruktionsbegleitende Kalkulation muß ein Kostenrechnungssystem Kosten nach dem Grad ihrer Beeinflußbarkeit durch konstruktive Maßnahmen[411] ausweisen. Hinsichtlich der Qualitätskosten ist zu untersuchen, welche Qualitätskostenanteile durch Konstruktionsentscheidungen in ihrer Höhe beeinflußbar bzw. nicht beeinflußbar sind.

Durch Konstruktion in ihrer Höhe bestimmt sind die variablen, d.h. von der Anzahl durchgeführter Prüfungen abhängigen Kontrollkosten, die z.B. für die Durchführung von Eingangs-, Zwischen- und Endprüfungen anfallen[412]. Kosten für die Ausstattung eines Unternehmens mit Prüfmitteln entstehen für die Aufrechterhaltung der zur betrieblichen Leistungserstellung und -verwertung erforderlichen Kapazitäten. Als fixe Kosten sind sie daher durch kurzfristige Konstruktionsentscheidungen nicht zu beeinflussen. Indirekten Einfluß auf die Höhe fixer Kontrollkosten hat der Konstrukteur durch prüfgerechte Erzeugniskonstruktionen, mit denen Zusatz- und Neuinvestitionen in Prüfmittel vermieden werden. Voraussetzung dafür ist der Zugriff der Konstruktion auf Prüfmitteldaten, der durch eine Integration von Konstruktion und CAQ-Prüfmittelüberwachung realisiert wird. Diese Integration ist um so mehr zu fordern, je stärker der Betriebsmittelbestand als Datum in die Konstruktion eingeht.

Im Rahmen einer präventiven Qualitätssicherung verlagern sich fehlerverhütende Maßnahmen in den Planungsbereich und

---

410 Vgl. Gröner, L., Konstruktionsbegleitende Vorkalkulation, in: Rechnungswesen und EDV, 10. Saarbrücker Arbeitstagung 1989, Scheer, A.-W. (Hrsg.), Heidelberg 1989, S. 437.

411 Zu konstruktiven Maßnahmen vgl. Hahn, D./Laßmann, G., a.a.O., S. 160f.

412 Zum Begriff Kontrollkosten vgl. Kapitel 2.3.1.

werden mit zunehmender Daten- und Funktionsintegration nicht mehr vom Qualitätswesen, sondern im CID-Bereich wahrgenommen. Fehlerverhütungskosten entziehen sich daher einer direkten Einflußnahme durch die Konstruktion und sind wie die Kosten der Konstruktion und Arbeitsplanung, die als Verwaltungsgemeinkosten den Kostenträgern pauschal zugerechnet werden, nicht konstruktionsrelevant.

Die grundsätzliche Kritik an dem Ausweis von Fehlerverhütungskosten[413] wird durch die Integration von Fehlerverhütungsmaßnahmen am CID-Arbeitsplatz verstärkt. Zur Ermittlung von Fehlerverhütungskosten im Rahmen von Qualitätskostenuntersuchungen wäre eine kostenrechnerische Isolierung im CID-Bereich integriert wahrgenommener Qualitätssicherungsaufgaben durchzuführen. Diese erfordert mit zunehmender Funktionsintegration einen enormen Aufwand, ohne einen hinreichenden Grad an Genauigkeit zu erreichen. Die Erfassung der im Qualitätswesen wahrgenommenen Qualitätssicherungsaufgaben und deren Verrechnung auf primäre Kostenstellen im Rahmen der betrieblichen Kostenrechnung bleibt davon unberührt. Das Qualitätswesen nimmt als eigenständiger Dienstleistungsbereich in TQM/CIM-Konzeptionen aber den geringsten Teil präventiver Qualitätssicherungsaufgaben wahr. Als Entscheidungsgrundlage zur Ableitung von Qualitätssicherungsstrategien sind sie daher denkbar ungeeignet.

In eine CAD-begleitende Kalkulation sollten auch Ausschuß- und Nacharbeitskosten eingehen, sofern diese als unvermeidbar und daher als Teil der Herstellkosten anzusehen sind. Bei der Kostenplanung soll allerdings nicht auf den Ist-Ausschuß vergangener Perioden zurückgegriffen werden, da dieser auch vermeidbaren Ausschuß enthält[414]. Der Zugriff des Konstrukteurs auf aktuelle Fehlerkostendaten dient daher nicht der Produktkalkulation, sondern der Verbreiterung

---

413 Vgl. Kapitel 2.3.3.
414 Vgl. Kilger, W., 1981, a.a.O., S. 297.

der Entscheidungsbasis für die Durchführung konstruktionsbezogener Maßnahmen.

Das grundlegende Problem einer konstruktionsbegleitenden Kalkulation besteht darin, daß die Möglichkeiten einer zuverlässigen Kostenermittlung im Laufe der Konstruktion, d.h. mit zunehmender Konkretisierung der Produktdaten zunehmen, während die Möglichkeit, durch konstruktive Maßnahmen Herstellkosten zu senken, im Planungsverlauf sinken[415]. In der Konstruktion eingesetzte Kalkulationsverfahren können nach dem Grad der Genauigkeit ihrer Ergebnisse in pauschale und analytische Verfahren eingeteilt werden[416]. Pauschale Verfahren sind relativ ungenau, da sie lediglich globale Hauptkostenparameter wie Kenngrößen und Ähnlichkeiten einbeziehen. Eine Kalkulation mit Kenngrößen liefert als Ergebnis Kostenschätzungen mit Hilfe von Bezugsgrößen wie Materialkosten pro kg Maschinengewicht oder Fertigungskosten pro Tonne Tragkraft einer Krananlage[417]. Weicht eine Konstruktion nur geringfügig von einer bereits erstellten Konstruktion ab (Anpassungs-, Varianten-, Prinzipkonstruktion), werden vielfach mit Kalkulationen aufgrund von Ähnlichkeiten zu erwartende Kostenabweichungen abgeschätzt. Analytische Verfahren beziehen sich auf Geometrie- oder Fertigungsgrunddaten. Kalkulationen mit Geometriedaten ermitteln den Zusammenhang zwischen der Geometrie von Teilen und deren Fertigungskosten unter Einsatz statistischer Schätzverfahren (z.B. Regressionsanalysen). Die Kalkulation anhand von Fertigungsgrunddaten ist das genaueste Kalkulationsverfahren auf Basis bereits erstellter Stücklisten, Arbeits- und Prüfpläne. Dieses Verfahren wurde bisher bei nur geringen konstruktiven Änderungen eines Erzeugnisses

415 Vgl. VDI 2235, Wirtschaftliche Entscheidungen beim Konstruieren, Methoden und Hilfen, Düsseldorf 1987, S. 5.

416 Vgl. Scheer, A.-W., CIM, Computer Integrated Manufacturing, Der computergesteuerte Industriebetrieb, 3., erweiterte Auflage, Berlin-Heidelberg 1988, S. 166ff.

417 Vgl. Kilger, W., 1981, a.a.O., S. 651.

angewandt[418]. In traditionellen Organisationen werden Arbeitspläne nach Abschluß der Konstruktion durch die Arbeitsplanung erstellt. Arbeitspläne wiederum bilden die Grundlage zur Prüfplanerstellung durch das Qualitätswesen. Die durch CIM eingeleitete Funktionsintegration wirkt sich im technischen Planungsbereich in einer Reintegration der genannten Aufgaben am CID-Arbeitsplatz aus. An die im Konstruktionsbereich eingesetzten EDV-Programme ist die Forderung zu stellen, aus Geometriedaten Stücklisten, Arbeitspläne (NC-Programme) und Prüfpläne (NC-, Roboterprogramme) zu generieren[419]. Durch Addition der Materialkosten, die die PPS-Funktion Einkauf aktualisiert, lassen sich die erzeugnisbezogenen Herstellkosten berechnen. Eine CAD/CAP/CAQ/PPS-Integration mit der betrieblichen Kostenrechnung ermöglicht zuverlässige Kostenermittlungen für alternative Erzeugniskonzeptionen bereits in frühen Phasen der Konstruktion und damit die Quantifizierung des Kostensenkungspotentials konstruktionsbezogener Maßnahmen. Dabei bildet der Prüfplan (NC-, Roboterprogramm) die Grundlage zur Ermittlung der Kontrollkosten.

Für die Berechnung zuverlässiger Kostendaten durch die Konstruktion ist eine breite und aktuelle Ist-Datenbasis wesentliche Voraussetzung. Diese wird durch produktionsbegleitende Kalkulationen geschaffen, für deren Durchführung eine Integration der betrieblichen Kostenrechnung mit leistungsfähigen BDE- und CAQ-Systemen notwendig ist, die on line differenzierte Betriebs- und Qualitätsdaten erfas-

418 Vgl. Becker, J., Konstruktionsbegleitende Kalkulation mit einem Expertensystem, in: Rechnungswesen und EDV, 9. Saarbrücker Arbeitstagung 1988, Scheer, A.-W. (Hrsg.), Heidelberg 1988, S. 121.

419 Vgl. dazu Scheer, A.-W., 1988, a.a.O., S. 169.
Der gegenwärtige Stand der CAD-begleitenden Kalkulation ist gekennzeichnet durch Kosteninformationsprogramme wie sie z.B. von Kreisfeld entwickelt wurden.
Vgl. Kreisfeld, P., Kostenbestimmung mit CAD-Systemen für Rotationsteile, München - Wien 1985, S. 44ff.

sen[420]. Die für die Ermittlung von Kontroll- und Fehlerkosten in einem CIM-System erforderliche Datenintegration ist in Abbildung 31 angegeben.

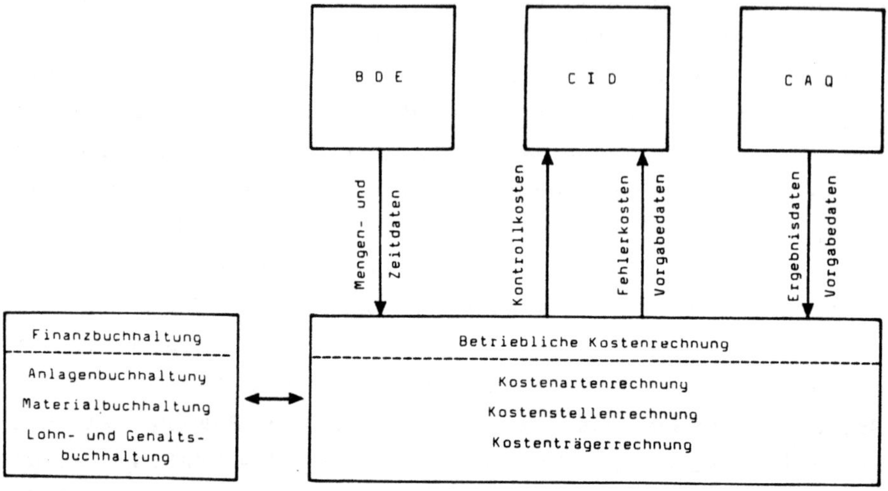

Abb.31: CIM-Systemintegration als Voraussetzung für eine CAD-begleitende Kalkulation von Qualitätskosten

BDE-Systeme übertragen on line auftrags-, material-, mitarbeiter- und maschinenbezogene Daten u.a. mit Bezug auf Qualitätssicherungsaktivitäten an die betriebliche Kostenrechnung. Bei Selbstprüfungen und In-Process-Prüfungen sind vor allem die auf eine Prüfung entfallenden Zeitanteile von Bedeutung. Die Betriebsdaten werden zur Ermittlung der Kontrollkosten durch die Kostenrechnung bewertet. Das CAQ-System überträgt u.a. Meldungen über Ausschuß, Nacharbeit und qualitätsbedingte Ausfallzeiten zur Bewertung an die Kostenrechnung. Zur Ermittlung einzelner Fehlerkostenelemente wie Wiederhol-, Sortierprüfungen und qualitätsbedingte Aus-

420 Vgl. Mertens, P./Back-Hock, A./Fiedler, R., Verbindungen der Kosten- und Leistungsrechnung zur computergestützten Informations- und Wissensverarbeitung, in: Betriebswirtschaftliche Forschung und Praxis, 42.Jg. (1990), Heft 4, S. 275f.

fallzeiten sind durch ein BDE-System erfaßte Betriebsdaten mit CAQ-Fehlerdaten zu verknüpfen. Erfolgen Reklamationsabwicklungen über das CAQ-System, lassen sich die dafür anfallenden Kosten analog ermitteln. Aus der Finanzbuchhaltung erhält die Kostenrechnung die Produkthaftungs- und Gewährleistungsfälle betreffenden Kostendaten. Eine Integration von CAD und betrieblicher Kostenrechnung in Verbindung mit den vorgenannten Bedingungen ermöglicht den Zugriff der Konstruktion auf aktuelle Kontroll- und Fehlerkostendaten.

Die im CID-Bereich[421] getroffenen Entscheidungen wie die Materialauswahl, die Bestimmung der geometrischen Form und die Festlegung der Fertigungsverfahren determinieren weitgehend die einzusetzenden Prüfverfahren. Mit Zugriff auf Qualitätskostendaten kann der Konstrukteur die Prüfnotwendigkeit von Qualitätsmerkmalen anhand des Vergleichs merkmalsbezogener Prüf- und Fehlerkosten bestimmen. Die Angabe von Kontrollkostensätzen für alternative Prüfmerkmalsausprägungen ermöglicht merkmalsbezogene Kontrollkostenvergleiche. Dadurch wird der Konstrukteur motiviert, sehr enge, mit hohem Prüfaufwand verbundene Toleranzgrenzen zu vermeiden, für die keine funktionsbezogene Notwendigkeit besteht (sog. Angsttoleranzen). Ferner können die Kosten verschiedener Materialien zuzüglich der materialspezifischen Kontrollkosten im Wareneingangs- und Fertigungsbereich verglichen werden. Das Ergebnis eines solchen Kostenvergleiches kann z.B. in der Auswahl eines qualitativ hochwertigen Materials bestehen, dessen vergleichsweise hoher Einkaufspreis durch niedrige Kontrollkosten überkompensiert wird. Die Kenntnis der Kontrollkosten kann auch die Festlegung von Fertigungsverfahren beeinflussen, z.B. wenn bei der Bestimmung von Arbeits- und Prüffolgen eine durch die Zusammenfassung von Qualitätsprüfungen bewirkte Kostenersparnis berücksichtigt wird. Bei gesetzlich oder vertraglich vorgeschriebenen Qualitätsprüfungen ist die Möglichkeit zur Kostenbeeinflussung durch Konstruktion über eine

421 Vgl. Kapitel 3.5.

prüffreundliche Produktgestaltung hinaus begrenzt. Da diese aber meist in Form von Endprüfungen mit umfassenden Funktionsprüfungen vorgeschrieben sind, können Kontrollkosten in diesen Fällen gesenkt werden, indem die Anzahl vorgeschalteter Prüfungen reduziert wird[422].

Für die Lieferantenauswahl ist die Ergänzung der Lieferantenbewertung um Kostendaten von großer Bedeutung. Kennzahlen, die auf der Grundlage von Mengendaten gebildet werden, schaffen keine Transparenz in bezug auf die tatsächliche Kostenverursachung durch fehlerhafte Zulieferteile. Mit jedem Bearbeitungs- und Prüfvorgang steigen die Herstellkosten eines Produktes an, so daß Fehlerfolgekosten um so höher sind, je später ein Fehler im Arbeitsablauf entdeckt wird. Wird beispielsweise in einer Endprüfung ein Funktionsfehler ermittelt, dessen Ursache ein fehlerhaftes Zulieferteil ist, wird das Erzeugnis nachgearbeitet bzw. als Ausschuß deklariert. In beiden Fällen sind die bereits angefallenen Herstellkosten ungleich höher als bei einer Ermittlung des Bauteilefehlers durch eine Eingangsprüfung. Im allgemeinen leistet der Lieferant Kostenersatz nur für das fehlerhafte Bauteil, während der Hersteller die angefallenen Herstellkosten trägt. Dennoch ist für die Lieferantenbewertung und insbesondere für Einkaufsverhandlungen der lieferantenbezogene Ausweis interner und externer Fehlerkosten sinnvoll.

---

422 In der Praxis werden Funktionen häufig mehrfach geprüft, z.B. am einzelnen Bauelement im Wareneingang und nach dessen Montage am Zwischen- oder Endprodukt. Vgl. Laßmann, G., Aktuelle Probleme der Kosten- und Erlösrechnung sowie des Jahresabschlusses bei weitgehend automatisierter Serienfertigung, in: Zeitschrift für betriebswirtschaftliche Forschung (Kontaktstudium), 36.Jg.(11/1984), S. 977. Die Verdeutlichung des wirtschaftlichen Gewichtes derartiger Mehrfachprüfungen soll den Konstrukteur veranlassen, die Anzahl durchzuführender Prüfungen auf ein Minimum zu begrenzen.

Analog zur betrieblichen Kostenrechnung gliedert sich die Erlösrechnung in die Erlösarten, -stellen und -trägerrechnung. Die Aufgabe der Erlösrechnung besteht in der Ermittlung, welche Erlösarten (z.B. Grundpreise, Aufpreise für Sonderausstattungen) in welchen Erlösstellen (z.B. Absatzsegmente gebildet nach Regionen oder Absatzwegen) für welche(n) Erlösträger (Produkt(e) und Dienstleistung(en)) anfallen[423]. Einen indirekten Beitrag zur CAD-begleitenden Erlösrechnung leistet ein CAQ-System nur bei kostenorientierter Preisbildung in Form der oben beschriebenen Bereitstellung von Kontroll- und Fehlerkostendaten. Bei branchen- und konkurrenzorientierter Preisbildung ergeben sich die erzielbaren Preise am Markt, so daß eine CAD-begleitende Erlösrechnung von untergeordneter Bedeutung ist. Hinsichtlich nachfrageorientierter Preisfixierungen[424] besteht die Aufgabe einer CAD-begleitenden Erlösrechnung in der Angabe von Erlössätzen für alternative Ausprägungen von Qualitätsmerkmalen bzw. Erzeugniskonzeptionen. Hier ist eine enge Kooperation von Marketing und Konstruktion gefragt. Anhand eines Kosten/Erlös-Vergleichs lassen sich Konstruktionen auf die Möglichkeit zur Erfolgssteigerung durch Variation einzelner Merkmalsausprägungen überprüfen[425]. Das Problem zuverlässiger Prognosen von Erlösen ist wesentliche Ursache dafür, daß die Integration der Erlösrechnung in CIM-Konzeptionen noch am Anfang steht[426].

---

423 Vgl. Steffen, R., 1991, a.a.O., S. 369.
424 Zu den Prinzipien der Preisfixierung vgl. Meffert, H., a.a.O., S. 325ff.
425 Vgl. Steffen, R., 1991, a.a.O., S. 369.
426 Vgl. Steffen, R., 1991, a.a.O., S. 368.

3.6.4. Erfassung strukturell veränderter Qualitätskosten in der Kostenrechnung

Für die Durchführung einer CAD-begleitenden Kalkulation ist grundsätzlich die Grenzplankostenrechnung einsetzbar, da sie Kosten getrennt nach ihren beschäftigungsvariablen und beschäftigungsfixen Kostenanteilen ausweist[427]. Mit der Umsetzung des CIM-Konzeptes ist eine zunehmende Automatisierung in den planenden und ausführenden Bereichen von Industrieunternehmen verbunden. Dadurch ergeben sich umfassende Kostenstrukturverschiebungen, die dazu führen, daß die Aussagefähigkeit der Grenzplankostenrechnung erheblich sinkt.

Im unmittelbaren Fertigungsbereich bedingen hohe Automatisierungsgrade eine erhebliche Verlagerung manueller Tätigkeiten auf die eingesetzten Fertigungssysteme und damit einen erheblichen Rückgang des Personaleinsatzes[428]. Die hohen Investitionsausgaben für rechnergestützte Fertigungs- und Informationstechnologien bewirken einen drastischen Anstieg der anlagenwertabhängigen und damit beschäftigungsfixen Kosten wie Abschreibungen, kalkulatorische Zinsen und Versicherungskosten. Der durch die Grenzplankostenrechnung ausgewiesene variable, d.h. kurzfristig beeinflußbare Kostenanteil nimmt daher mit zunehmender Automatisierung ab[429].

Ein hoher Automatisierungsgrad als Resultat verstärkter marktbezogener Forderungen nach vielfältigen, variantenreichen und komplexen Erzeugnissen bedingt umfangreiche Tätigkeiten, um die Aktivitäten im Fertigungsbereich vorzubereiten, zu steuern und zu koordinieren. Diese werden in den

---

427 Vgl. Kapitel 2.3.2.

428 Vgl. Laßmann, G., 1984, a.a.O., S. 959.

429 Beispielsweise beträgt der Fixkostenanteil bei Fertigung eines Produktes auf einer verketteten Transferstraße 75%, bei manueller Fertigung hingegen lediglich 45%. Vgl. Siegwart, H./Raas, F., Anpassung der Kosten- und Leistungsrechnung an moderne Fertigungstechnologien, in: Kostenrechnungspraxis, 1(1989), S. 10.

indirekten Leistungsbereichen wie Konstruktion, Arbeitsplanung, Instandhaltung und insbesondere Qualitätswesen ausgeführt. Dem mit zunehmender Automatisierung abnehmenden Personalbedarf im unmittelbaren Fertigungsbereich steht somit ein wachsender Personaleinsatz in den mittelbar mit der Fertigung verbundenen Bereichen gegenüber[430]. Strukturverschiebungen hinsichtlich der Materialkosten sind u.a. auf den Einsatz automatisierter Lagersysteme zurückzuführen und bestehen in einem Rückgang des Anteils der Materialeinzelkosten zu Lasten der Materialgemeinkosten. Eine gegenläufige Tendenz ergibt sich bei JIT-Anlieferungen. Da Zwischenlagerungen der Zukaufteile weitgehend entfallen, nimmt der Anteil der Materialgemeinkosten an den Materialkosten erheblich ab.

Im Ergebnis bedingt die zunehmende Automatisierung eine Verlagerung von zurechenbaren Einzelkosten hin zu Gemeinkosten sowie von variablen Gemeinkosten zu fixen Gemeinkosten. Eine Zuschlagskalkulation auf der Basis von Grenzkosten, die als Bezugsgrößen für Material- und Fertigungsgemeinkosten den Materialwert und die Fertigungslöhne verwendet, vermag die eigentliche Kostenverursachung nicht wiederzugeben[431]. In der Grenzplankostenrechnung werden bei hohen Automatisierungsgraden lediglich die Materialeinzelkosten und geringe zusätzliche variable Gemeinkostenanteile

---

430 Vgl. Laßmann, G., 1984, a.a.O., S.959.

431 Vgl. Fröhling, O., Prozesskostenrechnung - System mit Zukunft?, in: io Management Zeitschrift, 58(1989), Nr. 10, S. 67. Zur Zuschlagskalkulation vgl. Kapitel 2.3.2. Der Anteil der Lohnkosten an den Produktionskosten beträgt bei hohen Automatisierungsgraden ca. 5-10%. Vgl. Scheer, A.-W., Wie beeinflußt CIM das Rechnungswesen?, in: io Management, 58(1989), Nr. 6, S. 81. Dies bedingt Zuschlagssätze von mehreren 1000%, so daß bereits geringe Veränderungen der Zuschlagsbasis große Verzerrungen zur Folge haben. Zudem ist auf den exogenen Charakter von Lohnkosten hinzuweisen, zu denen sich die Höhe der Gemeinkosten eines Unternehmens nicht unbedingt proportional verhält. Vgl. Heinen, E./Dietel, B., a.a.O., S. 973.

(weitgehend Betriebsstoffkosten) berücksichtigt[432]. Ausschließlich an Grenzkosten orientierte Entscheidungen stützen sich auf eine zu schmale Basis, da diese bei hohen Automatisierungsgraden nur einem sehr geringen Teil der Gesamtkosten entsprechen.

Die beschriebene Entwicklung trifft in besonderem Maße auf die Qualitätskosten zu. Der Einsatz rechnergestützter Prüfsysteme ist mit einem Rückgang manueller Prüftätigkeiten im Wareneingangs- und Fertigungsbereich und mit einer drastischen Reduzierung der Prüfzeiten verbunden. Dies wirkt sich in einer erheblichen Abnahme der variablen Kontrollkosten aus. Zugleich steigen die fixen Kontrollkosten aufgrund der hohen Investitionsausgaben für computergestützte Prüfsysteme deutlich an.

Hohe Automatisierungsgrade erfordern umfangreiche Maßnahmen der Qualitätssicherung zur Absicherung der eingesetzten Fertigungstechnologie. CIM und CAQ bewirken somit einen Anstieg von Qualitätssicherungsaktivitäten, die im Zuge der Bereitstellung von Fertigungs- bzw. Prüfkapazitäten anfallen. Daraus resultierende Fehlerverhütungskosten stellen Vorlaufkosten dar, die den Charakter fixer Kosten aufweisen[433].

Veränderungen, die sich durch den Einsatz integraler CAQ-Systeme auf die Qualitätskosten ergeben, bestehen somit in einem Anstieg des Anteils der Qualitätssicherungskosten an den Herstellkosten sowie in einer Abnahme der variablen zu Lasten der fixen Kontrollkosten. Darüber hinaus nehmen Fehlerverhütungskosten als Bestandteil der Vorlaufkosten stark zu. Die kostenträgerspezifische Inanspruchnahme des indirekten Leistungsbereiches Qualitätswesen (bzw. seiner Organisationseinheiten) gibt eine Grenzplankostenrechnung nicht

432 Vgl. Steffen, R., 1990, a.a.O., S. 206.
433 Vgl. Laßmann, G., 1984, a.a.O., S. 960ff.

wieder. Vor dem Hintergrund der dargestellten Entwicklung bildet die Grenzplankostenrechnung keine ausreichende Informationsbasis für eine CAD-begleitende Kalkulation.

Die Mitte der achtziger Jahre in den USA entwickelte Prozeßkostenrechnung[434] verfolgt als vorrangiges Ziel eine genauere Zurechnung von in den indirekten Leistungsbereichen[435] anfallenden Kosten auf Kostenträger. Dazu werden Bezugsgrößen mit doppelter Funktion, also für Kostenkontrolle und Kalkulation[436], auch für die sonstigen primären und sekundären Kostenstellen ausgewählt[437].

Der Aufbau der Kostenstellen- und Kostenträgerrechnung in der Grenzplankostenrechnung und in der Prozeßkostenrechnung ist weitgehend identisch[438]. Grundlage der Prozeßkostenrechnung ist die Zusammenfassung einzelner betrieblicher Aktivitäten (= Ablaufelemente) zu Teilprozessen, die im Rahmen einer Tätigkeitsanalyse definiert werden. In einer von der Philosophie des TQM durchdrungenen CIM-Konzeption bestehen die Aufgaben des Qualitätswesens primär in der Durchführung von Schulungen und Beratungen in allen Unternehmensbereichen[439]. In einer solchen TQM/CIM-Konzeption

---

434 Die Prozeßkostenrechnung wird im englischen Sprachraum als 'Activity-Based Costing' bezeichnet. Vgl. Cooper, R., Activity-Based Costing - Was ist ein Activity-Based Cost-System?, in: Kostenrechnungssystem, 4(1990), Heft 4, S. 210ff.

435 Die Begriffe 'indirekte Leistungsbereiche', 'fertigungsunterstützende Bereiche' und 'support departments' sind Synonyme. Vgl. Horváth, P./Mayer, R., Prozeßkostenrechnung, Der neue Weg zu mehr Kostentransparenz und wirkungsvolleren Unternehmensstrategien, in: Controlling, 1989, Heft 4, S. 214/Franz, K.-P., Die Prozeßkostenrechnung im Vergleich mit der Grenzplankosten- und Deckungsbeitragsrechnung, in: Strategieunterstützung durch das Controlling: Revolution im Rechnungswesen?, Stuttgart 1990, S. 197/Cooper, R./Kaplan, R.S., Measure Costs Right: Make the Right Decisions, in: Harvard Business Review, Vol. 5, 1988, S. 96ff.

436 Vgl. Kilger, W., 1981, a.a.O., S. 337.

437 Vgl. Franz, K.-P., a.a.O., S. 197.

438 Vgl. Franz, K.-P., a.a.O., S. 203.

439 Vgl. Kapitel 3.2.1.

können für die Kostenstelle Qualitätswesen die in Abbildung 32 aufgeführten Teilprozesse definiert werden (Spalte 1).

(1)		(2)	(3)	(4)	(5a)	(5b)	(5c)
Teilprozesse		Maßgrößen	Planprozeßmengen	Plankosten (DM)	Prozeßkostensatz (lmi)	Umlagesatz (lmn)	Gesamtprozeßkostensatz
Schulungen durchführen	lmi	Anzahl der Schulungen	1.400	210.000	150,00	44,68	194,68
Beratungen durchführen	lmi	Anzahl der Beratungen	1.200	72.000	60,00	17,87	77,87
Abteilung leiten	lmn	-	-	84.000	-	-	-

Legende:

lmi = leistungsmengeninduziert
lmn = leistungsmengenneutral

Abb.32: Prozeßkostenrechnung in der Kostenstelle Qualitätswesen

Für die einzelnen Teilprozesse sind sogenannte kostentreibende Faktoren als Maßgrößen (Spalte 2) zu ermitteln. Daran schließt sich die Bestimmung der Planprozeßmengen (Spalte 3) und Plankosten (Spalte 4) an. Der Prozeßkostensatz für jeden Teilprozeß (Spalte 5a) ergibt sich aus der Division der Plankosten (Spalte 4) durch die Planprozeßmengen (Spalte 3). Eine weitere Differenzierung der Prozeßkostenrechnung resultiert aus der Angabe, ob sich Teilprozesse in bezug auf das Arbeitsvolumen einer Kostenstelle variabel (leistungsmengeninduziert) oder fix (leistungsmengenneutral) verhalten[440]. Letzteres trifft auf den Prozeß 'Abteilung leiten' zu. Entsprechend ergeben sich leistungsmengeninduzierte Prozeßkostensätze (5a) und Gesamtprozeßkostensätze (5c), die neben den leistungsmengeninduzierten zusätzlich die proportional zu diesen umgelegten leistungsmengenneutralen Prozeßkosten enthalten (5b). Für jedes Produkt ist im Rahmen der Prozeßplanung zu ermitteln, welche Teilprozesse welcher Kostenstelle in welcher Anzahl in Anspruch genommen werden. Für die Kostenstelle Qualitätswesen

440 Vgl. Horváth, P./Mayer, R., a.a.O., S. 216f.

ergeben sich die erzeugnisbezogenen Prozeßkosten durch Aufsummierung der mit den Prozeßkostensätzen multiplizierten Prozeßmengen.

In der Literatur wird die Prozeßkostenrechnung primär am Beispiel der indirekten Leistungsbereiche erläutert. Grundsätzlich ist sie aber auch auf den direkten Fertigungsbereich übertragbar.

Abbildung 33 zeigt Kostenermittlungen am Beispiel einer hochautomatisierten Fließfertigung, für das die folgenden Ausgangsbedingungen gelten:

Die Anlieferung der Zukaufteile erfolgt fertigungssynchron. Auf den Prüfsystemen (PS_1/PS_2) werden funktionsgleiche Eingangsprüfungen alternativ durchgeführt. Fehlerhafte Erzeugnisse werden an den Lieferanten zurückgesandt. In der Fertigung sind Arbeitssysteme (AS_1/AS_3) und Prüfsysteme (PS_3/PS_5) installiert sowie ein Arbeitssystem, in dem nach Durchführung eines Fertigungsvorgangs eine prozeßnahe Prüfung erfolgt (AS_2/PS_4). Auf dem Arbeitssystem (AS_2/PS_4) können zwei Varianten (A und B) gefertigt werden; dazu ist das Arbeitssystem (AS_2/PS_4) sowie das Prüfsystem (PS_5) umzurüsten. Nach Abschluß einer Prüfung werden fehlerhafte Zwischen- bzw. Enderzeugnisse von der Reparatur entweder als Ausschuß deklariert oder zu zwei zentralen Reparaturplätzen transportiert (ZRP_1/ZRP_2) und nachgearbeitet. Nach der Endprüfung (PS_5) werden fehlerfreie Produkte ohne Zwischenlagerung ausgeliefert. Nachgearbeitete Erzeugnisse werden dem Arbeitsfortschritt entsprechend ausgeliefert bzw. über die Arbeitssysteme (AS_2 bzw. AS_3) wieder in den Fertigungsprozeß eingesteuert.

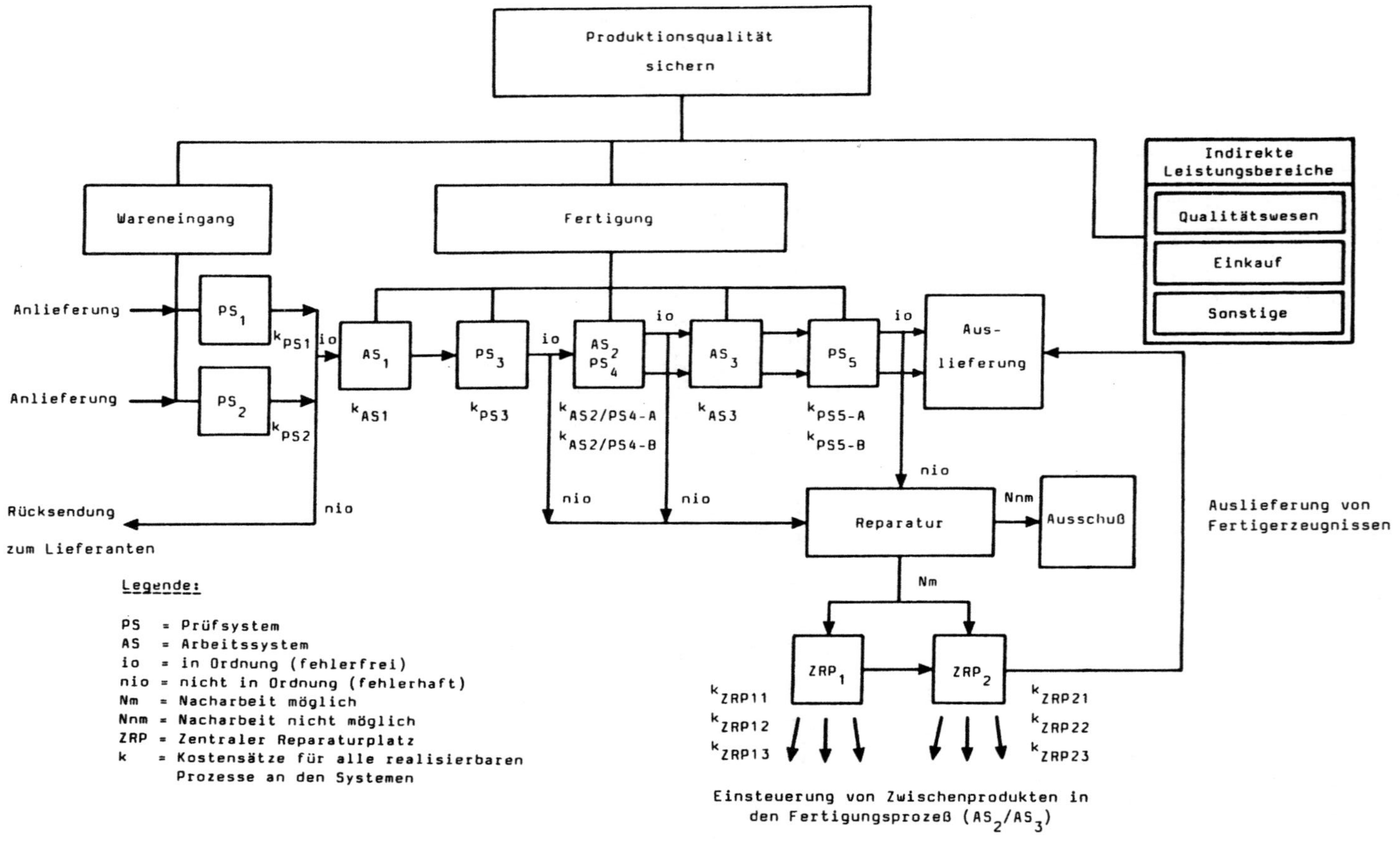

Abb.33: Beispiel für Kostenermittlungen in einer Fließfertigung

Kostenstellen	Teilprozesse
Qualitätswesen	(1) Beratungen durchführen
	(2) Schulungen durchführen
	(3) Abteilung leiten
Wareneingang	(1) Prüfung 1/2 ausführen
	(2) Abteilung leiten (1/3)
Fertigung	(1) Arbeitsgang 1 ausführen
	(2) Prüfung 3 ausführen
	(3) Arbeitsgang 2A und Prüfung 4A ausführen
	(4) Arbeitsgang 2B und Prüfung 4B ausführen
	(5) Arbeitsgang 3 ausführen
	(6) Prüfung 5A ausführen
	(7) Prüfung 5B ausführen
	(8) Umrüsten AS2/PS4 und PS5
	(9) Abteilung leiten (1/3)
Reparatur	(1) Reparatur I ausführen
	(2) Reparatur II ausführen
	(3) Reparatur III ausführen
	(4) Abteilung leiten (1/3)

Abb.34: Teilprozesse in den Kostenstellen Qualitätswesen, Wareneingang, Fertigung und Reparatur

In den Kostenstellen Qualitätswesen, Wareneingang, Fertigung und Reparatur sind die in Abbildung 34 aufgeführten Teilprozesse definiert. Im Wareneingang und in der Fertigung bilden die durchzuführenden Prüf- und Arbeitsgänge Teilprozesse sowie das Umrüsten des Arbeitssystems (AS_2/ PS_4) und Prüfsystems (PS_5), wobei Umrüstvorgänge mit dem gleichen Kostensatz bewertet werden. Fehlerhafte Produkte können in der Fertigung an drei Stufen des Produktionsprozesses entdeckt werden. Entsprechend sind in der Reparatur drei Teilprozesse mit jeweils unterschiedlichem Prozeßkostensatz definiert. Der Teilprozeß 'Abteilung leiten' wird von einem Mitarbeiter für sämtliche Kostenstellen des direkten Fertigungsbereichs wahrgenommen. Ihnen wird daher jeweils ein Drittel der für diesen Teilprozeß anfallenden Kosten zugeordnet.

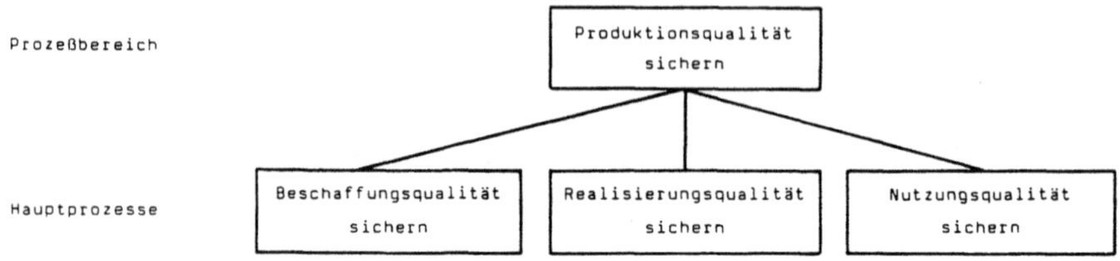

Abb.35: Zuordnung von Hauptprozessen zum Prozeßbereich 'Produktionsqualität sichern'

Aufgabe einer Tätigkeitsanalyse ist neben der Definition der Teilprozesse deren kostenstellenübergreifende Zusammenfassung zu Hauptprozessen. Hauptprozesse können wiederum einzelnen Prozeßbereichen zugeordnet werden. Für den Beispielfall wird der Prozeßbereich 'Produktionsqualität sichern' definiert, dem die Hauptprozesse 'Beschaffungsqualität sichern', Realisierungsqualität sichern' und 'Nutzungsqualität sichern' zugeordnet werden (Abbildung 35). Die kostenstellenübergreifenden Hauptprozesse setzen sich jeweils aus mehreren Teilprozessen der oben aufgeführten Kostenstellen zusammen (Abbildung 34). Sie können ergänzt werden um Teilprozesse weiterer Kostenstellen, beispielsweise des Einkaufs (z.B. Reklamationen bearbeiten, Bestellungen aufgeben) und des Transportwesens (z.B. Transport durchführen zum zentralen Reparaturplatz (ZRP_1/ZRP_2) bzw. zur Auslieferung oder zu den Arbeitssystemen (AS_2/AS_3)).

Für die Teilprozesse sind die Plankosten und die Planprozeßmengen für eine Abrechnungsperiode festzulegen. Im Beispielfall ergeben sich abhängig von der Anzahl durchgeführter Bearbeitungs- bzw. Prüfvorgänge ein bzw. zwei Kostensätze je Arbeits- bzw. Prüfsystem. Wesentlich komplexer sind Kosteninformationssysteme bei flexiblen Fertigungssystemen[441]. Da "...Produktionsgeschwindigkeiten bei hochautomatisierten Fertigungstechnologien kaum noch variiert und disponiert werden können"[442], entfällt die Angabe differenzierter Kostensätze für unterschiedliche Fertigungsintensitäten. Die erzeugnisbezogenen Prozeßkosten für den Prozeßbereich 'Produktionsqualität sichern' ergeben sich aus der Aufsummierung der in den einzelnen Kostenstellen (Qualitätswesen, Wareneingang, Fertigung, Reparatur, Einkauf usw.) in Anspruch genommenen Prozeßmengen multipliziert mit den jeweiligen Prozeßkostensätzen. Diese sind um die in der Finanzbuchhaltung erfaßten Kosten aus Gewährleistungs- und Produkthaftungsfällen zu ergänzen. Für Plankalkulationen empfiehlt sich die Verrechnung von Nacharbeit und Ausschuß sowie externer Fehlerkosten durch einen auf Erfahrungswerten basierenden prozentualen Aufschlag[443].

Kriterium für die Trennung von Prozeßkosten in leistungsmengeninduzierte (lmi) und leistungsmengenneutrale (lmn) ist die Veränderbarkeit des Arbeitsvolumens, während Kosten in der Grenzplankostenrechnung in bezug auf ihre zeitliche Veränderbarkeit ausgewiesen werden[444]. Durch die Verrechnung von Vollkosten beziehen Prozeßkosten längerfristig abbaubare Kosten in Produktkalkulationen mit ein (z.B. Personalkosten für die Durchführung von Beratungen bei geringerem Arbeitsvolumen in der Kostenstelle Qualitätswesen). Prozeßkosten liefern daher Informationen in erster Linie für strategische Entscheidungen. Der Aussagegehalt der Prozeßkostenrechnung wird im folgenden exemplarisch dargestellt.

---

441 Vgl. Steffen, R., 1991, a.a.O., S. 366.

442 Steffen, R., 1990, a.a.O., S. 205.

443 Zwar wird dadurch auch der vermeidbare Anteil von Ausschuß und Nacharbeit verrechnet; insbesondere aufgrund der problematischen Abgrenzung des unvermeidbaren Anteils, ist diese Lösung aber als praxisgerecht anzusehen.

444 Vgl. Horváth, P./Mayer, R., a.a.O., S. 217.

Bei Fertigung der Variante B in einer Losgröße von (N) können die losfixen Umrüstkosten für die Umrüstung des Arbeitssystems (AS_2/PS_4) und des Prüfsystems (PS_5) auf die Anzahl gefertigter Erzeugniseinheiten verteilt werden. Dies führt mit steigender Losgröße zu Kostendegressionseffekten. Für die Gemeinkostenverrechnung in der Prozeßkostenrechnung sind nicht Lohn- oder Materialwert maßgebend, sondern die Teilezahl und die Anzahl in Anspruch genommener Teilprozesse (z.B. Umrüsttätigkeiten). Folglich werden in der Prozeßkostenrechnung komplexe und in kleinen Losen gefertigte Produkte mit relativ höheren Kosten belastet als einfache und in großen Losen hergestellte Erzeugnisse[445]. Die Kenntnis der Prozeßkosten trägt daher dazu bei, die Entscheidungsqualität in bezug auf die Annahme von Zusatzaufträgen zu erhöhen.

Strategisch bedeutsame Informationen können Prozeßkosten bei Alternativen zwischen Eigenfertigung und Fremdbezug liefern[446]. Liegt der Preis für ein spezifisches Material zuzüglich der Prozeßkostensätze (k_{AS1}) und (k_{PS3}) über dem Einkaufspreis für ein zugekauftes Bauteil, das auf dem Arbeitssystem (AS_2/PS_4) weiterverarbeitet wird, zuzüglich der Prozeßkosten für eine zusätzliche Wareneingangsprüfung (k_{PS1} bzw. k_{PS2}), kann z.B. die Entscheidung getroffen werden, die Eigenfertigung des betrachteten Teils mittel- bis langfristig aufzugeben und die Fertigungskapazität zu reduzieren. Dies trifft beispielsweise auch für die Prüfsysteme im Wareneingang zu, wenn es möglich ist, zuverlässigere Lieferanten auszuwählen, bei denen eventuell höhere Einkaufspreise die Kosteneinsparung für die Wareneingangsprüfung nicht überkompensieren. Dabei ist der intervallfixe

445 Vgl. dazu Horváth, P./Mayer, R., a.a.O., S. 218f.

446 Das folgende Beispiel orientiert sich an der Abbildung 33, ist aber dort aus Gründen der Übersichtlichkeit nicht eingezeichnet.

Charakter der Kosten zu beachten[447], der einen Kapazitätsabbau erst ab bestimmten Mengenänderungen ermöglicht.

Die kostenträgerspezifische Leistungsinanspruchnahme der indirekten Leistungsbereiche gibt die Prozeßkostenrechnung genauer wieder als die Grenzplankostenrechnung. Aufgrund der Proportionalisierung fixer Kosten spiegeln Prozeßkosten die reale Fixkostenbelastung eines Unternehmens nicht wider. Der Zusammenhang zwischen Dispositionen über Produkte oder Produktmengen und Kostenveränderungen geht verloren[448]. Für die in der Konstruktion kurzfristig zu treffenden Entscheidungen sind Prozeßkosten daher keine geeignete Grundlage.

Für den Fertigungsbereich verfügt die Grenzplankostenrechnung über ein ausgefeiltes System an direkten Bezugsgrößen. Neben den an Aussagekraft verlierenden Grenzplankostensätzen sind für die betriebliche Planung, insbesondere für die Preisbildung, zusätzliche Fixkosteninformationen notwendig[449]. Zur Verrechnung fixer Gemeinkosten schlägt Laßmann die Bildung folgender Gemeinkostensätze vor:

- Gemeinkostensätze je Bearbeitungszeiteinheit unter Beachtung geplanter (normaler) Auslastung

- Gemeinkostensätze je Bearbeitungszeiteinheit unter Beachtung erreichter Ist-Auslastung in den vergangenen 3 bis 6 Monaten[450]

Diese Vorgehensweise ermöglicht die Vollkostenbeurteilung von Erzeugniskonzeptionen bei realistisch erscheinenden Kapazitätsauslastungsgraden[451]. Trotz der Proportionalisie-

---

447 Vgl. Kilger, W., 1981, a.a.O., S. 140.
448 Vgl. Franz, K.-P., a.a.O., S. 208.
449 Vgl. Steffen, R., 1991, a.a.O., S. 367f.
450 Vgl. Laßmann, G., 1984, a.a.O., S. 972.
451 Vgl. Steffen, R., 1991, a.a.O., S. 368.

rung fixer Kosten eignet sich die Grenzplankostenrechnung ergänzt um die obigen Gemeinkostensätze aufgrund der konsequenten Trennung variabler und fixer Kosten besser für kurzfristige Konstruktionsentscheidungen als die Prozeßkostenrechnung. Da beide Kostenrechnungssysteme relevante Informationen für unterschiedliche Entscheidungssituationen mit verschiedenem Zeitbezug liefern, ist ihr paralleler Einsatz zur Ermittlung von Teil- und Vollkostensätzen sinnvoll.

4. Produktionstypspezifische Anforderungen an die Ausgestaltung von CAQ-Systemen

4.1. Bildung von Produktionstypen anhand von Strukturmerkmalen

Aus den vielfältigen realen Erscheinungsformen der industriellen Produktion resultieren spezifische Anforderungen an die Ausgestaltung von CAQ-Systemen. Die Planung der Produktion "...beinhaltet eine zielorientierte Auswahl der im produktionswirtschaftlichen Entscheidungsfeld enthaltenen Alternativen"[452]. Nach ihrem zeitlichen Bezug können die lang- bzw. mittel- und kurzfristige Produktionsplanung unterschieden werden. Langfristige Produktionsplanungsentscheidungen beziehen sich auf mehrere Jahre und legen das qualitative und quantitative Produktionspotential sowie "...die grundlegende Organisation des Produktionsablaufs..."[453] in einem Industrieunternehmen fest. Auf der Grundlage dieser Entscheidungen spezifiziert die kurzfristige Produktionsplanung das in einer Planperiode zu realisierende Produktionsprogramm nach Art und Menge[454], faßt "...die Produktionsmengen, soweit es sich nicht um einzelne Aufträge handelt, zu Fertigungsaufträgen oder Losen..."[455] zusammen und legt den zeitlichen Vollzug der Produktion fest.

---

452 Reichwald, R./Mrosek, D., a.a.O., S. 377.
Die dabei zugrundeliegenden Ziele lassen sich in Sach-, Sozial- und Formalziele einteilen. Dabei besitzen die formalen bzw. ökonomischen Zielsetzungen Dominanz, d.h. die beiden erst genannten Zielgruppen sind im Interesse des Sicherheitsziels eines Unternehmens mit den ökonomischen Zielen abzustimmen.
Vgl. Steffen, R., 1983, a.a.O., S. 10f.

453 Laßmann, G., Produktionsplanung, in: Handwörterbuch der Betriebswirtschaft, Grochla, E./Wittmann, W. (Hrsg.), 4. Auflage, Band 2, Stuttgart 1975, Sp. 3108.

454 Vgl. Laßmann, G., 1975, a.a.O., Sp. 3105.

455 Seelbach, H., Ablaufplanung bei Einzel- und Serienproduktion, in: Handwörterbuch der Produktionswirtschaft, Kern, W. (Hrsg.), Stuttgart 1979, Sp. 13.

Zur Kennzeichnung der realen Erscheinungsformen der Produktion werden im folgenden Produktionstypen anhand eines oder mehrerer Strukturmerkmale gebildet[456]. Die durch die Produktionsplanung festgelegten Ausprägungen der Strukturmerkmale definieren den unternehmensindividuellen Bedingungsrahmen für die Ausgestaltung von CAQ-Systemen[457]. Die Untersuchung spezifischer Strukturmerkmalsausprägungen erlaubt somit die Ableitung produktionstypabhängiger Einsatz- und Rationalisierungsschwerpunkte von CAQ-Systemen. Ferner läßt sich zeigen, ob bzw. inwieweit die oben beschriebene CAQ-Konzeption konkreten Anforderungen gerecht wird.

Zur Analyse spezifischer Erscheinungsformen der Produktion sind in Tabelle 4 ausgewählte Strukturmerkmale mit ihren extremen Ausprägungen aufgeführt und einzelnen Merkmalsgruppen zugeordnet. Die Bildung von Merkmalsgruppen dient der Beschreibung der wesentlichen Einflußfaktoren auf die Ausgestaltung einer rechnergestützten Qualitätssicherung. Untersuchungsrelevante Einflußfaktoren sind der Produktionsprozeß, die Produktart, der Beschaffungsmodus, der Automatisierungsgrad und die Unternehmensgröße.

---

456 Entsprechend werden ein- und mehrdimensionale Produktionstypen unterschieden. Die zur Bildung von Typen herangezogenen Merkmale weisen häufig kontinuierlich abgestufte Ausprägungen auf. Die Übergänge zwischen verschiedenen Ausprägungen desselben Merkmals und folglich auch zwischen verschiedenen Produktionstypen sind daher fließend.
Vgl. Küpper, H.-U., Produktionstypen, in: Handwörterbuch der Produktionswirtschaft, Kern, W. (Hrsg.), Stuttgart 1979, Sp. 1637.

457 Die unternehmensindividuellen Rahmenbedingungen für die Ausgestaltung von CAQ-Systemen erklären u.a. die Schwierigkeit der Entwicklung standardisierter CAQ-Lösungen. Wie für CAQ-Systeme sind grundsätzlich für alle CIM-Bausteine unternehmensspezifische Anpassungen vorzunehmen.

Merkmale zur Bildung von Produktionstypen	Extreme Ausprägungen der Strukturmerkmale	
<u>Produktionsprozeß</u>		
Prozeßtyp	Einzelfertigung	Massenfertigung
Organisationstyp	Werkstattprinzip	Fließprinzip
Bezug zum Absatzmarkt	Kundenorientiert	Marktorientiert
Zeitliche Abstimmung	Zeitlich nicht abgestimmt	Zeitlich abgestimmt
Prozeßbeherrschung	Nicht beherrschte Prozesse	Beherrschte Prozesse
Prozeßfähigkeit	Nicht fähige Prozesse	Fähige Prozesse
<u>Produktart</u>		
Komplexitätsgrad	Sehr hoch	Sehr gering
Einsatzbereich	Sicherheitsbereich	Normalbereich
Prüfart	Qualitative Prüfungen	Quantitative Prüfungen
Materieller Wert	Sehr hoch	Sehr gering
<u>Beschaffungsmodus</u>		
Bezug zum Vertrieb	Auftragsbezogen	Auftragsunabhängig
Fertigungstiefe	Sehr gering	Sehr hoch
Lieferfrequenz	Sehr gering	Sehr hoch
Lieferantenanzahl	Sehr hoch	Sehr gering
<u>Automatisierung</u>		
Automatisierungsgrad	Sehr gering	Sehr hoch
CIM-Implementierungsgrad	Sehr gering	Sehr hoch
<u>Unternehmensgröße</u>		
Mitarbeiteranzahl	1 bis 50	Mehrere Tausend
Organisationgrad	Sehr gering	Sehr hoch

Tab.4: Strukturmerkmalsgruppen zur Bildung von Produktionstypen

Die Ausgestaltung der Maßnahmen zur Sicherung einer geforderten Produktionsqualität wird determiniert durch den Produktionsprozeß. Wesentliches Merkmal zur Kennzeichnung von Produktionsprozessen ist der realisierte Prozeßtyp. Das Kriterium zur Differenzierung von Prozeßtypen ist "...die Häufigkeit der Wiederholung eines bestimmten Fertigungsvorganges (Basisprozeßfolge)"[458]. Fertigungsvorgänge werden auf Basis- bzw. Arbeitssystemen durchgeführt, die als elementare Potentialfaktorkombinationen[459] bestimmte Arbeitsaufgaben zur Erzeugnisproduktion übernehmen[460]. Bei Einzelfertigung liegt mit jedem herzustellenden Erzeugnis eine veränderte Basisprozeßfolge vor, da von einer Erzeugnisart lediglich ein Stück hergestellt wird. Bei Sorten- und Serienfertigung wird eine größere Anzahl homogener Erzeugnisse über einen längeren Zeitraum gefertigt. Eine Produktart bzw. Sorte kann bei Sortenfertigung im Zeitablauf häufiger aufgelegt werden, wobei die einzelnen Sorten im allgemeinen produktionsverwandt sind[461]. Unmittelbar nacheinander auf denselben Fertigungsanlagen hergestellte Erzeugnisse gleicher Art werden als Los bezeichnet[462]. Die Auflage einer Serie ist einmalig und erfolgt bei technischem Fortschritt oder bei Veränderungen auf den Absatzmärkten. "Serienprodukte sind verschiedenartige homogen gruppierte Güter, zwischen denen nur geringe oder keine Übereinstimmung besteht"[463]. Nach der Auflagenhöhe einer Serie, innerhalb derer jeweils homogene Produkte hergestellt werden, können die Klein-, Mittel- und Großserienfertigung unterschieden werden. Die Massenfertigung als extreme Ausprägung der Mehrfachproduktion bedeutet Fertigung einer Erzeugnisart über einen langfristigen Zeitraum und damit einen hohen Wiederholungsgrad gleicher Basisprozeßfolgen[464].

Die Festlegung des Prozeßtyps zählt zu dem Entscheidungsfeld der Prozeßplanung und ist eng verbunden mit der in der

---

458 Reichwald, R./Mrosek, D., a.a.O., S. 387.
459 Vgl. Reichwald, R./Mrosek, D., a.a.O., S. 366ff.
460 Vgl. REFA, Methodenlehre des Arbeitsstudiums, Verband für Arbeitsstudien und Betriebsorganisation e.V., 7. Auflage, München 1984, S. 94ff.
461 Vgl. Adam, D., Losgröße, optimale, in: Handwörterbuch der Betriebswirtschaft, Grochla, E./Wittmann, W. (Hrsg.), 4. Auflage, Band 2, Stuttgart 1975, Sp. 2550.
462 Vgl. Adam, D., 1975, a.a.O., Sp. 2550.
463 Küpper, H.-U., a.a.O., Sp. 1639.
464 Vgl. Hahn, D./Laßmann, G., a.a.O., S. 39.

Ausstattungsplanung festgelegten Anordnung der Arbeitssysteme zu Organisationstypen. Die Anordnung standortgebundener Arbeitssysteme kann nach dem Fließ- und Werkstattprinzip sowie nach dem Prinzip des Bearbeitungszentrums erfolgen. Während bei Mehrfachfertigung die Arbeitssysteme im allgemeinen in der am Erzeugnis zu realisierenden Verrichtungsfolge nach dem Fließprinzip angeordnet sind, um Transportwege, -zeiten und -kosten zu reduzieren[465], ist bei Einzelfertigung eine größere Flexibilität der Verrichtungen aufgrund des ständigen Wechsels der Produktarten erforderlich. Daher erfolgt eine Anordnung funktionsgleicher Arbeitssysteme nach dem Verrichtungsprinzip zu Werkstätten. Je nach Art der zu vollziehenden Verrichtungen werden die Erzeugnisse zu den Werkstätten transportiert. Dem Nachteil relativ langer Transportwege, -zeiten und -kosten steht die hohe Flexibilität des Werkstattprinzips gegenüber[466]. Beim Prinzip des Bearbeitungszentrums werden die ortsgebundenen Arbeitssysteme um den Ort der Produktentstehung gruppiert. Dieses Organisationsprinzip gewinnt mit der Auflösung der arbeitsteilig gegliederten Fließbandfertigung an Bedeutung[467] und liegt flexiblen Organisationsformen wie Bearbeitungszentren, Flexible Fertigungszellen (FFZ), Flexible Fertigungssysteme (FFS) und Fertigungs- und Montageinseln zugrunde[468].

Entscheidungen im Hinblick auf den Prozeß- und Organisationstyp sind eng verbunden mit der Beziehung der Produktion zum Absatzmarkt. Diesbezüglich ist zu differenzieren zwischen Kundenproduktion, bei der das Produktionsprogramm durch die der Produktion zeitlich vorgelagerten Kundenbestellungen qualitativ, quantitativ und in bezug auf Fertig-

---

465 Vgl. Steffen, R., Ablaufplanung bei Massenproduktion, in: Handwörterbuch der Produktionswirtschaft, Kern, W. (Hrsg.), Stuttgart 1979, Sp. 29.
466 Vgl. Kreikebaum, H., Organisationstypen der Produktion, in: Handwörterbuch der Produktionswirtschaft, Kern, W. (Hrsg.), Stuttgart 1979, Sp. 1396.
467 Vgl. Laßmann, G., 1975, a.a.O., Sp. 3109.
468 Vgl. Kapitel 3.1.

stellungstermine weitgehend determiniert ist, und einer Marktproduktion, bei der die Produktion ohne spezifischen Kundenbezug für einen anonymen Markt erfolgt und die Produkte vor Auslieferung im allgemeinen gelagert werden[469].

Eine zeitlich abgestimmte Produktion weist keine oder nur geringfügige ablaufbedingte Leerzeiten der Arbeitssysteme und Wartezeiten der Fertigungsaufträge auf. Dies wird beim Fließprinzip durch eine zeitliche Abstimmung der eingesetzten Arbeitssysteme und des Materialflusses erreicht und wird als Reihenfertigung mit Zeitzwang oder Fließfertigung bezeichnet, wenn die Bearbeitungszeiten an den eingesetzten Arbeitssystemen gleiche Länge haben und als Reihenfertigung ohne Zeitzwang, wenn die Bearbeitungszeiten voneinander unabhängig sind[470]. Eine kontinuierliche Fertigung, bei der die Werkstücke ohne Unterbrechung transportiert und die Verrichtungen während des Transportes ausgeführt werden, stellt eine Fließfertigung zwischen zeitlich gebundenen Arbeitssystemen dar[471] und ist bei Massen-, Großserien- und Sortenfertigung anzutreffen. Bei Einzelfertigung ist eine zeitliche Abstimmung nur schwer zu erreichen und das Entstehen von Leer- und Wartezeiten nahezu unvermeidlich.

Prozeß ist	beherrscht	nicht beherrscht
fähig	A	C
nicht fähig	B	(D)

Tab.5: Matrix zur Einordnung beherrschter und fähiger Prozesse[472]

469 Vgl. Küpper, H.-U., a.a.O., Sp. 1639f.
470 Vgl. Seelbach, H., a.a.O., Sp. 14.
471 Vgl. Steffen, R., 1979, a.a.O., Sp. 29f.
472 Kirstein, H., SPC - ein neuer Denkansatz, in: VDI-Zeitschrift, 132(1990), Nr. 9, S. 139.

Ein Prozeß gilt als fähig, wenn die durch ihn erzeugten Merkmale eines Erzeugnisses ihrer Qualitätsforderung entsprechen. Sind die Merkmalswerte normalverteilt und die auf den Prozeß einwirkenden Störungseinflüsse zufällig, ist ein Prozeß als beherrscht einzustufen[473]. Anhand der Kriterien Prozeßbeherrschung und Prozeßfähigkeit können die in Tabelle 5 aufgeführten Prozeßzustände unterschieden werden. Ziel ist der Zustand (A), d.h. ein beherrschter und fähiger Prozeß. Ein fähiger, aber nicht beherrschter Prozeß (C) ist durch geeignete Maßnahmen zur Prozeßüberwachung in den Zustand (A) zu überführen. Ein beherrschter, aber nicht fähiger Prozeß (B) erfordert geeignete Korrektur- bzw. Kontrollmaßnahmen. Prozesse, die weder beherrscht noch fähig sind (D), haben keine Bedeutung, da in einem solchen Unternehmen offenbar keine Qualitätssicherung vorhanden ist[474].

Die zur Sicherstellung eines festgelegten Qualitätsniveaus erforderlichen Maßnahmen der Qualitätssicherung hängen wesentlich von der in einem Unternehmen gefertigten Produktart ab. Die Komplexität einer Produktart resultiert aus der Anzahl und der Verschiedenartigkeit der Einzelteile, die im Laufe des Produktionsprozesses in ein Produkt eingehen[475]. Der Einsatz von Produkten kann im Sicherheitsbereich oder im Normalbereich liegen. Ein Erzeugnis wird als sicherheitsrelevant eingestuft, wenn einzelne seiner Qualitätsmerkmale als kritisch klassifiziert sind. Weist eine Produktart keine kritischen Merkmale auf, wird sie dem Normalbereich zugeordnet. Strukturmerkmale zur Untersuchung von Produktarten sind ferner die Art der durchzuführenden Qualitätsprüfungen, wobei als extreme Ausprägungen ausschließ-

---

473 Zu den Begriffen Prozeßfähigkeit und Prozeßbeherrschung vgl. S. 50ff.

474 Vgl. Kirstein, H., 1990, a.a.O., S. 139.

475 Vgl. Mahr, T., Überprüfung der Effizienz von Qualitätssicherungssystemen unter besonderer Berücksichtigung der Fertigungsqualität, Wildemann, H. (Hrsg.), München 1986, S. 214.

lich qualitative bzw. quantitative Prüfungen zu unterscheiden sind, und ihr materieller Wert.

In Abhängigkeit der Beziehung der Produktion zum Absatzmarkt werden Beschaffungsvorgänge unterschiedlich ausgelöst. Bei Kundenproduktion erfolgt die Beschaffung weitgehend auftragsabhängig, während die Beschaffungsvorgänge bei Marktproduktion auftragsunabhängig ausgelöst werden[476]. Für die CAQ-Ausgestaltung sind ferner der Beschaffungsumfang, auf den die realisierte Fertigungstiefe schließen läßt, die Lieferfrequenz sowie die Lieferantenanzahl von Bedeutung.

Der Automatisierungsgrad im Produktionsbereich eines Unternehmens gibt an, in welchem Ausmaß körperliche und geistige Arbeitsprozesse sowie Steuerungs-, Kontroll- und Korrekturprozesse auf ein einzelnes Aggregat übertragen werden[477]. Automation bezeichnet die Verkettung einzelner automatischer Aggregate durch ein Transportsystem und ein die Gesamtanlage steuerndes Informationssystem[478]. Neben dem Produktionsprozeß wird mit Umsetzung des CIM-Konzeptes zunehmend auch der Planungsprozeß zum Objekt der Automatisierung[479]. Automatisierungs- und CIM-Implementierungsgrad in einem Unternehmen beschreiben die Anforderungen an die technische Integrationsfähigkeit von CAQ-Systemen.

Die Unternehmensgröße, die im folgenden anhand der Anzahl der Mitarbeiter differenziert wird, ist eine der wesentlichen Bestimmungsgrößen für den Einsatz von CAQ-Syste-

---

476 Die Auftragsabhängigkeit bzw. -unabhängigkeit der Beschaffung nimmt Bezug auf Kunden-, nicht auf Fertigungsaufträge.
477 Vgl. Drumm, H.J., Automatisierung, Mechanisierung und, in: Handwörterbuch der Produktionswirtschaft, Kern, W. (Hrsg.), Stuttgart 1979, Sp. 286.
478 Vgl. Drumm, H.J., a.a.O., Sp. 286.
479 Zur Automatisierung in einem CIM-System vgl. S. 75.

men[480]. Eine steigende Unternehmensgröße erzwingt einen zunehmenden Organisationsgrad, an dem sich die organisatorische Integration als wesentliches Erfordernis einer erfolgreichen CAQ-Einführung orientiert. Dies gilt in bezug auf die Anzahl zu implementierender CAQ-Funktionen sowie bezüglich der Tiefe, in der diese zu realisieren sind.

4.2. CAQ-Systemauslegungen determinierende Strukturmerkmale

4.2.1. Produktionsprozeß

Die CAQ-Funktion Prüfplanung bezieht ihr Rationalisierungspotential aus der EDV-Unterstützung der bei der Planung einer Erzeugnisart erforderlichen Prüfplanneuerstellung sowie aus der Anpassung von Prüfplänen unter Zugriff auf die im CAQ-System verwalteten Prüfpläne. Bei Fertigung einer Erzeugnisart über einen langen Zeitraum, wie bei der Großserien- und Massenfertigung, sind Prüfpläne nur selten zu erstellen bzw. zu modifizieren und somit die durch die CAQ-Funktion Prüfplanung erzielbaren Rationalisierungseffekte sehr gering. Bei häufiger wechselnden Produktarten ist hingegen von größeren Einsparungseffekten auszugehen. Allerdings kann die Prüfplanung bei ständig wechselnden Produktarten, wie in der Einzel- und Kleinserienfertigung, nur effizient sein, wenn alle relevanten Daten, insbesondere ein-

480 Eine Differenzierung der Größe von Unternehmen anhand wirtschaftlicher Größen (z.B. der Umsatzhöhe) ist zwar möglich; deren Ausprägung hängt aber von wirtschaftlichen Einflußfaktoren ab (z.B. Produktionsmenge und Erzeugniswert) und korreliert nur schwach mit dem Organisationsgrad in einem Unternehmen. Vgl. dazu Zeller, H., Organisation des Qualitätssicherungssystems im Unternehmen, in: Handbuch der Qualitätssicherung, Masing, W. (Hrsg.), 2. Auflage, München-Wien 1988, S. 857ff. Die Begrenzung der Mitarbeiterzahl für kleine Unternehmen (50 Personen) erfolgt gemäß der Abgrenzung kleiner Kapitalgesellschaften laut HGB (Handelsgesetzbuch). Vgl. HGB § 267.

mal erstellte Prüfpläne, im CAQ-System abrufbar sind. Die dadurch erforderliche Speicherung umfangreicher Datenmengen ist aber nur dann sinnvoll, wenn von deren zumindest teilweiser Wiederverwendung auszugehen ist[481].

Eine Rationalisierungsmaßnahme vor allem in der Einzel- und Kleinserienfertigung ist die weitgehende Standardisierung der in ein Produkt eingehenden Einzelteile und Baugruppen. Instrumente der Standardisierung sind die Normung und Typung. Die Normung dient der Vereinheitlichung vielfach in ein Erzeugnis eingehender Elemente und Teile[482] in bezug auf Abmessungen, Formen und Qualitäten[483]. Die Typung bezeichnet die Standardisierung der Ausführungsformen von Endprodukten[484] und kann daher bei stark kundenspezifischer Produktion im allgemeinen nicht eingesetzt werden. Normung und Typung bewirken eine Vereinfachung von Planungs- und Produktionsprozessen und eine daraus resultierende Kostensenkung. Dazu trägt die CAQ-Prüfplanung bei, indem der Prüfplaner Prüfplandaten für Normteile kopieren und in den zu erstellenden Prüfplan übernehmen kann. Teile, die hinsichtlich ihrer Form oder Fertigung Ähnlichkeiten aufweisen[485], werden vor allem zur Vereinfachung von Konstruktion und Arbeitsplanung in Form von Teilefamilien klassifiziert.

---

481 Dieses Problem besteht auch im Konstruktionsbereich. In der betrieblichen Praxis wird kaum eine Komplettkonstruktion im CAD-System bei stark kundenspezifischer Fertigung und geringer Verwendung standardisierter Teile durchgeführt, da diese einer manuellen Konstruktion kaum überlegen wäre.
Vgl. Schultz-Wild, R. ..., a.a.O., S. 55.

482 Vgl. Berger, K.-H., Normung und Typung, in: Handwörterbuch der Produktionswirtschaft, Kern, W. (Hrsg.), Stuttgart 1979, Sp. 1353.

483 Vgl. Wöhe, G., a.a.O., S. 317f.

484 Vgl. Berger, K.-H., a.a.O., Sp. 1353.

485 In der Literatur werden die Form-, Fertigungs- und Funktionsähnlichkeit als Ähnlichkeitskriterien angegeben, von denen allerdings das letzte Kriterium von untergeordneter praktischer Bedeutung ist.
Vgl. Geitner, U.W., Teilefamilienbildung, in: Handwörterbuch der Produktionswirtschaft, Kern, W. (Hrsg.), Stuttgart 1979, Sp. 1956f.

Der Nutzen der Teilefamilienbildung wird erhöht durch die CAQ-Funktion Prüfplananpassung, z.B. indem einzelne Merkmale bzw. Prüfschritte kopiert und lediglich deren Sollwerte angepaßt werden. Im Ergebnis ist der Rationalisierungseffekt der CAQ-Prüfplanung davon abhängig, inwieweit eine Wiederverwendung vorhandener Prüfplandaten erfolgt[486]. CAQ-Prüfplanung bei Varianten- und Prinzipkonstruktionen führt daher zu erheblichen Verkürzungen der Planungszeiten.

CAQ-Systeme beziehen einen großen Teil ihres Rationalisierungspotentials aus der gezielten Anwendung von Stichprobenverfahren. Diese benötigen im allgemeinen eine größere Anzahl hintereinander gefertigter Erzeugnisse, um statistisch abgesicherte Ergebnisse liefern zu können und kommen daher schwerpunktmäßig in der Großserien- und Massenproduktion zur Anwendung. Der Einsatz von Stichprobenverfahren für kleine und mittlere Serien erfordert die Zusammenfassung von gleichen oder ähnlichen Merkmalen zu Merkmalsklassen. Geeignete Verfahren wurden für die Fertigungsendprüfung bereits entwickelt[487]. Bei Einzelfertigung sind Stichprobenverfahren im allgemeinen nur dann anwendbar, wenn standardisierte oder ähnliche Teile in größeren Mengen i.d.R. auftragsunabhängig gefertigt werden.

Bei beherrschten und fähigen Produktionsprozessen dient die Anwendung von SPC-Verfahren der Prozeßbeherrschung innerhalb vorgegebener Toleranzgrenzen[488]. Gelingt es bei unfähigen Produktionsprozessen nicht, durch geeignete Korrekturmaßnahmen wie eine Erweiterung der Toleranzgrenzen, z.B. indem Angsttoleranzen des Konstrukteurs vermieden werden, oder durch Einstell- und Werkzeugkorrekturen den Prozeß fä-

486 Ebenso ist der Rationalisierungseffekt von CAD-Systemen u.a. abhängig von der Art der Konstruktion (Neu-, Anpassungs-, Varianten- oder Prinzipkonstruktion) und der daraus resultierenden Möglichkeit der Verwendung vorhandener Konstruktionsdaten. Vgl. dazu Kapitel 3.1.
487 Vgl. Babić, H., a.a.O., S. 61ff.
488 Vgl. Kapitel 2.4.3. und 3.3.2.

hig zu gestalten, sind 100%-Prüfungen durchzuführen[489]. Diese sind nach Möglichkeit zu automatisieren[490]. Die Anwendung von SPC-Verfahren in der Kleinserienfertigung ist insofern problematisch, als Warn- und Eingriffsgrenzen erst nach relativ langer Zeit berechnet werden können. Eine Lösung dieses Problems besteht darin, bei ersten Prüflosen mit Qualitätsregelkarten zu arbeiten, bei denen keine Warn- und Eingriffsgrenzen eingetragen sind (sog. Trendkarten), wobei es im Hinblick auf diese Prüflose der Erfahrung des Prüfers obliegt, beim Überschreiten anzunehmender Warngrenzen entsprechend zu reagieren[491].

Aus betriebswirtschaftlichen und technischen Gründen erfolgt in der Einzel- und Kleinserienfertigung oftmals keine exakte Einplanung der Prüfungen und Arbeitsgänge in den Fertigungsablauf[492]. Einerseits sind die Kosten für Planungstätigkeiten lediglich auf ein oder wenige Erzeugnis(se) umzulegen; andererseits bedingt die kundenorientierte Produktion, daß Änderungen an Produkten vorgenommen werden, die sich bereits in der Fertigung befinden. Diese zeitliche Überlappung stellt hohe Anforderungen an die Leistungsfähigkeit der eingesetzten EDV-Systeme hinsichtlich der Datenübertragung und -verarbeitung[493]. Insbesondere bei dokumentationspflichtigen Teilen ist bei der Ausgestaltung eines CAQ-Systems sicherzustellen, daß Prüfaufträge in der Fertigung auch dann generiert werden können, wenn für diese keine Prüfpläne vorliegen. Mit steigenden Stückzahlen homogener Erzeugnisse bietet sich die Anordnung der Arbeitssysteme nach dem Fließprinzip an. Dieses Organisationsprinzip in Verbindung mit einer zeitlichen Abstimmung dient der Reduzierung der Auftragsdurchlaufzeiten und erfordert daher eine genaue Einplanung der Arbeits- und Prüfvorgänge in den Fertigungsprozeß. Da die dabei entstehenden Kosten auf eine

---

489 Vgl. Kirstein, H., 1990, a.a.O., S. 142.
490 Vgl. VDA, 1986, a.a.O., S. 51.
491 Vgl. Liefland, R., 1988b, a.a.O., S. 154.
492 Vgl. Babić, H., a.a.O., S. 22.
493 Vgl. Eversheim, W., a.a.O., S. 242.

große Anzahl von Produkten verteilt werden, unterscheidet sich die Ausgangssituation grundsätzlich von der bei Einzel- und Kleinserienfertigung. Dies wirkt sich insbesondere auf den Umfang der Durchführung präventiver Qualitätssicherungsmaßnahmen wie FMEA und Prozeßfähigkeitsuntersuchungen aus.

Ein häufiger Produktartenwechsel erzwingt eine hohe qualitative Kapazität der eingesetzten Fertigungs- und Prüfeinrichtungen bei zugleich geringen Umrüstzeiten und -kosten. Der Schwerpunkt der CAQ-Prüfausführung besteht daher in einer flexiblen und automatisierten Prüf- und Meßtechnik, die möglichst fertigungsnah oder in Meßzentren zu installieren ist. Flexible Prüfsysteme sind z.B. Prüfautomaten für elektronische Baugruppen sowie Koordinatenmeßmaschinen, die einen Meßwerkzeugwechsel automatisch durchführen können[494]. "Dadurch wird es möglich, umfangreichere Meßprogramme im Automatikbetrieb abzuarbeiten, so daß Durchlaufbetrieb während der Pausen oder während nicht besetzter Schichten ermöglicht werden kann"[495]. Mit dem Einsatz flexibler Organisationsformen in der Fertigung werden Qualitätsprüfungen auch bei Einzel- und Kleinserienfertigung zunehmend automatisiert und in einzelne Fertigungsabschnitte integriert. Damit können menschliche Fehler wie Handhabungs- und Eingabefehler bei der Prüfausführung vermieden und die Fertigungsprozesse stabilisiert werden. Normung und Teilefamilienbildung erlauben den Einsatz der CAQ-Funktion Prüfsteuerung und den Einsatz existenter Prüfverfahren. Damit läßt sich auch bei häufigem Produktartenwechsel der Prüfaufwand erheblich reduzieren.

Die CAQ-Prüfdatenverarbeitung dient bei Fließfertigung vor allem der unmittelbaren Qualitätslenkung. Durch die sofor-

---

494 Vgl. Kiefer, E./Müller, K.G., Automatisierung in der Meß- und Prüftechnik, in: Handbuch der Qualitätssicherung, Masing, W. (Hrsg.), 2. Auflage, München-Wien 1988, S. 106.
495 Kiefer, E./Müller, K.G., a.a.O., S. 106.

tige Auswertung von Prüfdaten und die Rückführung der Ergebnisdaten an den Prozeß läßt sich im Idealfall z.B. durch SPC-Verfahren oder Adaptive-Control-Systeme[496] das Entstehen von Fehlern gänzlich vermeiden. Die mittelbare Qualitätslenkung basiert auf der CAQ-Prüfdatenverarbeitung und ist um so effektiver je länger die Strukturen weiterbestehen, aus denen die Prüfdaten stammen. Die Aussagefähigkeit von Ergebnisdaten ist daher bei Einzel- und Kleinserienfertigung im Vergleich zur Massen- und Großserienfertigung geringer.

Eine CAD-begleitende Kalkulation ist trotz unterschiedlicher Ausgangsbedingungen grundsätzlich bei allen Prozeßtypen anzustreben. Da in der kundenorientierten Einzelfertigung der Verkaufspreis nach Vertragsabschluß nicht bzw. nur in geringen Grenzen erhöht werden kann, reduziert eine CAD-begleitende Kalkulation aufgrund der Zuverlässigkeit der ermittelten Kostendaten das Risiko einer ungenauen Preisfixierung. Dieses besteht bei zu hoch kalkulierten Kosten z.B. darin, daß ein Vertragsabschluß nicht zustande kommt, während bei zu niedrig ermittelten Kosten oftmals keine ausreichende Kostendeckung durch die Marktpreise gewährleistet ist. In der Massenfertigung können aufgrund der marktorientierten Fertigung Verkaufspreise auch nach Abschluß der Konstruktion festgelegt bzw. korrigiert werden. Diese Ausgangssituation unterscheidet sich deutlich von der bei Einzelfertigung. Eine CAD-begleitende Kalkulation ergänzt unabhängig vom Prozeßtyp die Abnahme von Entwicklungs- und Erzeugnisdurchlaufzeiten um schnelle Kostenermittlungen. Dies erhöht die Wahrscheinlichkeit von Vertragsabschlüssen und eröffnet die Möglichkeit, kurze Lieferzeiten durch Preisaufschläge honorieren zu lassen[497].

---

496 Vgl. Kapitel 3.2.2.

497 Diese liegen in der Praxis nicht selten bei 10-15%. Vgl. Steffen, R., 1990, a.a.O., S. 197f.

4.2.2. Produktart

Der Komplexitätsgrad eines Erzeugnisses steigt mit der Anzahl und der Verschiedenartigkeit der in das Erzeugnis eingehenden Einzelteile. Die Standardisierung von Einzelteilen und Baugruppen bedingt daher eine Reduktion des Komplexitätsgrades eines Produktes. Auf die Instrumente der Standardisierung, die Normung und Teilefamilienbildung sowie auf die Rationalisierungseffekte der CAQ-Funktion Prüfplanung in diesem Zusammenhang wurde bereits eingegangen[498].

Bei einem hohen Komplexitätsgrad von Produkten liegt der Schwerpunkt des CAQ-Einsatzes auf der Automatisierung von Meß- und Prüfvorgängen. Dadurch werden lange Prüf- und Auftragsdurchlaufzeiten, die aufgrund eines hohen Komplexitätsgrades auszuführender Prüfungen entstehen, reduziert und die Herstellkosten gesenkt. Zugleich lassen sich menschliche Fehlerquellen, die vor allem "...mit schwieriger zu beurteilenden Bewertungsmerkmalen..."[499] zunehmen, weitgehend ausschalten und objektivere Prüfergebnisse erzielen. Da In-Process-Prüfungen nicht in komplexen Prüfaufgaben bestehen können, wird in solchen Fällen vorwiegend eine fertigungsnahe Prüf- und Meßtechnik eingesetzt. Sofern aufgrund hoher Genauigkeitsanforderungen eine ausreichende Prozeßfähigkeit nicht gegeben ist, sind 100%-Prüfungen durchzuführen[500].

Mit einem steigenden Anteil qualitativer Prüfmerkmale steigt die Notwendigkeit der Automatisierung von Sichtprüfungen. Neben dem Einsatz konventioneller Meßmethoden für einen Teil dieser Prüfaufgaben gilt es "...optisch-elektronische Verfahren zu finden, um eine Automatisierung der

---

498 Vgl. Kapitel 4.2.1.
499 Kiefer, E./Müller, K.G., a.a.O., S. 103.
500 Vgl. dazu Steinbach, W., Qualitätsdatenfluß im Fertigungsbetrieb, in: Qualität und Zuverlässigkeit, 34.Jg. (1989), Heft 6, S. CA112.

Sichtprüfung als Vollständigkeitsprüfung, zur Erfassung von Form und Beschaffenheit, etc. zu ermöglichen"[501]. Dabei sind Prozeßrechner, die zur Bildanalyse und Bewertung eingesetzt werden, in das übergeordnete CAQ-System zu integrieren.

Für die Qualitätssicherung ist die Sicherheit eines Erzeugnisses beim Einsatz durch den Kunden von grundlegender Bedeutung. Sicherheit kann definiert werden als "...die Wahrscheinlichkeit, daß von einer Betrachtungseinheit während einer bestimmten Zeitdauer keine Gefährdung ausgeht"[502]. Sicherheitsrelevante Erzeugnisse weisen im allgemeinen einen hohen Komplexitätsgrad auf. Da die "...Zuverlässigkeit in erster Näherung proportional mit wachsender Zahl der Systembestandteile..."[503] eines Produktes abnimmt, besteht zwischen den Systemkenngrößen Zuverlässigkeit und Sicherheit ein enger Zusammenhang.

Schwerpunkte der Qualitätssicherung sicherheitsrelevanter Erzeugnisse liegen in einer sicherheitstechnische Aspekte berücksichtigenden Qualitäts- und Prüfplanung, in einer umfangreiche Funktionsprüfungen einschließenden Prüfausführung sowie in der Dokumentation der Prüfergebnisse durch die Prüfdatenverarbeitung, um Produkthaftungsfällen begegnen zu können. Qualitative und quantitative Sicherheitsanalysen erfolgen in der Planungsphase eines Erzeugnisses und dienen der Abschätzung bzw. Berechnung der Sicherheit von Erzeugnissen[504]. Im Pflichtenheft sicherheitsrelevanter Erzeugnisse sollten neben Ausfallkriterien, der Beanspruchung, der ein Produkt während der Nutzung ausgesetzt ist, sowie Angaben über Einsatzort und -dauer eine umfassende Beschreibung der Auswirkungen von Ausfällen enthalten sein[505]. Einige Verfahren der Sicherheitsanalyse können ge-

---

501 Kiefer, E./Müller, K.G., a.a.O., S. 108.
502 Peters, O.H./Meyna, A., a.a.O., S. 303.
503 Peters, O.H./Meyna, A., a.a.O., S. 302.
504 Vgl. Peters, O.H./Meyna, A., a.a.O., S. 305f.
505 Vgl. Deixler, A., a.a.O., S. 364ff.

genwärtig bereits EDV-gestützt abgewickelt werden, wobei vorrangig die Unterstützung verwaltungstechnischer Funktionen angeboten wird. Qualitätsprüfungen und Tests sicherheitsrelevanter Produkte in der Planungsphase sind unter "...einsatzgerecht simulierten funktions- und umgebungsbedingten Beanspruchungen"[506] durchzuführen. Während der Fertigung unterliegen fremdbezogene und eigengefertigte Einzelteile und Baugruppen, die Bestandteile von Sicherheitsprodukten sind, häufig einer 100%igen Qualitätsprüfung. Endprüfungen sollen die Fehlerfreiheit und Vollständigkeit eines Produktes gewährleisten. Ihnen kommt in einem CAQ-System eine große Bedeutung zu, da "...Fehleranalysen am fertigen Produkt durchgeführt und somit funktionale Zusammenhänge der einzelnen Komponenten überprüft werden können"[507]. Bei sicherheitsrelevanten und komplexen Produkten schließen diese komplexe Funktions- und Dauerlauf-Hitzetests (Burn-In) zur Provokation von Frühausfällen der Komponenten ein[508]. Vor allem aus Gründen der Produkthaftung erhält die Dokumentation der Qualitätsprüfungen ihre herausragende Bedeutung. Ihr Ziel ist die verursachergerechte Zuordnung von Fehlern einzelner Erzeugniskomponenten zu den Arbeitssystemen in der eigenen Fertigung bis hin zu den Lieferanten. Dazu ist eine "...übergreifende Datenzusammenführung mit Auftragsdaten, Produktdaten, Prüfvorschriftsdaten und Prüfergebnissen erforderlich"[509]. Darüber hinaus ist eine langfristige Archivierung der Prüfergebnisse und der Teileidentifikationsdaten bei vertretbaren Zugriffszeiten zu organisieren. Die Dokumentation als Element der Prüfdatenverarbeitung ist durch ein CAQ-System und der zentralen Verwaltung der Prüfergebnisse ohne zusätzlichen wirtschaftlichen Aufwand realisierbar.

---

506 Deixler, A., a.a.O., S. 367.
507 Goutier, U., CAQ im CIM-Umfeld, in: Qualität und Zuverlässigkeit, 35.Jg.(1990), Heft 3, S. CA69.
508 Vgl. Goutier, U., a.a.O., S. CA68f.
509 Pantele, E.F., 13 Thesen für die CAQ-Einführung, in: CIM-Management, 2(1987), S. 38.

4.2.3. Beschaffungsmodus

Die Beziehung der Produktion zum Beschaffungsmarkt unterliegt einem dynamischen Veränderungsprozeß. Dieser ergibt sich aus dem Einsatz moderner organisatorischer und technischer Konzepte in allen Bereichen von Industrieunternehmen und bildet den Bedingungsrahmen für die Ausgestaltung von CAQ-Systemen im Beschaffungsbereich.

Dem durch den wachsenden Konkurrenzdruck auf den Absatzmärkten bedingten Preiswettbewerb begegnet die Industrie durch Rationalisierungsbemühungen einerseits und durch Produktdifferenzierungen andererseits. Bei abnehmenden Produktlebenszyklen[510] erfordern letztere eine hohe Flexibilität im Produktionsbereich, die vor allem die Automobilindustrie durch eine Reduzierung der Fertigungstiefe zu erreichen versucht[511]. Mit dieser Entwicklung verlagert sich die Produktion von der Fertigung von Einzelteilen auf komplexe Montagevorgänge. Mit abnehmender Fertigungstiefe nimmt zugleich der Anteil fremdbezogener Komponenten zu[512]. Der Fremdbezug beinhaltet nicht nur relativ einfache Einzelteile, sondern weitet sich zunehmend auf komplexe montage- und damit lohnkostenintensive Baugruppen aus. Neben der Auslagerung der unmittelbaren Produktion werden auch Forschungs- und Entwicklungsaufgaben auf die Zulieferindustrie übertragen[513]. Die steigende Abhängigkeit der Produktqualität von der Zulieferqualität bei zugleich zunehmendem Komplexitäts-

---

510 Vgl. S. 19, Fußnote Nr. 40.

511 Vgl. Eicke von, H./Femerling, C., Eine organisatorische Innovation in Zulieferketten, in: Handelsblatt, Nr. 125 vom 3.07.90, S. 14.

512 In der Automobilindustrie liegt der Anteil von Zukaufteilen bei ca. 65%. Vgl. Rühle, W., CAQ-Lösungen für die Kfz-Zulieferindustrie, in: Qualität und Zuverlässigkeit, 32.Jg.(1987), Heft 5, S. 247.

513 Vgl. Eicke von, H./Femerling, C., a.a.O., S. 14/Hessenberger, M., Qualitätssicherung in der logistischen Kette vom Zukaufteil bis zur Fahrzeugauslieferung eines PKW-Herstellers, in: Integriertes Produktions- und Qualitätsmanagement, Bläsing, J.P. (Hrsg.), München 1988, Band 1, S. 317.

grad der zugelieferten Teile bewirkt, daß die Kriterien des Preises und des Termins in Relation zur Produktqualität an Bedeutung verlieren.

Der Schwerpunkt eines CAQ-Einsatzes im Wareneingang besteht in der CAQ-Funktion Prüfsteuerung einschließlich des Prüfverzichtes sowie in der Automatisierung komplexer Prüfvorgänge, um große Liefermengen rationell prüfen zu können. Durch die automatische Fortschreibung der Lieferantenhistorien auf Basis der Prüfergebnisse leistet ein CAQ-System eine Lieferantenbewertung selbständig. Dazu können die archivierten Prüfdaten aus dem Wareneingang, der Fertigung sowie Daten aus der Nutzungsphase des Produktes zu kurz- und langfristigen Bewertungen herangezogen werden. Ziel ist es, überwiegend Beziehungen zu Lieferanten aufzubauen, bei denen auf eine Prüfung verzichtet werden kann[514].

Spezifische Probleme treten bei einer auftragsbezogenen Einzel- und Kleinserienfertigung auf, bei der die Beschaffung weitgehend auftragsbezogen in kleinen Mengen, bei wechselnden Lieferanten und bei geringer Lieferfrequenz erfolgt. Neben der Produktqualität ist häufig der Termin ausschlaggebendes Kriterium für einen Lieferauftrag. Solche Bedingungen verhindern im allgemeinen die Anwendung von Stichprobenverfahren und damit der CAQ-Funktion Prüfsteuerung[515]. Das Rationalisierungspotential eines CAQ-Systems ist in diesen Fällen beschränkt auf eine langfristige Datenerhaltung und -auswertung beispielsweise zur Lieferantenbeurteilung und -auswahl.

Derzeit realisierte Rechnervernetzungen sind als Vorstufe zu international nutzbaren Rechnernetzen zu verstehen[516].

---

514 Vgl. Goutier, U., a.a.O., S. CA68.
515 Vgl. Bläsing, J.P., 1990a, a.a.O., S. 71.
516 Vgl. Bläsing, J.P., 1990a, a.a.O., S. 14.

Zukünftig wird der breite Einsatz moderner Informationstechnologie daher die Transparenz weltweit bestehender Preisvorteile erhöhen und zu einer Globalisierung der Beschaffungsmärkte beitragen.

Die Umsetzung von JIT-Konzepten erfordert neue Formen der Wareneingangsprüfung. Den extremen zeitlichen Ablauf einer fertigungssynchronen Anlieferung verdeutlicht das Beispiel eines Herstellers von Autositzen, der sechs Stunden vor der Montage beim Auftraggeber mit der Produktion beginnt und anschließend die Sitzgarnituren in der montagegerechten Reihenfolge anliefert[517]. Da bei einer JIT-Anlieferung fehlerhafte Teile zu einer sofortigen Unterbrechung der eigenen Fertigung und damit zu enormen Folgekosten führen können[518], ist die Industrie bestrebt, langfristige Beziehungen zu zuverlässigen Lieferanten aufzubauen. Damit geht das Bemühen einher, die Anzahl der Lieferanten pro Teil zu senken und diese räumlich zu konzentrieren[519], um Beschaffungszeiten und -kosten zu reduzieren. Langfristige Lieferbeziehungen bilden zugleich die Grundlage für Kooperationsverträge, in denen u.a. die unternehmensübergreifende Integration von EDV-Systemen vereinbart wird[520].

In Abbildung 36 sind CAQ/CAQ-Systemintegrationen als wesentliche Voraussetzung für JIT-Anlieferungen dargestellt. Der CAQ-Datenaustausch bezieht sich auf Vorgabedaten (VD) und Prüfergebnisdaten (PD). Zu realisierende Rationalisie-

---

517 Vgl. Dusi, W., Just in time fertigen - nur mit Just-in-time-Qualitätssicherung, in: Qualität und Zuverlässigkeit, 36.Jg.(1991), Heft 4, S. 238.

518 Vgl. Masing, W., Qualitätssicherung als gemeinsame Aufgabe von Zulieferant und Abnehmer, in: Qualität und Zuverlässigkeit, 36.Jg.(1991), Heft 9, S. 521f.

519 Vgl. Feierabend, R., a.a.O., S. 290.
Da Fremdbezug teile- bzw. baugruppenbezogen erfolgt, sind die Tendenzen zur Globalisierung der Beschaffungsmärkte und zur räumlichen Konzentration von Lieferanten keine Gegensätze, sondern sich ergänzende Beschaffungsstrategien.

520 Vgl. Feierabend, R., a.a.O., S. 290.

rungspotentiale resultieren aus der Verlagerung von Wareneingangsprüfungen auf den Lieferanten und der dadurch möglichen drastischen Reduzierung von Lagerbeständen im Wareneingang. Erfolgt beim Hersteller der Einsatz moderner Qualitätssicherungstechniken im Fertigungsprozeß (z.B. SPC-Verfahren), können Endprüfungen vielfach entfallen. Liefert der Hersteller zudem seine Erzeugnisse fertigungssynchron aus, ergeben sich weitere Einsparungen aus dem Abbau der Lagerbestände im Versand. Als tendenzielles Ergebnis dieser Maßnahmen entfallen die dem Fertigungsprozeß vor- und nachgelagerten Funktionen (Abnehmer).

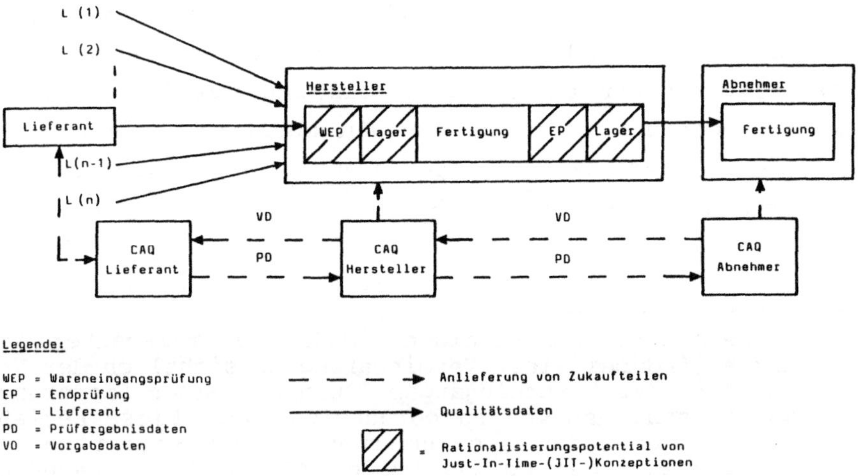

Abb.36: CAQ/CAQ-Systemintegration bei Just-In-Time-(JIT-) Konzeptionen

Eine abnehmer- und lieferantenbezogene CAQ/CAQ-Systemintegration schafft, konsequent betrieben, eine nahezu vollständige Transparenz des Qualitätsgeschehens beim Lieferanten und damit die Voraussetzung für den Prüfverzicht beim

Abnehmer[521]. In einem CIM-System wird die Beschaffung organisatorisch und zeitlich in den Produktentstehungsprozeß eingebunden. Dies erfordert über eine Systemintegration hinaus zusätzlich flankierende Maßnahmen wie Lieferantenaudits und Qualitätszertifikate, um die Qualitätsfähigkeit von Lieferanten beurteilen zu können[522]. Mit der dadurch geschaffenen Transparenz, die sich neben Qualitätsdaten auch auf Betriebsdaten beziehen kann, gewinnen Abnehmer zugleich an Einfluß, z.B. auf die Anwendung von Prüfverfahren oder den Einsatz von Prüfmitteln und Fertigungseinrichtungen. Damit einher geht eine steigende Abhängigkeit der Zulieferanten von ihren Kunden, die dann besonders ausgeprägt ist, wenn eigens neue Betriebe an JIT-gerechten Standorten[523] eingerichtet werden[524]. Eine JIT-Anlieferung birgt somit auch ein im Vorfeld durch entsprechende Maßnahmen zu minimierendes Risiko (z.B. vertragliche Regelungen). Die beschriebenen Effekte führen zu einem wachsenden CAQ-Implementierungsdruck vor allem der Automobilindustrie auf ihre Zulieferer, der zukünftig aber unausweichlich auch in anderen Branchen zunehmen wird[525].

---

521 Insbesondere bei Fertigung sicherheitsrelevanter Produkte sind bei einer Vereinbarung hinsichtlich der Verlagerung der Wareneingangsprüfung auf einen Lieferanten juristische Aspekte zu berücksichtigen. Diese beziehen sich darauf, daß ein Unternehmen dem Kunden haftet, "...demgegenüber es gewöhnlich AGB stellt, unabhängig von dieser Vereinbarung mit der Folge, daß der Kunde primär das Unternehmen in Anspruch nehmen kann". (AGB=Allgemeine Geschäftsbedingungen).
Schneider, J., Juristische Aspekte der (computerunterstützten) Qualitätssicherung, Produkthaftung und Gewährleistung, in: Integriertes Produktions- und Qualitätsmanagement, Bläsing, J.P. (Hrsg.), München 1988, Band 2, S. 865f.

522 Vgl. Bläsing, J.P., 1990a, a.a.O., S. 68.

523 Kriterien, die JIT-gerechte Standorte zu erfüllen haben, sind z.B. eine angemessene Entfernung zum Abnehmer und eine geeignete Infrastruktur (Gleisanschluß, Straßenverbindung usw.). Vgl. Dusi, W., a.a.O., S. 237.

524 Vgl. dazu Goeudevert, D., Zulieferer und Just-in-Time-Möglichkeiten und Grenzen, in: Zeitschrift für wirtschaftliche Fertigung, 9(1991), S. ZM158ff.

525 Vgl. Krautwurst, J., a.a.O., S. 15.

4.2.4. Automatisierungsgrad

Mit wachsendem Automatisierungsgrad verlagert sich der Tätigkeitsbereich des Menschen aus dem Fertigungs- in den Planungsbereich[526], wodurch der indirekte Einfluß dispositiver Tätigkeiten des Menschen auf die Produktqualität steigt. Die Intensivierung der Qualitätssicherungsmaßnahmen in der Planungsphase dient dem Ziel, beherrschte und fähige Prozesse bei gleichzeitiger Minimierung der Auftragsdurchlaufzeiten zu installieren. Dazu ist eine exakte Einplanung und zeitliche Abstimmung von Fertigungs- und Prüfvorgängen im Produktionsprozeß erforderlich. Dies wird durch die CAQ-Funktion Prüfplanung unterstützt und führt langfristig zu einer Integration der Arbeits- und Prüfplanung im CID-Bereich[527].

Da steigende Automatisierungsgrade einhergehen mit einer abnehmenden Flexibilität der Aggregate, waren in der Vergangenheit hohe Automatisierungs- und Automationsgrade nur bei Massen-, Großserien- und Sortenproduktion wirtschaftlich vertretbar. Dem Problem einer abnehmenden Flexibilität bei steigenden Automatisierungsgraden wird durch eine Standardisierung der Produkte begegnet[528]. Mit dem Einsatz numerisch gesteuerter Maschinen und flexibler Organisationsformen in der Fertigung nimmt der Automatisierungsgrad auch in der Kleinserien- und Einzelfertigung zu. Ziel einer flexiblen Automatisierung ist es, "...den Zielkonflikt zwischen Kapazitätsauslastung und schnellsten Lieferzeiten steuerbar zu machen..."[529].

---

526 Vgl. Warnecke, H.-J., Automatisierung von Fertigungs- und Montageprozessen, in: Handwörterbuch der Produktionswirtschaft, Kern, W. (Hrsg.), Stuttgart 1979, Sp. 270. Vgl. auch Kapitel 3.6.4.
527 Vgl. Kapitel 3.5.
528 Vgl. Drumm, H.J., a.a.O., Sp. 289.
529 Warnecke, H.-J., Die Qualitätssicherung auf dem Wege zur Fabrik der Zukunft, in: Qualität und Zuverlässigkeit, 30.Jg.(1985), Heft 9, S. 269.

Bei hohen Automatisierungsgraden ist die Funktion von Meß- und Prüfsystemen als komplementär zu der Funktion von Fertigungseinrichtungen anzusehen[530]. Hinsichtlich Taktzeit und Betriebssicherheit müssen die Prüfeinrichtungen dem Leistungsniveau der Fertigungseinrichtungen entsprechen und sie hinsichtlich der Genauigkeit sogar um ein Vielfaches übertreffen[531]. Da mit steigenden Automationsgraden die Produktionsgeschwindigkeit zunimmt, sind getrennt anfallende Prüfzeiten soweit wie möglich zu vermeiden. Schwerpunkte in der CAQ-Prüfausführung bilden daher automatisierte In-Process-Prüfungen und fertigungsnahe Post-Process-Prüfungen, die in einen maschinennahen Regelkreis eingebunden werden. Zur Anwendung von SPC-Verfahren ist im Vorfeld der Automatisierung die Stabilität der eingesetzten Produktionsprozesse sicherzustellen. Da Automatisierung nicht von allein zu sicheren Fertigungsprozessen führt, würde ansonsten deren Instabilität automatisiert[532]. Gelingt es nicht stabile Prozesse zu installieren, sind automatisierte 100%-Prüfungen durchzuführen.

Die hohen Anforderungen, die eine hochautomatisierte Fertigung an die CAQ-Prüfdatenverarbeitung stellt, verdeutlicht das Beispiel einer Zylinderkopfmessung, bei der mehr als 100.000 Einzelmeßpunkte erfaßt und diese in weniger als 20 Sekunden zu spezifischen Meßgrößen verarbeitet werden müssen[533]. Um den Zeitraum zwischen Fehlerentstehung und Fehlerabstellung zu minimieren, sind bei hoher Automatisierung maschinennahe Regelkreise aufzubauen und eine Echtzeitverarbeitung der Ergebnisdaten sicherzustellen.

---

530 Vgl. Weber, J., Integration von optoelektronischen Meß- und Prüfsystemen in die hochautomatisierte Fertigung, in: Integriertes Produktions- und Qualitätsmanagement, Bläsing, J.P. (Hrsg.), München 1988, Band 2, S. 976.

531 Vgl. Weber, J., a.a.O., S. 976f.

532 Vgl. Kirstein, H., SPC-Anwendung, Voraussetzungen und Auswirkungen, in: Integriertes Produktions- und Qualitätsmanagement, Bläsing, J.P. (Hrsg.), München 1988, Band 1, S. 133.

533 Vgl. Weber, J., a.a.O., S. 987.

Der CIM-Implementierungsgrad in einem Unternehmen kann angegeben werden als das Verhältnis zwischen der realisierten und möglichen Implementierung integraler CIM-Bausteine[534]. Die Untersuchung potentieller Vernetzungen eines CAQ-Systems zu weiteren bereits vorhandenen oder zukünftig zu installierenden CIM-Bausteinen ermittelt den maximalen Integrationsumfang eines CAQ-Systems. Bei der Analyse der möglichen CIM-Funktionen und CAQ-Vernetzungen sind die unternehmensindividuellen Rahmenbedingungen zu berücksichtigen. Ein potentielles CAD-System bei einem Zulieferbetrieb, der sämtliche Konstruktionsunterlagen von seinem Kunden erhält, geht daher weder in den CIM-Funktions- noch in den CAQ-Integrationsumfang ein. Der ermittelte CAQ-Integrationsumfang entspricht der Anforderung an die technische Integrationsfähigkeit eines CAQ-Systems.

4.2.5. Unternehmensgröße

Aus der Größe und dem Organisationsgrad eines Unternehmens ergeben sich unterschiedliche Anforderungen an die Ausgestaltung einer rechnergestützten Qualitätssicherung. Darüber hinaus herrschen in Unternehmen verschiedener Größe im allgemeinen unterschiedliche Ausgangsbedingungen vor, die die Möglichkeiten einer Rechnereinführung in der Qualitätssicherung begrenzen.

In kleinen Unternehmen werden sämtliche qualitätssichernden Tätigkeiten von wenigen Personen ausgeführt. Durch diese Funktionsanhäufung werden Fehler sofort entdeckt und korrigiert, so daß Störungen der Betriebsabläufe weitgehend vermieden werden können. Hingegen werden in einem Großunternehmen bedingt durch einen höheren Grad der Arbeits- und Aufgabenteilung die Maßnahmen der Qualitätssicherung von einer Vielzahl von Mitarbeitern wahrgenommen. Zwischen den

534 Zur Messung von Automatisierungs- und Automationsgraden vgl. Drumm, H.J., a.a.O., Sp. 287f.

Aufgabenträgern entstehende Informationsdefizite können durch einen institutionalisierten Informationsfluß ausgeglichen werden. Jede weitreichende Arbeitsteilung "...lenkt den Blick vom gemeinsamen Ganzen auf den eigenen Arbeitsanteil"[535]. Aus der dadurch möglichen Suboptimierung von Teilzielen resultiert die Notwendigkeit organisatorischer Regelungen. Diese werden durch den Aufbau eines Qualitätssicherungssystems festgelegt und stellen ein zielorientiertes Handeln der Aufgabenträger sicher.

Die Prinzipien und Zielsetzungen der Qualitätssicherung sind in Klein- und Großbetrieben identisch. Unterschiedlich hingegen ist der Grad der Detaillierung der Qualitätssicherungsmaßnahmen, der durch die Anzahl und die Tiefe der in einem Qualitätssicherungssystem vorhandenen Qualitätssicherungselemente festgelegt wird. Die Anforderungen an die organisatorische Integrationsfähigkeit von CAQ-Systemen nimmt daher mit zunehmender Unternehmensgröße im Sinne einer wachsenden Anzahl und einer zunehmenden Tiefe von zu unterstützenden Qualitätssicherungselementen zu. Grundsätzliche Voraussetzung für eine erfolgreiche CAQ-Implementierung ist eine ausgebaute Organisationsstruktur in der Qualitätssicherung.

Die verschiedenen Ausgangsbedingungen in Klein- und Großbetrieben sind die Ursache dafür, daß vor allem Großbetriebe die Vorreiterrolle bei der Einführung von CIM-Bausteinen einnehmen. An erster Stelle ist die stärkere Finanzkraft großer Unternehmen zu nennen, die aufgrund der nicht exakt quantifizierbaren Kosten/Nutzen-Relationen einer CAQ-Einführung und damit einhergehender Risikopotentiale von ausschlaggebender Bedeutung ist. Kleinunternehmen sind im allgemeinen nur begrenzt imstande, die finanziellen Mittel aufzubringen, die für eine CAQ-Investition und die betriebsindividuelle Anpassung von CAQ-Standardlösungen erforderlich sind, und müssen sich "...im besonderen Maße an

535 Zeller, P., a.a.O., S. 859.

der Wirtschaftlichkeit der Maßnahmen und eingeführten Hilfsmittel..."[536] und damit an der Realisierung kurzfristiger Rationalisierungspotentiale orientieren. Dabei gilt es vor allem, die technische Integrationsfähigkeit zu installierender CAQ-Funktionen sicherzustellen. Eine CAQ-Einführung kann häufig infolge mangelnden EDV-Wissens nicht betriebsintern, sondern nur von externen Beratungsfirmen vorgenommen werden, was wiederum mit erheblichen Kosten verbunden ist. Die Übernahme bestimmter Planungs- und Beratungsleistungen, die für einen längeren Zeitraum vereinbart werden sollten, sowie frühzeitige Schulungen des eigenen Personals sind wichtige Aspekte bei der Inanspruchnahme einer Unternehmensberatung.

Die Unterstützung mathematisch-statistischer Verfahren durch ein CAQ-System kann in Kleinbetrieben häufig nicht genutzt werden, da der erforderliche Umfang an zu prüfenden Einheiten bzw. Merkmalen nicht gegeben ist. Damit entfällt die Möglichkeit zur Nutzung wesentlicher CAQ-Rationalisierungspotentiale. Da in Kleinbetrieben ein System zur Qualitätskostenerfassung und -auswertung oftmals nicht existiert, bestehen grundsätzlich Schwierigkeiten qualitätsbezogene Schwachstellen und damit Rationalisierungspotentiale im Unternehmen zu erkennen bzw. zu bewerten.

Die Einführung von CIM-Projekten und damit auch von CAQ-Systemen erfordert strategisches Denken und die Bereitschaft und Fähigkeit finanzielle und personelle Mittel langfristig bereitzustellen, ohne daß deren Nutzen von vornherein quantifizierbar ist. Diese Voraussetzungen sind in kleinen Unternehmen nur sehr begrenzt gegeben. Dennoch ist für die mittelständische Industrie der CAQ-Einsatz langfristig un-

---

536 Burkat, R., CAQ für den Mittelstand, in: Produktions- und Qualitätsmanagement, Bläsing, J.P. (Hrsg.), München 1988, Band 2, S. 524.

vermeidbar, damit diese ihre klassischen Wettbewerbspotentiale erhalten kann[537].

4.3. Stand der CAQ-Implementierung in unterschiedlichen Produktionstypen

Die Erörterung idealtypischer CAQ-Konzeptionen soll durch eine Darstellung des Standes der CAQ-Implementierung in der industriellen Praxis ergänzt werden. Erörtert werden realisierte und geplante CAQ-Vernetzungen in der Investitionsgüterindustrie sowie der Zusammenhang zwischen den Ausprägungen einzelner Strukturmerkmale und spezifischen CAQ-Implementierungsgraden. Grundlage der Ausführungen bildet eine Untersuchung zum Thema "Stand und arbeitsorganisatorische Probleme des Einsatzes mikroelektronischer Systeme in Produktion und Verwaltung der Unternehmen"[538]. Diese wurde im Zeitraum von 1986 bis 1988 vom Institut für Sozialwissenschaftliche Forschung e.V. (ISF München) und vom Forschungsinstitut für Rationalisierung an der RWTH Aachen (FIR) im Auftrag des Rationalisierungs-Kuratoriums der Deutschen Wirtschaft (RKW) e.V. durchgeführt[539]

Das Untersuchungsfeld (N) besteht aus 1.096 Betrieben der Investitionsgüterindustrie (IGI) sowie 189 Betrieben außerhalb der Investitionsgüterindustrie. Einzeln ausgewiesen werden die Branche Maschinenbau (MB), die Hersteller von Eisen-, Blech- und Metallwaren (EBM), die Elektrotechnik (ET) sowie der Stahl-, Leichtmetall- und Schienenfahrzeugbau (StL). Sonstige Branchen wie Straßenfahrzeugbau, Luft- und Raumfahrzeugbau, Feinmechanik usw. sind unter der Ru-

537 Vgl. Burkat, R., a.a.O., S. 538.
538 Vgl. Schultz-Wild, R. ..., a.a.O.
539 Der vorliegende Gliederungspunkt bezieht sich im wesentlichen auf den ersten Untersuchungsteil, der 1986/87 in Form einer postalischen Betriebserhebung mit standardisiertem Fragebogen durchgeführt wurde. Im zweiten Teil der Untersuchung fanden 1987/88 Experteninterviews in ca. sechzig ausgewählten Betrieben statt.

brik 'Sonstige Branchen der Investitionsgüterindustrie' (SIGI) zusammengefaßt. Die Unternehmen außerhalb der Investitionsgüterindustrie werden unter der Bezeichnung 'Sonstige Branchen' (SB) geführt[540]. Gegenstand der Untersuchung ist der Computereinsatz in den Funktionsbereichen Büro- und Verwaltung (I), Produktionsnahe Dienste (II), Fertigungswerkstätten (III) und Transport/Montage/Teilehandhabung (IV), denen entsprechend Tabelle 6 jeweils eine Reihe von Einzelfunktionen zugeordnet sind.

In der Untersuchung wurde der 1986/87 realisierte und zukünftig geplante Rechnereinsatz ermittelt. Aufgrund erheblicher Implementierungs- und Vernetzungsprobleme geht die Untersuchung von einem Realisierungszeitpunkt der geplanten Systeminstallationen und -vernetzungen von Anfang bis Mitte der 90er Jahre aus[541]. Die Einbeziehung der Plandaten erlaubt somit ein verhältnismäßig realistisches Bild des derzeitigen Verbreitungsgrades der CAQ-Technologie zu zeichnen.

Die folgenden Statistiken zum CAQ-Einsatz in Industrieunternehmen sind vor dem Hintergrund zu interpretieren, daß in der zitierten Untersuchung der Terminus CAQ nicht exakt definiert wurde und somit sehr heterogene Komponenten bezeichnet; "...nicht selten verbirgt sich hinter CAQ in den Betrieben nur eine einzelne Meßmaschine"[542]. Gleiches gilt für den Begriff der Vernetzung von einzelnen CIM-Funktionen, so daß die Statistiken keinen Schluß auf die jeweils

---

540 Die Unternehmen außerhalb der Investitionsgüterindustrie bleiben im folgenden weitgehend unberücksichtigt.
541 Vgl. Schultz-Wild, R. ..., a.a.O., S. 19 und S. 146.
542 Schultz-Wild, R. ..., a.a.O., S. 89.

realisierte oder geplante Form einer Vernetzung zulassen[543].

Einzelfunktionen	EDV-Einsatz realisiert	EDV-Einsatz geplant	EDV-Einsatz realisiert/ geplant
I. Büro und Verwaltung			
- Finanz-/ Geschäftsbuchhaltung	78,1	6,7	84,8
- Lohn-/ Gehaltsabrechnung	75,3	7,3	82,6
- Kosten-/ Leistungsrechnung	47,7	22,9	70,6
- Einkauf	32,1	28,3	60,4
- Verkauf	46,6	19,9	66,5
- Materialwirtschaft	34,8	28,8	63,6
- Textverarbeitung	47,1	10,3	57,4
II. Produktionsnahe Dienste			
- Entwickeln/ Konstruieren (CAD)	16,3	15,3	31,6
- Arbeitsplanung/ Programmierung (CAP)	17,0	15,8	32,8
- Produktionsplanung/ -steuerung (PPS)	14,8	18,8	33,6
- Betriebsdatenerfassung (BDE)	10,4	19,4	29,8
- Qualitätssicherung (CAQ)	7,8	6,4	14,2
III. Fertigungswerkstätten			
- CNC-Werkzeugmaschinen	37,8	2,3	40,1
- sonstige CNC-Maschinen	16,1	3,0	19,1
- DNC-Betrieb mehrerer Maschinen	3,4	2,8	6,2
- Flexible Fertigungszellen (FFZ)	3,7	0,7	4,4
- Flexible Fertigungssysteme (FFS)	2,8	1,1	3,9
IV. Transport/ Montage/ Handhabung			
- Handhabungsgeräte/ Industrieroboter	8,6	3,3	11,9
- Lagersysteme/ autom. Hochregallager	4,8	2,1	6,9
- Materialflußsysteme (z.B. FTS)	0,7	1,3	2,0
- Montagesysteme	5,1	3,4	8,5

Tab.6: 1986/87 realisierter bzw. geplanter Einsatz computergestützter Techniken in der Investitionsgüterindustrie (IGI) (N=1.096/Angaben in Prozent)[544]

Tabelle 6 weist den 1986/87 realisierten und geplanten Einsatz rechnergestützter Techniken in den Einzelfunktionen der untersuchten Funktionsbereiche aus. Am weitesten ver-

543 Vgl. Schultz-Wild, R. ..., a.a.O., S. 76.
Zwar wurde in der Untersuchung nach On-line-Vernetzungen gefragt, es stellte sich aber bei den einzelbetrieblichen Recherchen heraus, daß gelegentlich auch Systemverbindungen einbezogen wurden, die manuelle Arbeitsgänge erfordern. Definitive Schlußfolgerungen auf spezifische Vernetzungsformen sind daher nicht möglich.

544 Vgl. Schultz-Wild, R. ..., a.a.O., S. 21ff.

breitet ist der EDV-Einsatz in Büro und Verwaltung. Über drei Viertel der Betriebe setzen in den formalisierten Funktionen der Finanz- und Geschäftsbuchhaltung sowie der Lohn- und Gehaltsabrechnung EDV-Systeme ein. Die Einzelfunktionen Kosten- und Leistungsrechnung, Textverarbeitung, Verkauf, Materialwirtschaft und Einkauf werden hingegen nur in einem Drittel bis knapp der Hälfte der Betriebe rechnergestützt abgewickelt. Allerdings planen zwischen 7% bis 29% der Betriebe die EDV-Einführung in Büro und Verwaltung für die nächsten Jahre, so daß Anfang der 90er Jahre fast alle Funktionen dieses Bereiches in mindestens zwei Dritteln der Betriebe EDV-unterstützt sind.

Die Einzelfunktionen der Produktionsnahen Dienste CAD, CAP, PPS und BDE haben 1986/87 einen Verbreitungsgrad von 10-17%. Unter Einbeziehung des geplanten EDV-Einsatzes von ca. 15%-20% wird sich dieser Implementierungsgrad in etwa verdoppeln. Anfang der 90er Jahre werden somit etwa ein Drittel der Betriebe diese Funktionen rechnergestützt abwickeln. In der Qualitätssicherung liegt der EDV-Verbreitungsgrad in den Betrieben 1986/87 mit knapp 8% weit hinter dem der anderen Einzelfunktionen dieses Funktionsbereiches zurück. Dies gilt ebenso für die zum Erhebungszeitpunkt geplanten CAQ-Installationen von ca. 7% und den CAQ-Verbreitungsgrad Anfang der 90er Jahre von ca. 14%.

In den Fertigungswerkstätten nutzen zum Erhebungszeitpunkt mehr als ein Drittel der Betriebe in der Investitionsgüterindustrie CNC-Werkzeugmaschinen, während ca. 16% der Betriebe andere computergesteuerte Anlagen im Einsatz haben. Über komplexe Fertigungsanlagen wie Flexible Fertigungszellen (FFZ), Flexible Fertigungssysteme (FFS) oder einen DNC-Verbund mehrerer Maschinen verfügen lediglich um die 3% der Betriebe. Bis Anfang der 90er Jahre wird sich dieses Bild aufgrund der relativ geringen Zuwachsraten zwischen knapp 1% bis 3% nur geringfügig ändern.

Mit knapp 9% sind computergesteuerte Handhabungsgeräte und Industrieroboter in der Investitionsgüterindustrie noch verhältnismäßig häufig eingesetzt. Hingegen weisen automatische Montagesysteme und computergestützte Lagersysteme lediglich einen Verbreitungsgrad von 4-5% auf. Automatische Materialflußsysteme finden sich sogar nur in weniger als 1% der untersuchten Betriebe. Der Anteil der Betriebe, die einen EDV-Einsatz in dem Funktionsbereich Transport/Montage/ Teilehandhabung planen, liegt bei etwa 1-3% und ist damit relativ gering.

Branchen	MB	ET	EBM	StL	SIGI	IGI	SB
CAQ realisiert	3,7	21,1	2,9	2,2	7,2	7,8	6,3
CAQ geplant	6,0	13,6	3,7	4,2	4,1	6,4	3,2
CAQ realisiert/ geplant	9,7	34,7	6,6	6,6	11,3	14,2	9,5

MB = Maschinenbau
ET = Elektrotechnik
EBM = Eisen-/ Blech-/ Metallwaren
StL = Stahl-/ Leichtmetall-/ Schienenfahrzeugbau
SIGI = Sonstige Branchen der Investitons-güterindustrie
IGI = Investitionsgüterindustrie
SB = Sonstige Branchen

Tab.7: 1986/87 realisierter bzw. geplanter Rechnereinsatz in der Qualitätssicherung in verschiedenen Branchen der Investitionsgüterindustrie (IGI) (N=1.285/ Angaben in Prozent)[545]

Tabelle 7 weist den 1986/87 realisierten bzw. geplanten CAQ-Einsatz in den erfaßten Branchen aus. Mit ca. 21% im Vergleich zu durchschnittlich etwa 8% besitzt die CAQ-Technologie in der Elektrotechnik den höchsten Verbreitungsgrad. Bei einer geplanten Implementierungsquote von 13,6% im Vergleich zu einem Durchschnitt von ca 6% in der Investitionsgüterindustrie wird der CAQ-Einsatz Anfang der 90er

545 Vgl. Schultz-Wild, R. ..., a.a.O., S. 21ff.

Jahre in gut einem Drittel der elektrotechnischen Betriebe realisiert sein, während nur etwa 7-11% der übrigen Branchen CAQ einsetzen werden. Zusammenfassend ist der realisierte CAQ-Einsatz zum Untersuchungszeitpunkt als gering einzustufen,. während relativ viele Unternehmen angeben, diesen in den nächsten Jahren zu planen. Dieser Umstand ist im wesentlichen darauf zurückzuführen, daß technisch ausgereifte und wirtschaftlich vertretbare CAQ-Lösungen erst seit Anfang bis Mitte der achtziger Jahre erhältlich sind.

Vernetzung	% aller Betriebe realisiert	% aller Betriebe geplant	% aller Betriebe realisiert/ geplant
CAD-CAP	2,7	8,9	11,6
CAD-CAM	2,7	8,1	10,8
CAP-CAM	3,3	7,5	10,8
CAD-CAQ	1,5	5,1	6,6
CAP-CAQ	1,5	4,7	6,2
CAM-CAQ	0,9	3,7	4,6

Tab.8: 1986/87 realisierte bzw. geplante CAD/CAM-Vernetzungen in der Investitionsgüterindustrie (IGI) (N=1.096/ Angaben in Prozent)[546]

Der Tabelle 8 sind die 1986/87 realisierten bzw. geplanten CAD/CAM-Vernetzungen in der Investitionsgüterindustrie zu entnehmen. Mit 3,3% ist die CAP/CAM-Systemvernetzung am häufigsten realisiert und mit 7,5% am häufigsten geplant. CAD/CAP- und CAD/CAM-Vernetzungen sind mit einer Realisierungsquote von etwa 3% und einer Planungsquote von gut 8% Anfang der 90er Jahre in etwa 11% der Betriebe realisiert. Als sehr gering ist die Vernetzung von CAQ mit den CIM-Bausteinen CAD, CAP und CAM einzustufen. Derartige Vernet-

546 Vgl. Schultz-Wild, R. ..., a.a.O., S. 78.

zungen haben 1986/87 nur ca. 1-2% der Betriebe realisiert und ca. 4-5% der Betriebe geplant. Die Branche mit den häufigsten realisierten und geplanten Vernetzungen zwischen CAD/CAQ- und CAP/CAQ-Funktionen stellt mit über 5% bzw. über 10% der Betriebe die Elektrotechnik dar; dies gilt ebenso für CAM/CAQ-Vernetzungen mit Quoten von ca. 2 bzw. 9%[547].

Vernetzung	% aller Betriebe realisiert	% aller Betriebe geplant	% aller Betriebe realisiert/ geplant
PPS-CAD	1,7	10,6	12,3
PPS-CAP	3,9	10,8	14,7
PPS-CAM	2,1	9,3	11,4
PPS-CAQ	1,2	4,6	5,8

Tab.9: 1986/87 realisierte bzw. geplante PPS/CAD/CAM-Vernetzungen in der Investitionsgüterindustrie (IGI) (N=1.096/ Angaben in Prozent)[548]

Tabelle 9 weist die realisierten bzw. geplanten vertikalen Vernetzungen zwischen dem PPS- und dem CAD/CAM-Bereich aus. Am häufigsten realisiert und geplant ist die PPS/CAP-Vernetzung mit einer Quote von knapp 4% bzw. 11%. Anfang der 90er Jahre werden somit knapp 15% der Betriebe über diese Vernetzungsform verfügen. PPS/CAD- sowie PPS/CAM-Vernetzungen sind mit ca. 2% relativ selten realisiert und werden unter Berücksichtigung der Planungen Anfang der 90er Jahre jeweils bei etwa 12% liegen. Noch geringer ist der Verbreitungsgrad von PPS/CAQ-Vernetzungen, die nur 1,2% der Betriebe realisiert haben. Deutlich höher liegt allerdings deren Planungsquote von knapp 5%, so daß zukünftig eine im Vergleich zum Erhebungszeitpunkt etwa verfünffachte Vernet-

547 Vgl. Schultz-Wild, R. ..., a.a.O., S. 78.
548 Vgl. Schultz-Wild, R. ..., a.a.O., S. 78.

zungsquote von gut 6% angenommen werden kann. Auch hinsichtlich PPS/CAQ-Vernetzungen liegt die elektrotechnische Industrie mit ca. 4% realisierten und ca. 13% geplanten Vernetzungen weit über dem durchschnittlichen Verbreitungsgrad in den übrigen Branchen von etwa 1% bzw. 5%[549].

In der Untersuchung werden darüber hinaus der Realisierungs- und Planungsstand vertikaler und horizontaler Systemvernetzungen in den Betrieben des Untersuchungsfeldes ermittelt, die über Rechnereinsatz in den jeweiligen Einzelfunktionen und damit über die prinzipielle Möglichkeit zur Vernetzung dieser Funktionen verfügen.

Vernetzung	CAD-CAP (N=70)	CAD-CAM (N=121)	CAP-CAM (N=147)	CAD-CAQ (N=42)	CAP-CAQ (N=43)	CAM-CAQ (N=61)
realisiert	37,2	22,0	20,3	32,4	30,7	12,4
geplant	30,5	29,8	25,5	24,2	38,3	29,5
weder realisiert noch geplant	32,3	48,2	54,2	43,3	30,9	58,1
Anteil an den Betrieben der IGI (N=1.096)	6,4	11,0	13,4	3,8	3,9	5,6

Tab.10: 1986/87 realisierte bzw. geplante CAD/CAM-Vernetzungen in Betrieben der Investitionsgüterindustrie (IGI) mit Computereinsatz in Einzelfunktionen (N steht für die Anzahl der Unternehmen mit prinzipieller Vernetzungsmöglichkeit/ Angaben in Prozent)[550]

Tabelle 10 ist zu entnehmen, daß lediglich etwa ein Fünftel bis ein Drittel der Betriebe, die über CAD/CAP-, CAD/CAM- und CAP/CAM-Vernetzungsmöglichkeiten verfügen, diese zum Untersuchungszeitpunkt realisiert haben und etwa der gleiche Anteil diese Vernetzung plant. An möglichen CAQ-Ver-

549 Vgl. Schultz-Wild, R. ..., a.a.O., S. 78.
550 Vgl. Schultz-Wild, R. ..., a.a.O., S. 107.

netzungen sind mit jeweils ca. 30% am häufigsten CAD/CAQ und CAP/CAQ-Vernetzungen realisiert; allerdings überwiegen die geplanten CAP/CAQ-Vernetzungen mit ca. 40% gegenüber den CAD/CAQ-Vernetzungen, die etwa ein Viertel der Betriebe planen. Trotz prinzipieller Vernetzungsmöglichkeit kaum vorhanden bzw. geplant sind CAM/CAQ-Vernetzungen mit ca. 12% bzw. ca. 30%. In etwa einem Drittel bis über die Hälfte der Betriebe ist eine CAQ-Vernetzung weder realisiert noch geplant.

Vernetzung	PPS-CAD (N=66)	PPS-CAP (N=98)	PPS-CAM (N=126)	PPS-CAQ (N=39)
realisiert	24,1	35,4	15,4	33,9
geplant	34,2	30,4	31,5	23,6
werden realisiert noch geplant	41,7	34,2	53,0	42,2
Anteil an den Betrieben der IGI (N=1.096)	6,0	8,9	11,5	3,6

Tab.11: 1986/87 realisierte bzw. geplante Vernetzungen zwischen PPS-Systemen und CAD/CAM-Funktionen in Betrieben mit prinzipiellen Vernetzungsmöglichkeiten (N=1.096/ Angaben in Prozent)[551]

Betriebe, die über Möglichkeiten zu vertikalen Vernetzungen verfügen, haben diese 1986/87 entsprechend der Tabelle 11 zu maximal etwa einem Drittel genutzt, während ca. ein Viertel bis ein Drittel der Betriebe eine Vernetzung planen. In rund zwei Fünftel der Betriebe besteht allerdings weder eine Realisierung noch eine Planung vertikaler Vernetzungen. Dieser Umstand verweist auf die offensichtlich enormen technisch-betriebswirtschaftlichen Schwierigkeiten, die einer Vernetzung entgegenstehen.

551 Vgl. Schultz-Wild, R. ..., a.a.O., S. 137.

Einen Teil der Untersuchung bildete die Überprüfung des Zusammenhanges zwischen dem Einsatz von Rechnersystemen in einzelnen Funktionsbereichen und den jeweils realisierten Ausprägungen einzelner produktionstypspezifischer Merkmale. Im Ergebnis konnten keine signifikanten Zusammenhänge zwischen einem CAQ-Einsatz und den realisierten Ausprägungen des Prozeß- und Organisationstyps, der Beziehung der Produktion zum Absatzmarkt und der Produktkomplexität festgestellt werden[552]. Ursache dafür ist der große konzeptionelle Funktionsumfang von CAQ-Systemen, der ein breites Spektrum unternehmensspezifischer Schwerpunkte, die sich an den unternehmensindividuell realisierten Strukturmerkmalen ausrichten, abdeckt.

Deutliche Zusammenhänge lassen sich zwischen dem realisierten und geplanten CAQ-Einsatz und der Unternehmensgröße nachweisen.

Betriebsgrößenklassen	1-19	20-49	50-99	100-199	200-499	500-999	1.000+	IGI ges.
CAQ-Einsatz realisiert	0,0	4,5	5,3	8,2	12,0	28,0	39,4	7,8
CAQ-Einsatz geplant	1,4	2,1	3,5	8,7	14,7	23,2	30,5	6,4
CAQ-Einsatz realisiert oder geplant	1,4	6,6	8,8	16,9	26,7	51,2	69,9	14,2

Tab.12: 1986/87 realisierter bzw. geplanter CAQ-Einsatz in der Investitionsgüterindustrie (IGI) nach Betriebsgrößen (N=1.096/ Angaben in Prozent)[553]

552 Vgl. Schultz-Wild, R. ..., a.a.O., S. 35ff.
553 Vgl. Schultz-Wild, R. ..., a.a.O., S. 36f.

Entsprechend der Tabelle 12 nimmt der Anteil realisierter und geplanter CAQ-Implementierungen mit wachsender Unternehmensgröße zu. Während 1986/87 eine CAQ-Implementierung von Betrieben mit weniger als 100 Mitarbeitern zu maximal etwa 5% realisiert und zu 3,5% geplant wurde, hatten Unternehmen mit über 1000 Mitarbeitern bereits zu ca. 40% CAQ eingesetzt und zu ca. 30% eine CAQ-Installation geplant. Somit werden Anfang der 90er Jahre maximal nur etwa 10% der Betriebe mit weniger als 100 Mitarbeitern einen CAQ-Einsatz realisiert haben, während Betriebe in der Größenklasse von 500 bis 999 Mitarbeitern bereits etwa zur Hälfte und Betriebe mit 1000 und mehr Mitarbeitern sogar zu ca. 70% CAQ einsetzen werden. Der Zusammenhang zwischen Betriebsgröße und CAQ-Einsatz wurde auch in anderen Untersuchungen bestätigt[554].

Der CAQ-Verbreitungsgrad in den Betrieben der Elektrotechnik liegt in allen Betriebsgrößenklassen höher als in den der anderen Branchen. Dies verdeutlicht erneut die Dominanz der Elektrotechnik hinsichtlich der Implementierung und Vernetzung von CAQ-Systemen. Ursächlich dafür sind vor allem die hohen Qualitätsstandards in dieser Branche, die nur durch den EDV-Einsatz in der Qualitätssicherung wirtschaftlich zu realisieren sind. Als weitere Faktoren sind das aufgrund der fachlichen Nähe eher vorhandene EDV-Wissen sowie die daraus resultierenden geringeren EDV-Berührungsängste zu nennen.

Zusammenfassend ist der realisierte und geplante CAQ-Einsatz in der Investitionsgüterindustrie absolut und in Relation zu anderen CIM-Funktionen als gering einzustufen. Es kann aufgrund des der Untersuchung zugrundeliegenden CAQ-

---

554 Vgl. A.T. Kearney, a.a.O., S. 6f.
Festgestellt wurde ein signifikanter Zusammenhang zwischen der CAQ-Einsatzhäufigkeit und dem Umsatz der Betriebe im Untersuchungsfeld, wobei der CAQ-Einsatz mit steigenden Umsätzen zunahm. Zu den Ursachen für diesen signifikanten Zusammenhang vgl. Kapitel 4.2.5.

Begriffes davon ausgegangen werden, daß der Einsatz von bereichsbezogen vernetzten CAQ-Systemen erheblich unter dem ermittelten Verbreitungsgrad liegen dürfte[555]. Vertikale und horizontale CAQ-Vernetzungen sind ebenfalls nur in wenigen Betrieben realisiert. Die vorgestellten Untersuchungsergebnisse verdeutlichen somit die erhebliche Diskrepanz zwischen der theoretischen CAQ-Konzeption und der industriellen Realität.

555 Vgl. A.T. Kearney, a.a.O., S. 4f.
Aus dem Mittelwert des realisierten Funktionsumfanges der fünf Unternehmen, die die häufigsten Funktionen realisiert hatten, wurde in dieser Untersuchung der normierte Funktionsumfang für CIM-Bausteine ermittelt. Dieser lag für die CAQ-Funktion bei nur etwa 35%.

5. Ausgestaltung der Qualitätssicherung bei der Entwicklung und Produktion von Elektronik-Produkten in der WABCO Westinghouse Fahrzeugbremsen GmbH[556]

5.1. Begründung für die Einbeziehung einer konkreten Unternehmenssituation

Die vorgestellte Untersuchung zum Stand der Implementierung von CAQ-Systemen basiert auf einem nicht exakt abgegrenzten CAQ-Begriff[557]. Als Ergebnis liefert sie daher lediglich tendenzielle Angaben zum derzeitigen CAQ-Verbreitungsgrad in der deutschen Investitionsgüterindustrie. Um Aussagen in bezug auf die konkrete Ausgestaltung eines Qualitätssicherungssystems beim Einsatz eines CAQ-Rechnersystems zu treffen, ist eine spezifische Unternehmenssituation in die Betrachtung einzubeziehen.

Im folgenden wird untersucht, in welcher Form ein 1987 in einem Unternehmen der Elektrotechnik implementiertes CAQ-System das dortige Qualitätssicherungssystem unterstützt. Um den Einsatz eines möglichst breiten Spektrums an CAQ-Funktionen in der industriellen Praxis einbeziehen zu können, wird bewußt eine Branche ausgewählt, die in der deutschen Industrie den höchsten CAQ-Implementierungsgrad aufweist[558]. Die konkrete CAQ-Funktionsweise wird unter technisch-betriebswirtschaftlichen Aspekten analysiert. Darüber hinaus werden relevante Strukturmerkmalsausprägungen herausgearbeitet und auf dieser Basis Ausbaumöglichkeiten für die bestehende CAQ-Konfiguration vorgeschlagen.

---

556 Die folgenden Ausführungen basieren auf Gesprächen, die mit dem Leiter der Abteilung Elektronik-Qualitätssicherung des Unternehmens WABCO im Hauptwerk Hannover-Linden geführt wurden. Beschrieben wird die Ausgestaltung der Qualitätssicherung - Stand Ende 1990.

557 Vgl. Kapitel 4.3.

558 Vgl. Kapitel 4.3.

5.2. Kurzbeschreibung des Unternehmens

Die Westinghouse Fahrzeugbremsen GmbH mit Sitz in Hannover ist eine Tochtergesellschaft der Westinghouse Air Brake Company (WABCO), die der Transportation Group des American Standard Konzerns, New York, angeschlossen ist. In der Bundesrepublik Deutschland befinden sich zwei Standorte, ein Hauptwerk in Hannover-Linden und ein Zweigwerk in Gronau. Die Anzahl der Mitarbeiter liegt bei ca. 2.700. Der Unternehmensumsatz betrug 1989 ca. DM 640 Millionen.

Als traditioneller Maschinenbaubetrieb begann WABCO bereits in den 30er Jahren mit der Entwicklung von Bremsanlagen für Nutzfahrzeuge und nahm 1980 nach der Entwicklung von mechanischen und analogen Antiblockiersystemen (ABS)[559] die Produktion von rechnergesteuerten digitalen Antiblockiersystemen auf. Die Entwicklung der ABS-Produkte[560] und weiterer elektronischer Geräte und Gerätevarianten ist Aufgabe der Abteilung Elektronik-Entwicklung. Die Produktion elektronischer Erzeugnisse wurde vor deren Integration in den Gesamtherstellungsprozeß Mitte 1987 organisatorisch der Elektronik-Entwicklung zugeordnet.

Das Programm der Elektronik-Produktion umfaßt etwa 100 Elektronik-Produkte, die von ca. 10% der Beschäftigten bzw. etwa 300 Mitarbeitern entwickelt und hergestellt werden und mit denen 1989 ca. 15% des Umsatzes erwirtschaftet wurden. Nach nahezu stetigen Umsatzsteigerungen in den letzten Jah-

---

559 Mechanische Antiblockiersysteme, wie sie in der Flugzeugindustrie verwandt werden, sind für Nutzfahrzeuge infolge der inhomogenen Oberfläche von Straßen und dem daraus resultierenden unterschiedlichen Bremsverhalten einzelner Räder nicht geeignet. Mit einer Bauelementeanzahl von 3.500 Stück läßt sich eine ausreichende Zuverlässigkeit analoger Antiblockiersysteme nicht erreichen.

560 Die folgende Darstellung bezieht sich im wesentlichen auf ABS-Geräte, deren Entwicklung und Produktion am komplexesten ist.

ren von bis zu 50% wird für 1991 von einer ähnlichen Entwicklung ausgegangen.

Mit kompletten Antiblockiersystemen, die neben der Zentralelektronik und Elektronikkomponenten in der Peripherie auch mechanische Komponenten wie Sensoren und Stellglieder enthalten, wird ein Umsatzanteil von über 30% erreicht. Den Erwartungen der Geschäftsleitung zufolge wird dieser Anteil in den nächsten fünf Jahren auf ca. 70% steigen. Langfristig ist zudem eine Ausdehnung des Kundenkreises auf Hersteller von Personenkraftwagen geplant. Mit diesem dynamischen Wachstumsprozeß sind steigende Stückzahlen und die Einführung neuer Produktionsverfahren verbunden, die zu Veränderungen in der Aufbau- und Ablauforganisation des Unternehmens WABCO führen.

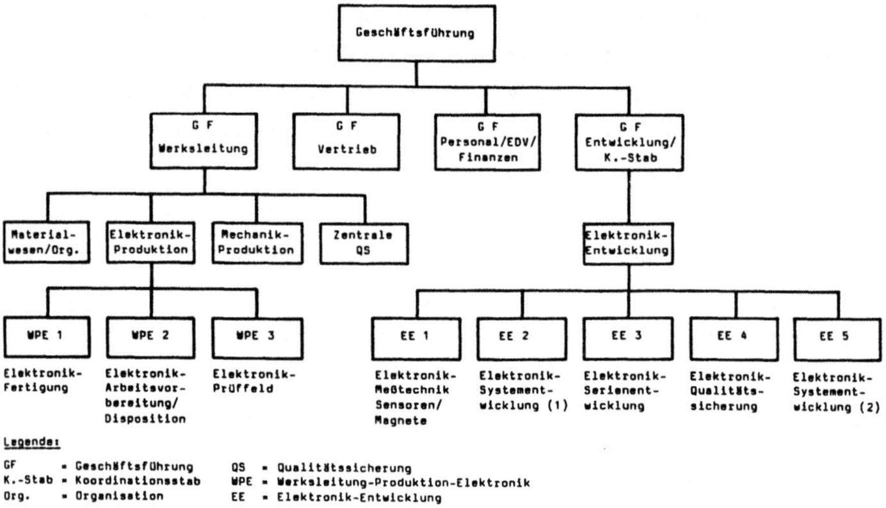

Abb.37: Eingliederung der Elektronik-Entwicklung und Elektronik-Produktion in die Aufbauorganisation des Unternehmens WABCO

Abbildung 37 zeigt, daß das betrachtete Unternehmen in vier Geschäftsführungsbereiche (GF) aufgegliedert ist. Die Abteilungen Materialwesen/Organisation, Elektronik- und Mechanik-Produktion sowie Zentrale Qualitätssicherung unterstehen der Werksleitung und berichten direkt an den GF-Werksleitung. Die Elektronik-Produktion gliedert sich in die Abteilungen Elektronik-Fertigung (WPE1), -Arbeitsvorbereitung/Disposition (WPE2) und -Prüffeld (WPE3). Letztere ist verantwortlich für die Ausführung der Qualitätsprüfungen im Fertigungsprozeß. Die Elektronik-Entwicklung berichtet an den GF-Entwicklung/Koordinationsstab und wird unterteilt in die Abteilungen Elektronik-Meßtechnik (EE1), -Systementwicklung I (EE2), -Serienentwicklung (EE3), -Qualitätssicherung (EE4) und -Systementwicklung II (EE5).

Eine aufbauorganisatorische Besonderheit im Unternehmen WABCO bildet die Existenz von zwei Qualitätssicherungsabteilungen, die Zentrale Qualitätssicherungsabteilung, die dem GF-Werksleitung zugeordnet ist, und die Abteilung Elektronik-Qualitätssicherung (EE4), die an den Leiter der Elektronik-Entwicklung berichtet und damit indirekt dem GF-Entwicklung/Koordinationsstab untersteht. Die Zentrale Qualitätssicherung unterscheidet sich von der Elektronik-Qualitätssicherung durch die Außenvertretung sowohl der mechanischen als auch der elektronischen Systemkomponenten. Dies dient dem Ziel, daß Kunden bei Qualitätsproblemen nur einen Ansprechpartner haben; der für die Produktqualität verantwortlich zeichnet. Darüber hinaus gehören zur Abteilung Zentrale Qualitätssicherung qualitätssichernde Aufgaben im Bereich der mechanischen Produkte.

Das Vorhandensein zweier Qualitätssicherungsabteilungen ist darauf zurückzuführen, daß die Elektronik-Produktion 1980 in sehr kleinem Umfang begann und der Elektronik-Entwicklung unterstand. Aufgrund eines gestiegenen Produktionsvolumens wurde die Elektronik-Produktion 1987 in den Gesamtherstellungsprozeß integriert und der Werksleitung unterstellt. Die daraus resultierenden aufbau- und ablauforganisatorischen Veränderungen sind somit weniger das Ergebnis vorgeschalteter Planungsprozesse als vielmehr externer Einflüsse wie technologische Innovationen, ein zunehmender Einsatz elektronischer Komponenten im Automobil und dynamische Entwicklungen auf den Absatzmärkten.

5.3. Implementierte CIM-Bausteine in der Elektronik-Entwicklung und -Produktion

Der langfristigen Umsetzung des CIM-Konzeptes wird im Unternehmen WABCO von der Geschäftsleitung und den Fachabteilungen eine hohe Bedeutung zugemessen, die vor allem in dem CIM-inhärenten Rationalisierungspotential begründet ist. Eine Einführungsstrategie liegt insofern vor, als an den Stellen im Produktentstehungsprozeß, an denen bereits CIM-Funktionen installiert sind, eine Vernetzung angestrebt wird. Diese Strategie beruht auf der schrittweisen Implementierung von CIM-Funktionen und deren anschließender Integration mit dem langfristigen Ziel, den Herstellungsprozeß vollständig rechnergestützt abzuwickeln.

Abbildung 38 ist zu entnehmen, welche der primär betriebswirtschaftlich-planerischen Funktionen rechnergestützt ablaufen und mit der Zentralen-EDV (ZEDV) vernetzt sind. Die Auftragssteuerung verwaltet die eingehenden Aufträge und legt die Auftragsdaten in der ZEDV ab. Dies sind im wesentlichen die Gerätespezifikationen und Auftragsmengen.

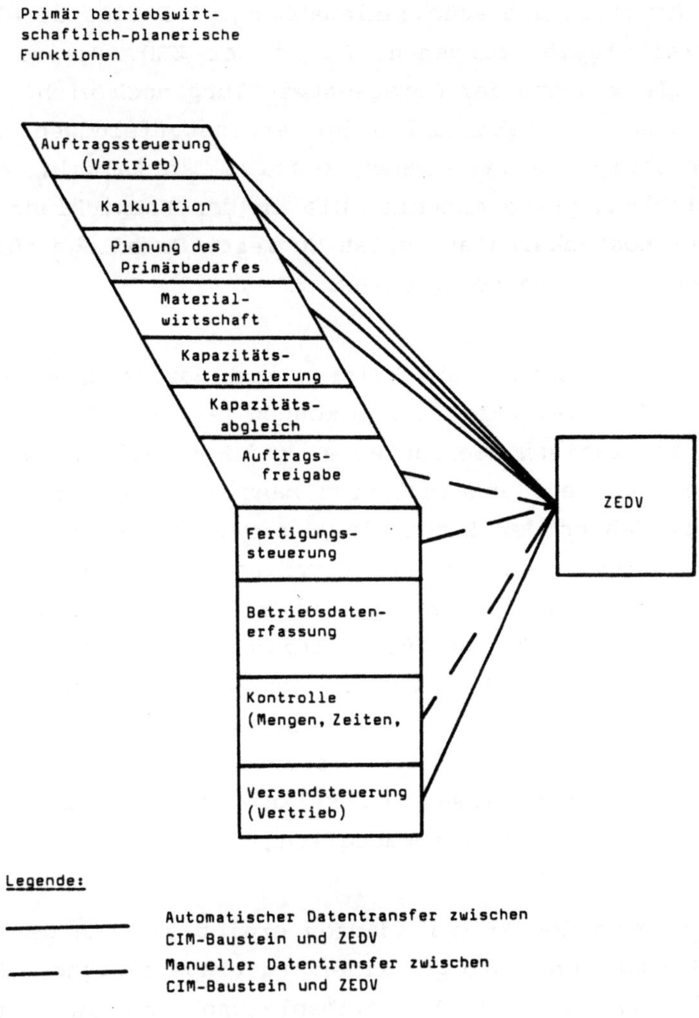

Abb.38: Installierte PPS-Funktionen in der Elektronik-Entwicklung und -Produktion[561]

Eine Plankalkulation der in der Elektronik-Produktion hergestellten Geräte erstellt die Elektronik-Systementwicklung während der Geräteentwicklung manuell, wobei Preise für

561 Die Darstellung bezieht sich auf den linken Teil des CIM-Y von Scheer, A.-W., 1990b, a.a.O., S. 2. Vgl. auch S. 77.

neue Bauteile und stückzahlenabhängige Preisstaffelungen in die Kalkulation eingehen. Da in der ZEDV Preise für neue Bauteile während der Geräteentwicklung noch nicht verankert sind und stückzahlenabhängige Preisstaffelungen nicht berücksichtigt werden können, erfolgt die Kalkulation in der Entwicklungsphase manuell. Die in der Entwicklung durchgeführte Kostenkalkulation ist zugleich Grundlage für die Berechnung von Angebotspreisen.

Über Arbeitspläne, Stücklisten und Bauelementepreise, die in der ZEDV verankert sind, können nach der Produktentwicklung automatisch die Bauteile- und Herstellkosten berechnet werden. Diese Plankalkulation kann als eine Aktualisierung der im Rahmen der Entwicklung vorgenommenen Kostenkalkulation aufgefaßt werden. Der Vertrieb nimmt diese in der ZEDV in unregelmäßigen Abständen einmal oder mehrmals im Jahr vor, wenn sich Preise für Bauteile, die von der Einkaufsabteilung in der ZEDV aktualisiert werden, oder Fertigungskosten, deren Aktualisierung Aufgabe der Elektronik-Produktion ist, ändern. Infolge prozentualer Gewinnzuschläge ergeben sich mit dieser Nachkalkulation zugleich Angebotspreise für die Vertriebsabteilung.

Die Planung des Primärbedarfes ergibt sich in der Elektronik-Produktion infolge einer auftragsbezogenen Fertigung unmittelbar aus der Vertriebsplanung bzw. aus den in der ZEDV abgelegten Auftragsspezifikationen. Über die vollzogene Anbindung der Primärbedarfsplanung an die ZEDV erfolgt die Ausführung dieser Planungsfunktion automatisch unter Zugriff auf die dort gespeicherten Daten der Vertriebssteuerung, im wesentlichen die Auftragsmengen. Die Primärbedarfsplanung bezieht sich auf einen Zeitraum von ca. sechs Monaten.

Ein in der Abteilung Elektronik-Entwicklung installiertes CAD-System berechnet Strukturstücklisten, die alle Bauelemente, die sich auf einer Leiterplatte befinden, auflisten. Die in der Produktion erforderlichen Mengenstücklisten[562], die im Prinzip einer Aufsummierung der Strukturstücklisten entsprechen, werden im CAD-System berechnet und anschließend in die ZEDV eingegeben. Die Struktur- und Mengenstücklisten werden autark nebeneinander in der ZEDV verwaltet.

Über die Mengenstücklisten löst die Materialwirtschaft unter Berücksichtigung der Lagerbestände die den Auftragsmengen entsprechenden Bedarfe an Endprodukten in Fertigungsaufträge für die Produktion und Beschaffungsaufträge für Zulieferteile auf. Die Einkaufsabteilung vergibt einmal pro Jahr Quotierungen an die Lieferanten, die den Anteil der auf jeden Lieferanten entfallenden Bestellmengen angeben. Nach Auftragseingang werden die Bestellungen in der Materialwirtschaft entsprechend den Quotierungen ohne direkten Zugriff der Einkaufsabteilung in der ZEDV vorgenommen. Die Abwicklung der Kapazitätsterminierung und des Kapazitätsabgleichs erfolgt manuell.

Nach Eingabe der Auftragsspezifikationen gibt die ZEDV die Aufträge monatlich frei. Die Überprüfung der Verfügbarkeit benötigter Komponenten, Werkzeuge und Kapazitäten nimmt die Elektronik-Produktion und dort die Disposition (WPE2) vor, die den Fertigungsstart täglich auslöst.

Die Steuerung der Fertigung findet zwar auf Grundlage der in der ZEDV abgelegten Fertigungsauftragsdaten statt, wird aber vorwiegend manuell vorgenommen. Ein in der Fertigung installierter Fertigungsleitstand erfaßt den Arbeitsfortschritt für einzelne Arbeitsgänge. Der Fertigungsleitstand ist nicht mit der ZEDV vernetzt. Für die an den Fertigungsleitstand angeschlossenen Fertigungseinrichtungen erfolgt

---

562 Zu den Begriffen Struktur- und Mengenstückliste vgl. Gerlach, H.-H., Stücklisten, in: Handwörterbuch der Produktionswirtschaft, Kern, W. (Hrsg.), Stuttgart 1979, Sp. 1906f.

die Betriebsdatenerfassung automatisch. Ansonsten werden die Betriebsdaten, im wesentlichen Mengen und Zeiten, manuell erfaßt. Die Kontrolle von Mengen, Zeiten und Kosten erfolgt überwiegend anhand von EDV-Listen, die im wesentlichen Betriebsleistung und Ausbringungsmenge beschreiben und in Abhängigkeit vom Auswertungszweck täglich, wöchentlich und monatlich ausgedruckt werden.

Die Vertriebssteuerung hat Zugriff auf die in der ZEDV abgelegten Spezifikationen der fertiggestellten Geräte und erfolgt über EDV-Listen. Eine gerätespezifische Dokumentation aller durchlaufenen Zwischen- und Endprüfungen stellt zudem sicher, daß nur Geräte zum Versand kommen, die alle Prüfungen unbeanstandet durchlaufen haben.

Abbildung 39 ist zu entnehmen, welche der primär technischen Funktionen rechnergestützt abgewickelt werden und mit der ZEDV vernetzt sind.

In der Abteilung Systementwicklung werden Schaltpläne teils auf Papier und teils in Arbeitsplatzrechnern entwickelt. Bei den Arbeitsplatzrechnern handelt es sich um Personal Computer, die untereinander vernetzt sind, aber keinen Datenaustausch mit der übergeordneten Rechnerebene, dem CAD-System, realisieren können. Die Schaltpläne werden daher manuell in das CAD-System eingegeben und dort von der Abteilung Elektronik-Serienentwicklung (EE3) vereinheitlicht, z.B. hinsichtlich der entwickelten Endstufenkonzepte. Ziel dieser Standardisierung ist die Verwendung möglichst gleicher oder ähnlicher Teile im Sinne einer Normung bzw. Teilefamilienbildung.

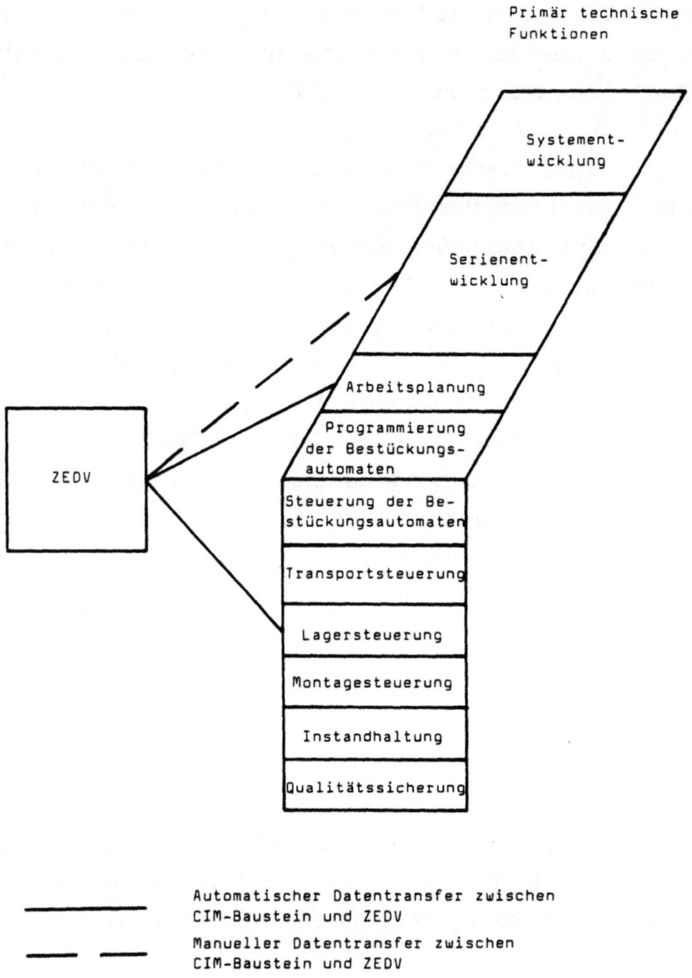

Abb.39: Installierte CAD/CAM-Funktionen in der Elektronik-Entwicklung und -Produktion[563]

Auf der Grundlage der standardisierten Schaltpläne entstehen im CAD-System Layouts für Leiterplatten, auf denen in der Produktion die Bauelemente befestigt werden, und

563 Die Darstellung bezieht sich auf den rechten Teil des CIM-Y von Scheer, A.-W., 1990b, a.a.O., S. 2. Vgl. auch S. 77.

Bestückungspläne, die jedem Bauteil eine Positionsnummer und damit eine bestimmte Position auf der Leiterplatte zuordnen. Zugleich generiert das CAD-System Strukturstücklisten, die einer Auflistung aller Bauelemente entsprechen, die sich auf einer Leiterplatte befinden. Ein direkter Datenaustausch zwischen dem CAD-System und der ZEDV ist nicht möglich. Die Strukturstücklisten werden daher manuell in die ZEDV eingegeben. Im CAD-System findet keine Funktionsoptimierung der Schaltungen mehr statt. Eine Kostenreduzierung erfolgt mittelbar über die Minimierung der Anzahl verwendeter Bauelemente, ist aber von untergeordneter Bedeutung. Wie oben beschrieben werden im CAD-System aus den Strukturstücklisten die Mengenstücklisten berechnet und manuell in der ZEDV verankert. Um Teile, die in der Elektronik-Entwicklung nicht berücksichtigt werden (z.B. Gehäuse und Aufkleber), sind die Mengenstücklisten zu ergänzen.

Der Arbeitsplan wird in der Abteilung Elektronik-Arbeitsvorbereitung/Disposition (WPE 2) vom Arbeitsplaner interaktiv am Terminal der ZEDV erstellt. Die Verwaltung der Arbeitspläne erfolgt in der ZEDV. Zu den im Arbeitsplan angegebenen Arbeitsvorgangsnummern erstellt der Planer Arbeitsanweisungen, die ebenfalls in der ZEDV verwaltet werden und die über die Arbeitsvorgangsnummern abrufbar sind.

Die Programme der automatischen Bestückungsmaschinen generiert das CAD-System. Sie werden in der Abteilung Serienentwicklung um spezifische Daten ergänzt, die sich u.a. auf die Positionierung der Bauelemente auf den Leiterplatten beziehen. Eine Vernetzung der Bestückungsautomaten mit der ZEDV oder dem CAD-System liegt nicht vor. Die Programmeingabe erfolgt daher manuell in Form von Datenkassetten. Der Transport des Fertigungsvormaterials und der Elektronik-Geräte wird in der Produktion sowie vom Lager für Fertigungsvormaterial und zum Lager für Fertigprodukte manuell vollzogen. Da die Arbeitsvorgänge in der Elektronik-Produktion ausschließlich aus Montagevorgängen bestehen, existiert keine eigenständige CIM-Funktion Montagesteuerung[564]. Eine Unterstützung durch das ZEDV-System ist für die CIM-Funktion Instandhaltung nicht realisiert.

Die Einlagerung der Bauelemente löst die ZEDV aus, die das Lager im Sinne der sogenannten 'chaotischen Führung' verwaltet. Dies bedeutet, daß Bauelemente mit gleicher Teilenummer nicht an der gleichen Stelle lagern. Dieses Prinzip der Lagersteuerung dient einem First-In-First-Out der Bauelemente[565] und einer Optimierung der Raumnutzung. Auch das Lager für Fertigprodukte, das der Vertriebssteuerung untersteht, wird über die ZEDV chaotisch verwaltet. Grundsätzlich ist es das Ziel der Elektronik-Produktion, monatlich nur die bestellten Mengen herzustellen, um so den Lagerbestand und die daraus resultierenden Kapitalbindungskosten zu minimieren; allerdings erfordert die Erfüllung kurzfristiger Liefertermine das Vorhandensein eines geringen Lagerbestandes.

Die Durchführung der Qualitätsprüfungen findet unter Verwendung von CAD-Daten über ein CAQ-Rechnersystem statt. Dieses ist aber weder mit dem CAD-System noch mit der ZEDV vernetzt.

Zusammenfassend sind auf der Seite der primär betriebswirtschaftlich planerischen Funktionen mit der Auftragssteuerung, der Kalkulation, der Planung des Primärbedarfes, der Materialwirtschaft und der Vertriebssteuerung CIM-Funktionen installiert, die vernetzt mit der ZEDV Zugriff auf die dort abgelegten Daten vorgeschalteter Planungsprozesse haben. Die CIM-Funktionen Auftragsfreigabe, Fertigungssteuerung und Kontrolle bedienen sich mittelbar über EDV-

---

564 Vgl. Kapitel 3.1.
565 Zu Verbrauchsfolgeverfahren vgl. Wöhe, G., a.a.O., S. 970ff.

Listen der zentral abgespeicherten Daten, sind aber nicht mit der ZEDV vernetzt. Die Betriebsdatenerfassung erfolgt für einzelne Arbeitsgänge automatisch, aber ohne Anbindung an die ZEDV. Die Kapazitätsterminierung und der Abgleich der Kapazitäten werden manuell durchgeführt.

An primär technischen Funktionen ist die Arbeitsplanung und Lagersteuerung mit der ZEDV vernetzt. Eine mittelbare Verbindung zwischen ZEDV und Elektronik-Serienentwicklung entsteht über die Ablage und Verwaltung der Strukturstücklisten und den aus ihnen berechneten Mengenstücklisten in der ZEDV. Eine Anbindung der CIM-Funktionen Systementwicklung, Programmierung und Steuerung der Bestückungsautomaten sowie Transportsteuerung, Instandhaltung und Qualitätssicherung an die ZEDV ist nicht realisiert.

5.4. Aufgaben der Qualitätssicherung in der Elektronik-Entwicklung und -Produktion

Das Qualitätssicherungssystem von WABCO ist in einem Qualitätssicherungshandbuch dokumentiert, in dem der interne Ablauf der Qualitätssicherungsmaßnahmen während des Produktentstehungsprozesses beschrieben ist. Zu jeder Maßnahme sind die entsprechenden Verantwortlichkeiten definiert und die betreffenden Paragraphen der DIN ISO Norm 9004 angegeben[566].

Die einzelnen Aufgaben der Elektronik-Qualitätssicherung (EE4) in der Elektronik-Systementwicklung (EE2/EE5), -Serienentwicklung (EE3) und -Produktion (EP) sind der Tabelle 13 zu entnehmen. Diese werden zum Teil von der Elektronik-Qualitätssicherung selbst und zum Teil von den jeweiligen Abteilungen nach Richtlinien durchgeführt, die von der Elektronik-Qualitätssicherung ausgegeben werden.

---

566 Zur DIN ISO Norm 9004 vgl. Kapitel 2.5.

Abteilung	Elektronik-Systementwicklung (EE2/EE5)	Elektronik-Serienentwicklung (EE3)	Elektronik-Produktion (EP)
Beispiele qualitätssichernder Maßnahmen der Elektronik-Qualitätssicherung (EE4) in den Abteilungen (EE2), (EE3) und (EP)	- Schutzbeschaltung (Endstufen/Eingänge) - Toleranz- und Störungsrechnung - Störsimulation - Absicherung des Arbeitstemperaturbereiches - Prüffreundlichkeit - Absicherung der Fertigungstechnologie - Selbsttestroutinen	- Freigabeuntersuchungen neuer Bauteile - Prüfplanung und Prüfprogramme - Bereitstellung der Hardware - Schwingversuche - Messung der Temperaturverteilung - EMV - Klimatische Erprobungen - Operating Life Tests	- Wareneingangsprüfung - Bauteile Burn-In - Incircuit-Test - Temperaturschock-Test - Geräte Burn-In - Protokoll - Reparaturanalysen - Ausfallanalysen von Bauteilen - Freigabe neuer Fertigungseinrichtungen - Rückläuferanalysen - Abstellmaßnahmen

Tab.13: Aufgaben der Elektronik-Qualitätssicherung in den Abteilungen Elektronik-Systementwicklung, -Serienentwicklung und -Produktion[567]

Während der Entwicklung einer Schaltung ist es die Aufgabe der Elektronik-Qualitätssicherung sicherzustellen, daß nur Produkte entwickelt werden, deren Prüfmerkmale mit vertretbarem Aufwand geprüft werden können. Zu diesem Zweck erfolgt die Berechnung von Toleranzen, die Ermittlung potentieller Störungen z.B. durch Simulationsversuche und die Entwicklung von Schutzbeschaltungen für Eingänge und Endstufen. Da die Elektronikkomponenten in Bremssystemen Arbeitstemperaturen von -40°C bis zu +85°C ausgesetzt sind, kommt der Absicherung des Arbeitstemperaturbereiches im Rahmen der Entwicklung eine besondere Bedeutung zu. Neben den qualitätssichernden Aufgaben, die sich auf die Elektronik-Produkte selbst beziehen und zu denen auch Selbsttestroutinen zur Überprüfung der Entwicklungsergebnisse gehören, zählt zu den Maßnahmen der Qualitätssicherung auch die Absicherung der eingesetzten Fertigungstechnologien, zu der u.a. FMEA und Prozeßfähigkeitsuntersuchungen durchgeführt werden.

567 Interne Unterlage des Unternehmens WABCO.

In der Serienentwicklung nimmt die Qualitätssicherung Freigabeuntersuchungen für neue Bauteile vor. Die Prüfpläne für Wareneingangsprüfungen erstellt die Zentrale Qualitätssicherung in Absprache mit der Elektronik-Qualitätssicherung interaktiv am Terminal der ZEDV. Prüfpläne für die Qualitätsprüfungen in der Elektronik-Produktion entsprechen im wesentlichen den Rechnerprogrammen für die autarken Testsysteme und werden von der Elektronik-Qualitätssicherung entwickelt. Die Bereitstellung der CAQ-Hardware sowie der autarken Prüfsysteme fällt ebenso in ihren Aufgabenbereich. Darüber hinaus finden belastungsorientierte Prüfungen (z.B. Schwingversuche) und klimatische Erprobungen (z.B. Feuchtigkeits- und Dichtigkeitstests) statt. Operating Life Tests entsprechen zeitlich gerafften Prüfungen, mit denen Beschleunigungseffekte für Ausfallmechanismen realisiert und die Geräte auf Zuverlässigkeit geprüft werden. Weitere Aufgaben sind die Messung von Temperaturverteilungen in den Elektronikkomponenten und Versuche zur elektromagnetischen Verträglichkeit (EMV) der Elektronik-Produkte. Eine Unterstützung der Qualitätssicherungsmaßnahmen in der Elektronik-Systementwicklung und -Serienentwicklung durch das CAQ-Rechnersystem ist nicht gegeben.

Die in der Elektronik-Produktion stattfindenden Prüfungen werden im Gliederungspunkt 5.5. beschrieben. Die Analyse anfallender Reparaturen und die Untersuchung von Rückläufern erfolgen durch die Elektronik-Qualitätssicherung und dienen der Entwicklung entsprechender Abstellmaßnahmen. Diese können sich auf die Lieferanten sowie auf die System- und Serienentwicklung beziehen und beispielsweise zu einer Veränderung des Leiterplatten-Layouts führen. Die Reklamationen werden über ein Textverarbeitungssystem erfaßt. Da Fehlerschlüssel nicht existieren, sind die Gerätefehler verbal zu beschreiben. Anhand der vom Kunden reklamierten Geräte werden zudem die Testsysteme dahingehend überprüft, ob diese die Gerätefehler erkennen. Die Prüfung und eventuelle Freigabe von Fertigungseinrichtungen sowie die Durchführung von Produktaudits stellen weitere Aufgaben der Qualitätssicherung dar.

In Abbildung 40 ist die Einbindung der Qualitätssicherungsabteilung in das Unternehmen WABCO in Form eines Qualitätskreises dargestellt.

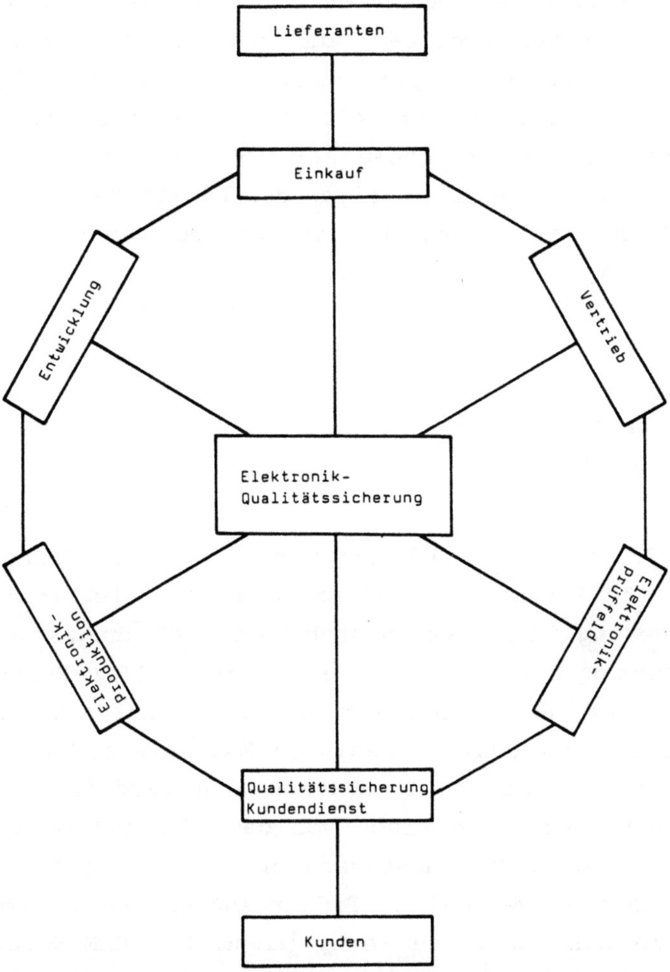

Abb.40: Einbindung der Elektronik-Qualitätssicherung in das Unternehmen WABCO in Form eines Qualitätskreises[568]

568 Interne Unterlage des Unternehmens WABCO.

Die Einflußnahme der Elektronik-Qualitätssicherung auf die Elektronik-Systementwicklung, -Serienentwicklung und -Produktion wurde bereits beschrieben. Eine Anbindung an das Elektronik-Prüffeld ergibt sich mit der Er- und Bereitstellung von Prüfplänen, -programmen und Prüfmitteln. Über die Freigabe neuer Bauteile und Fertigungseinrichtungen entstehen Verbindungen zur Einkaufsabteilung und damit mittelbar zum Lieferanten. Elektronik-Qualitätssicherung bezogen auf den Vertrieb bedeutet, daß nur Produkte zum Versand kommen, die alle Prüfungen unbeanstandet durchlaufen haben. Die Außenvertretung für elektronische Systemkomponenten zählt zwar zu den Aufgaben der Abteilung Zentrale Qualitätssicherung; über die Analyse der Rückläufer, also derjenigen Elektronik-Produkte, die vom Abnehmer beanstandet werden, besteht aber über den Kundendienst auch für die Elektronik-Qualitätssicherung eine Verbindung zum Kunden.

5.5. Ablauf der Qualitätssicherung in der Elektronik-Produktion

In der Elektronik-Produktion wurde 1987 ein Rechnersystem der Hewlett Packard installiert, das die Elektronik-Qualitätssicherung im Produktentstehungsprozeß unterstützt. Dieses Rechnersystem besteht aus einem HP 1000-Rechner, auf dem ein Qualitätsdatenerfassungs- und -analyseprogramm mit der Bezeichnung Quality Decision Management (QDM) installiert ist. Die in der Produktion stattfindenden Prüfungen werden entweder automatisch von dem QDM-System über einen kontinuierlichen Datenaustausch mit dem Testsystem durchgeführt, oder es werden die Prüfergebnisse nach Testende im Dialog in das QDM-System eingegeben. Die QDM-Software ist durch eine Vielzahl von Auswertungsmöglichkeiten charakterisiert, hat bei WABCO derzeit aber vor allem Dokumentationsaufgaben für sicherheitsrelevante Produkte in bezug auf die verwendeten Bauteile und die durchlaufenen Qualitätsprüfungen.

Abbildung 41 gibt einen Überblick über den Bearbeitungs- und Prüfablauf zur Herstellung eines ABS-Gerätes.

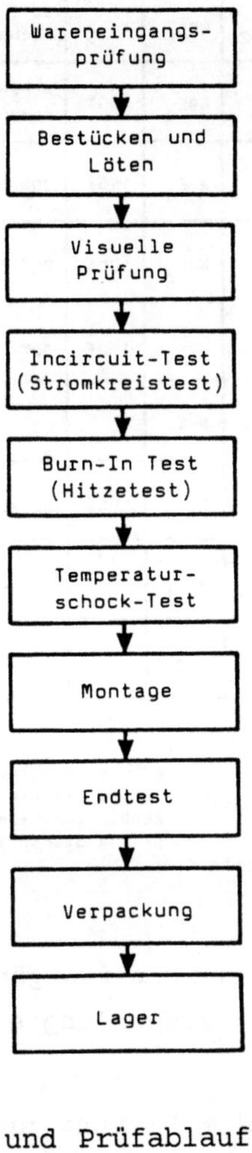

Abb.41: Bearbeitungs- und Prüfablauf zur Herstellung eines ABS-Gerätes

In Tabelle 14 sind die einzelnen Bearbeitungsvorgänge (Spalte 1) und Prüfvorgänge (Spalte 2) aufgelistet und um weitere Angaben ergänzt.

(1) Bearbeitungs-vorgang	(2) Prüfvorgang	(3) P.Abt.	(4) A.Abt.	(5) PU	(6) Rechnerebene	(7) GSTB ja	nein	(8) Datentransfer
	Wareneingangprüfung	ZQS	WPE_3	100% St.	ZEDV		x	Manuell an ZEDV
Bestücken und Löten		WPE_2	WPE_1		z.T. Prozeßrechner		x	
	Visuelle Prüfung	EE_4	WPE_3	100%	Prozeßrechner		x	
	Incircuit-Test	EE_4	WPE_3	100%	QDM-System	x		Manuell an QDM-System
	Burn-In-Test	EE_4	WPE_3	100%	QDM-System	x		Manuell an QDM-System
	Temperaturschock-Test	EE_4	WPE_3	100%	QDM-System	x		Automatisch an QDM-System
Montage		WPE_2	WPE_1				x	
	Endtest	EE_4	WPE_3	100%	QDM-System	x		Automatisch an QDM-System
Verpackung		WPE_2	WPE_1		QDM-System	x		Manuell an QDM-System
Lager		Vertrieb	Lager		ZEDV		x	

Legende:

P.Abt. = Planende Abteilung
A.Abt. = Ausführende Abteilung
PU = Prüfumfang
GSTB = Gerätestammblatt
ZQS = Zentrale Qualitätssicherung

WPE = Werksleitung-Produktion-Elektronik
EE = Elektronik-Entwicklung
ZEDV = Zentrale EDV
St. = Stichprobe

Tab.14: Bearbeitungs- und Prüfvorgänge in der Elektronik-Produktion zur Herstellung eines ABS-Gerätes

Welche Abteilung für die Planung und Durchführung der Arbeitsprozesse und Qualitätsprüfungen verantwortlich zeichnet, wird in den Spalten (3) bzw. (4) angegeben. Für die Qualitätsprüfungen gibt Spalte (5) den jeweiligen Prüfumfang an. Sofern die Fertigungs- und Prüfvorgänge rechnergestützt ablaufen, ist in Spalte (6) die Rechnerebene und in Spalte (8) die Art des Datentransfers zwischen den betroffenen Rechnerebenen spezifiziert. Welche von einem Elektronik-Produkt durchlaufenen und bestandenen Prüfungen in einem Gerätestammblatt dokumentiert werden, ist Spalte (7) zu entnehmen.

Die Ausführung der Wareneingangsprüfung obliegt dem Personal des Elektronik-Prüffeldes (WPE3). Die Prüfpläne für den Wareneingang verwaltet die ZEDV. Bei Anlieferung der Zukaufteile wie Leiterplatten, Mikroprozessoren, Kondensatoren und Widerstände druckt das ZEDV-System eine Wareneingangsmeldung aus und löst die Erstellung von Prüfaufträgen für den Wareneingang aus. Funktionsbauteile wie Prozessoren werden einer 100%igen Bauteile-Streßprüfung unterzogen, bei der die in Testschränken eingeordneten Bauteile einer Prüftemperatur von 85° bis 125° C ausgesetzt und auf ihre Funktionsfähigkeit überprüft werden. Für die übrigen Bauteile findet eine merkmalsbezogene Stichprobenprüfung statt, wobei die CAQ-Funktion Prüfsteuerung im Sinne einer prüflosbezogenen Dynamisierung realisiert ist. Die Ergebnisse der Wareneingangsprüfung werden manuell an die ZEDV zurückgemeldet, die bei positivem Prüfergebnis die Einlagerung der Zukaufteile auslöst. Beanstandete Lieferungen werden an den jeweiligen Hersteller zurückgesandt.

Nach der Auftragsfreigabe findet die Materialdisposition auf der Grundlage der von der ZEDV ausgedruckten Arbeitsunterlagen statt. Der Bedarf an Bauelementen ist in Packzetteln spezifiziert. Diesem Bedarf entsprechend werden die Bauelemente aus dem Elektronik-Lager für Fertigungsvormaterial entnommen und mit den Arbeitsplänen und sonstigen Fertigungsunterlagen in die Räume der Elektronik-Produktion transportiert.

Die in der Produktion durchzuführenden Prüfungen werden durch die Vergabe eigener Arbeitsvorgangsnummern in den Arbeitsplänen verankert. Diese Integration erfolgt durch die Abteilung Arbeitsvorbereitung (WPE2) bei der Erstellung der Arbeitspläne. Die Ausführung der Prüfungen obliegt den Mitarbeitern des Elektronik-Prüffeldes (WPE3). Die Bearbeitungsvorgänge nimmt das Fertigungspersonal der Elektronik-Produktion (WPE1) vor.

Nach einer Vorbearbeitung der Bauelemente, z.B. Biegen, findet die Bestückung statt, d.h. die Befestigung der Bauelemente auf der Leiterplatte, die zu 80% in Bestückungsautomaten rechnergestützt und zu 20% manuell durchgeführt wird. Eine Sichtprüfung, die einer Bestandsaufnahme der bestückten Leiterplatte gleichkommt, wird nicht im QDM-System dokumentiert. Nach Bestückung werden die auf einer Leiterplatte befestigten Bauelemente verlötet. In einem zweiten Schritt erfolgt die Verlötung von jeweils zwei Leiterplatten. Eine automatisierte visuelle Prüfung von Bestückung und Lötung der Leiterplatten erfolgt durch ein rechnergestütztes Inspektionssystem, das im reflektierten Licht ca. 2.000 Lötstellen nach zuvor definierten Graustufen analysiert und die fehlerhaften Bauelemente markiert. Fehlerhafte Leiterplatten werden an einem Reparaturplatz für Bestückungsfehler repariert.

In dieser Phase der Produktentstehung wird über das QDM-System ein Gerätestammblatt erstellt, mit dem jedes Gerät eine Fortschrittszahl ähnlich einer Seriennummer erhält, deren erste drei Ziffern den jeweiligen Gerätetyp angeben. In das Gerätestammblatt werden spezifische Daten kritischer Bauelemente, die sich auf einer Leiterplatte befinden, als Verwendungsnachweis eingetragen. Darüber hinaus ermöglicht das Stammblatt eines Gerätes dessen Verfolgung durch den Produktionsprozeß sowie die Dokumentation aller von einem Elektronik-Produkt durchlaufenen Qualitätsprüfungen. Das Gerätestammblatt bleibt über einen Zeitraum von 10 Jahren gespeichert[569].

---

569 In der Bundesrepublik Deutschland besteht im Gegensatz zu den United States of America (USA) keine gesetzliche Dokumentationspflicht für Elektronik-Produkte.

Vor dem Incircuit-Test (Stromkreis-Test) erfolgt über Barcode-Leser eine Geräteidentifikation. Prüfprogramme, die auf der Basis von CAD-Daten erstellt werden, bilden die Grundlage für den Incircuit-Test, in dessen Verlauf die Leiterplatten von unten mit einem Nadelbett kontaktiert und die auf ihr befindlichen Bauelemente adaptiert und vermessen werden sowie die Funktionsfähigkeit des Schaltkreises überprüft wird. Die Eingabe der Prüfergebnisse in das QDM-System erfolgt nach Testabschluß manuell.

Die defekten Leiterplatten werden manuell zum Reparaturplatz für Bestückungsfehler transportiert. Über die Anbindung des Reparaturplatzes an den Testrechner kann sich der Reparateur das Layout des betreffenden Bauteils auf seinem Bildschirm anzeigen und die fehlerhaften Bauelemente markieren lassen. Zur Identifikation des Gerätetyps liest der Reparateur die Nummer des fehlerhaften Gerätes über Barcode in das System ein. Nach der Reparatur durchlaufen die Leiterplatten den Incircuit-Test erneut.

Am zentralen Reparaturplatz findet die Behebung von Funktionsfehlern statt, wobei eine 100%ige Fehlerbehebung angestrebt wird. Eine Liste der Funktionsfehler wird am Testsystem ausgedruckt und mit den defekten Geräten zum Reparaturplatz transportiert. Am zentralen Reparaturplatz entdeckte Fehler und die ergriffenen Maßnahmen zu deren Beseitigung werden am Reparaturplatz dokumentiert. Die Beseitigung nicht entdeckter Fehler wird ohne eine Prioritätenvergabe zurückgestellt. Eine rechnerunterstützte Analyse, welche Fehlerarten an den zu reparierenden Geräten auftreten sowie von Reparaturschleifen findet nicht statt. Eine Reparaturschleife liegt vor, wenn ein repariertes Gerät ein Testsystem erneut durchläuft.

Fehler, die in den nachfolgenden Tests, dem Burn-In-Test (Dauerlauf-Hitzetest), dem Temperaturschock-Test und dem

Endtest auftreten, werden ebenfalls am zentralen Reparaturplatz behoben. Die Identifizierung der Geräte und des Tests, in dem ein Gerätefehler festgestellt wird, erfolgt über die gerätespezifische Fortschrittszahl, die mittels Barcode-Leser in das QDM-System eingelesen wird. Der Transport der fehlerhaften Geräte zum Reparaturplatz erfolgt jeweils manuell. Nach Reparatur werden die Geräte wieder in den Produktionsprozeß eingesteuert.

Der Burn-In-Test für Elektronik-Produkte entspricht einer zweitägigen Betriebssimulation bei einer Prüftemperatur von 85°C, die in drei Testschränken durchgeführt wird. Ziel des Burn-In-Tests ist die Provokation von Frühausfällen der Geräte. Eine Identifizierung und Lokalisierung der Elektronikgeräte in den Testschränken ist nicht möglich. Die Testergebnisse werden manuell erfaßt und bei positivem Testergebnis über die Gerätenummern in das QDM-System eingegeben. Fehlerhafte Geräte werden am zentralen Reparaturplatz identifiziert, indem die Gerätenummern über einen Barcode-Leser in das QDM-System eingelesen werden.

Der Testrechner für den Temperaturschock-Test (TST) ist on line mit dem QDM-Rechnersystem vernetzt. Der Temperaturschock-Test entspricht programmierten Funktionstests, wobei in sechs Temperaturstufen zwischen -40°C und +75°C geprüft wird. Über einen QDM-Bildschirm wird beim Einordnen der Geräte in die Testkammern eine Zuordnung Gerätenummer/ Steckplatz vorgenommen, die es ermöglicht, die jeweilige Position der Geräte im Testschrank zu lokalisieren. Nach Eingabe der Testkammer und des Prüfprogrammes stehen diese Daten am Testrechner zur Verfügung, der den Teststart auslöst. Die direkte On-line-Vernetzung von Testrechner und QDM-System erlaubt die Erfassung von Zwischenzuständen der Geräte und die Dokumentation außergewöhnlicher Abweichungen während des Testverlaufes. Nach Abschluß des Tests druckt das QDM-System einen nach Steckplätzen geordneten Entnahmeplan aus. Die fehlerfreien Produkte werden anschließend manuell zur Montage transportiert. Ein Fehlerbericht mit Angabe der Gerätenummern wird durch die automatische Übernahme der Testergebnisse in das Rechnersystem erstellt und steht am zentralen Reparaturplatz über einen Terminal zur Verfügung.

Vor dem Endtest werden die Gerätegehäuse aus der mechanischen Fertigung angeliefert und die Leiterplatten in diese eingebracht. Im Endtest durchlaufen die Geräte einen Tunnelofen, in dem sie Kalt-, Warm- und Raumtemperaturprüfungen unterzogen werden. Die Prüfprogramme sind auf einem zweiten HP-1000 Rechnersystem geladen, der on line mit dem QDM-System vernetzt ist. Der Teststart wird vom Testrechner ausgelöst. Die On-line-Vernetzung zwischen Endtestsystem, dem zweiten HP 1000 Rechner und dem QDM-System ermöglicht die Erfassung von Zwischenzuständen der Geräte und die Dokumentation außergewöhnlicher Abweichungen während des Testverlaufes. Nach Abschluß der Prüfung wird für die fehlerfreien Geräte ein Typenschild mit deren Gerätenummer ausgedruckt und auf die Geräte gebracht. Das Typenschild entspricht einem positiven Prüfentscheid, mit dem die Fehlerfreiheit der Geräte dokumentiert wird. Fehlerhafte Geräte erhalten kein Typenschild und werden am zentralen Reparaturplatz repariert. Dazu identifiziert der Reparateur mit einem Barcode-Leser das Gerät im QDM-System, das ihm daraufhin den Gerätefehler auf einem Bildschirm anzeigt. Die jeweils ergriffene Maßnahme zur Fehlerbeseitigung wird im QDM-System dokumentiert.

Das Verpackungspersonal liest die Gerätenummer des Typenschildes als Barcode in das QDM-System ein, so daß das Verpackungsdatum im Gerätestammblatt dokumentiert ist. Die Stückzahlen der verpackten Geräte stehen der Vertriebssteuerung in Form einer nach Gerätenummern geordneten Liste zur Verfügung. Der Vertrieb überträgt bei Auslieferung die Gerätenummern manuell in die Lieferscheine.

5.6. Technisch-betriebswirtschaftliche Aspekte der CAQ-Implementierung

Die Einbindung des in der Elektronik-Produktion installierten QDM-Systems in die Rechnerhierarchie des Unternehmens WABCO ist in Abbildung 42 angegeben.

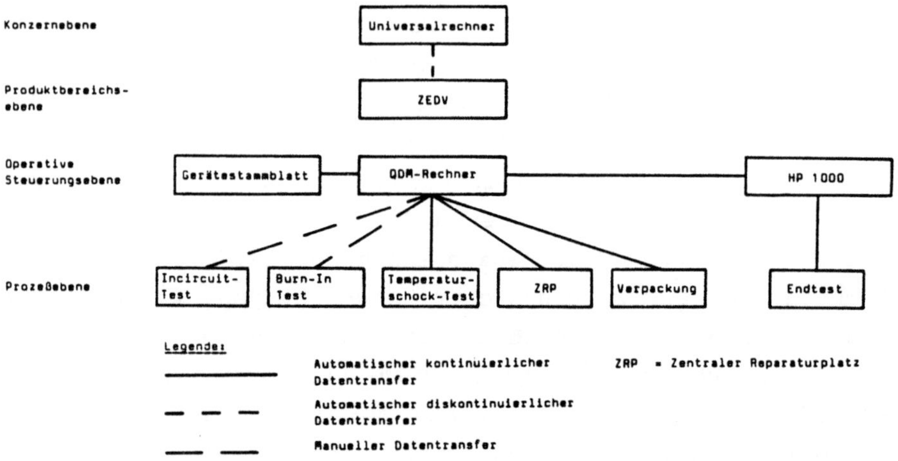

Abb.42: Einbindung des QDM-Systems in die Rechnerhierarchie des Unternehmens WABCO

Ein kontinuierlicher Datenaustausch zwischen der Konzern- und der Unternehmensebene ist nicht realisiert. Ebenso ist eine Vernetzung der ZEDV mit dem QDM-System auf der operativen Steuerungsebene nicht gegeben. Auf der Prozeßebene erfolgt der Datentransfer der Prüfergebnisse in das QDM-System beim Incircuit- und Burn-In-Test manuell nach Prüfabschluß, während die Prüfergebnisdaten beim Temperaturschock-Test und beim Endtest on line erfasst werden. Der zentrale Reparaturplatz und die Verpackungsabteilung haben über einen Terminal Zugriff auf verschiedene Daten im QDM-System. Ergriffene Reparaturmaßnahmen werden z.T. im QDM-System dokumentiert.

Während der Einführung des QDM-Systems stieß die Elektronik-Entwicklung auf unternehmensinterne und -externe Probleme. Interne Widerstände gegen das CAQ-Projekt hatten insofern positive Konsequenzen, als daß die Elektronik-Qualitätssicherung und -Produktion unter Erfolgsdruck stand und in relativ kurzer Zeit eine erfolgreiche Rechnereinführung realisieren konnte. Ein extern verursachtes Problem bestand in dem Mangel an fachkundigen Softwareanbietern zur Lösung von Schnittstellenproblemen zwischen unterschiedlichen Rechnerfamilien. Dieses Problem wurde durch die Eigenentwicklung betriebsindividueller Software gelöst.

Eine wirtschaftliche Bewertung einer CAQ-Implementierung orientiert sich an der Höhe der in einem Unternehmen anfallenden Qualitätskosten. Die Qualitätskostenerfassung und -analyse wird bei WABCO von der Abteilung Zentrale Qualitätssicherung sowohl für die Mechanik- als auch für die Elektronik-Produktion vorgenommen. WABCO erfaßt Prüfkosten, die aufgrund von Qualitätsprüfungen und der Anschaffung, Überwachung und Instandhaltung von Prüfmitteln anfallen, und Fehlerkosten, die in die Nacharbeits- und Ausschußkosten als interne und die Reklamationskosten als externe Fehlerkostenelemente unterteilt werden. Im Jahr 1987 beliefen sich die Nacharbeits- und Ausschußkosten auf 3 bis 3,5% von der Betriebsleistung[570]. Die Qualitätskosten lagen mit einem Umsatzanteil von 6 bis 7% bzw. DM 15 bis 20 Mio. unter dem Branchendurchschnitt von 5 bis 10%. Dabei ist die branchenspezifisch hohe Anzahl von Qualitätsprüfungen zu berücksichtigen, die zum überwiegenden Teil als 100%-Prüfungen durchgeführt werden.

Die Investitionsausgaben für das QDM-System betrugen DM 260 TSD. In dieser Summe sind Ausgaben, die für die Projektein-

570 Die Betriebsleistung entspricht den Herstellkosten einer Abrechnungsperiode abzüglich dem Wert der verarbeiteten Zwischenerzeugnisse.

führung und Rechnerprogrammierung anfielen und zum überwiegenden Teil aus dem dafür erforderlichen Personaleinsatz resultieren, nicht enthalten. Es ist aber davon auszugehen, daß die Gesamtausgaben der CAQ-Implementierung unter 10% der jährlich bei der Entwicklung und Produktion von Elektronik-Produkten anfallenden Qualitätskosten liegen.

Exakte Quantifizierungen realisierter CAQ-Einsparungen sind immer dann möglich, wenn eine manuelle Prüfausführung auf eine Rechnerunterstützung ceteris paribus umgestellt wird. Dies ist bei WABCO nicht der Fall. Zum einen diente die QDM-Einführung der Integration bereits eingesetzter rechnergestützter Prüfsysteme. Die Reduzierung manueller Prüftätigkeiten als Folge der Automatisierung von Prüfabläufen bewegt sich daher ebenso wie die Verlagerung des Personaleinsatzes in den Planungsbereich in einer vernachlässigbaren Größenordnung. Zum anderen wurden parallel zur CAQ-Implementierung die Anzahl hergestellter Gerätevarianten (von 50 auf 100 Varianten) und die Produktionsmengen[571] drastisch erhöht. In diesem Zusammenhang wurden auch Umstellungen der Fertigungsorganisation vorgenommen. Eingetretene Rationalisierungseffekte sind daher das Ergebnis verschiedener Einflußfaktoren. Dadurch wird eine Isolierung und Quantifizierung desjenigen Anteils an Einsparungen erschwert, der auf die QDM-Einführung zurückzuführen ist.

Das beschriebene Problem wird dadurch verstärkt, daß die QDM-Installation bei WABCO nicht als Rationalisierungsprojekt galt, sondern ausschließlich mit Sicherheitsargumenten begründet wurde. Da die Reduzierung von Qualitätskosten insofern von untergeordneter Bedeutung war, wurde deren exakte Erfassung vor der CAQ-Implementierung für spätere Ver-

571 Vgl. Modellrechnung auf S. 242.

gleichszwecke nicht vorgenommen[572]. Trotz der aufgezeigten Probleme kann das CAQ-Einsparungspotential anhand zweier Modellrechnungen dargestellt werden.

Tätigkeiten	Manuell	Automatisch
(1) Numerieren	5 Sek.	5 Sek.
(2) Erfassen Gerätedaten	20 Sek.	10 Sek.
(3) Erfassen Prüfung i.O.	10 Sek.	-- Sek.
(4) Aufbringen Typenschild	20 Sek.	-- Sek.
(5) Datenarchivierung	10 Sek.	-- Sek.
Summe	65 Sek.	15 Sek.
Zeitaufwand	2.979 Stunden	688 Stunden
Lohnkosten	DM 148.950	DM 34.400
QDM-Einsparung		DM 114.550

Abb.43: Vergleich der Zeitbedarfe bei manueller und automatischer Gerätestammblatterstellung

In Abbildung 43 sind die Zeitbedarfe für die manuelle und automatische Gerätestammblatterstellung aufgezeigt. Bei manueller Gerätestammblatterstellung sind die Geräte in Klarschrift zu numerieren (1) sowie die Gerätedaten (2) und das Prüfergebnis i.O. (in Ordnung) (3) in das Stammblatt einzutragen. Ferner erfolgt das Ausfüllen und Aufbringen des Typenschildes auf die Geräte (4) sowie die Archivierung der Gerätestammblätter (5) durch das Prüfpersonal. Die manuelle Erstellung eines Gerätestammblattes erfordert einen Zeitbe-

572 WABCO erfaßt z.B. Ausschuß- und Nacharbeitskosten zusammen mit den Serienanlaufkosten (Anzahl der Serienanläufe 1989: 22/1990: 25/1991: ca.40). Da eine getrennte Erfassung der Ausschuß- und Nacharbeitskosten in der Serie nicht erfolgt, ist eine Isolierung und damit ein Kostenvergleich dieser Fehlerkosten vor und nach der QDM-Investition nicht möglich.

darf von ca. 65 Sekunden. Im Jahr 1991 durchlaufen ca. 165.000 Geräte den Endtest. Bei einem Lohnstundensatz von DM 50,00 ergeben sich für die manuelle Gerätestammblatterstellung Gesamtkosten von etwa DM 150.000. Bei automatischer Stammblatterstellung werden die Gerätedaten in eine am Bildschirm angezeigte Maske eingetragen (2). Dadurch reduziert sich der Zeitaufwand auf ca. 10 Sekunden. Das Prüfergebnis i.O. (in Ordnung) ordnet das QDM-System automatisch dem Gerätestammblatt zu (3). Des weiteren erfolgt der Druck und das Aufbringen des Typenschildes auf die Geräte (4) sowie die Archivierung der Gerätestammblätter (5) automatisch. Die gesamten Lohnkosten bei automatischer Stammblatterstellung belaufen sich lediglich auf etwa DM 34.400. Damit betragen die CAQ-Einsparungen ca. DM 115.000.

Jahr	1989	1990	1991
Produktionsmenge	40.000 Stck.	63.000 Stck.	130.000 Stck.
Baugruppe(n)	A	A/B	A/B
Varianten	A:5	A:5/B:6	A:5/B:12
Prozentuale Aufteilung der Produktionsmengen auf Varianten (V.)	(A) 80%: 2V. 20%: 3V.	(A) 80%: 2V. 20%: 3V. (B) 80%: 2V. 20%: 4V.	(A) 80%: 1V. 20%: 4V. (B) 80%: 4V. 20%: 8V.
Rüstzeit pro Tag	1 x 30 Min.	3 x 30 Min.	4 x 30 Min.
Stundensatz Endtestsystem	DM 150	DM 150	DM 150
Lohnstundensatz	DM 50	DM 50	DM 50
QDM-Einsparung	DM 20.000	DM 60.000	DM 80.000

Abb.44: Umrüstkosten beim Endtestsystem ohne QDM-Einsatz

In Abbildung 44 werden Umrüstkosten des Endtestsystems für die Jahre 1989, 1990 und 1991 ermittelt, die ohne den CAQ-Einsatz angefallen wären. Angegeben sind die jährlich gefertigten Produktionsmengen, Baugruppen, Varianten sowie der prozentuale Anteil der einzelnen Varianten an den Produktionsmengen. Bei Vernachlässigung der drei Varianten der Baugruppe (A), auf die nur 20% der Produktionsmenge entfallen, sind zur Aufrechterhaltung der Lieferbereitschaft 1989 pro Tag durchschnittlich zwei Varianten der Baugruppe (A) zu fertigen. Daher ist das Endtestsystem 1989 einmal pro Tag auf eine andere Variante umzurüsten. Bei gleichen Ausgangsbedingungen sind 1990 im Durchschnitt vier Varianten der Baugruppen (A) und (B) zu fertigen und infolgedessen täglich drei Umrüstungen des Testsystems vorzunehmen. 1991 sind bei fünf durchschnittlich zu fertigenden Varianten der Baugruppen (A) und (B) pro Tag vier Umrüstvorgänge erforderlich. Für das manuelle Umrüsten des Endtestsystems werden 30 Minuten benötigt. Durch das QDM-System erfolgt die Identifikation des jeweils zu prüfenden Gerätes und das Einlegen des entsprechenden Prüfprogrammes automatisch. Aufgrund der dadurch gestiegenen Flexibilität des Endtestsystems entfällt die manuelle Umrüstung zugunsten einer gestiegenen Prüfkapazität[573]. Der Stundensatz des Endtestsystems[574] beträgt DM 150,00, der Lohnstundensatz liegt bei DM 50,00. Bei 200 Arbeitstagen pro Jahr beträgt das QDM-

---

573 Bei flexiblen Fertigungstechnologien stehen oft vernachlässigbar geringen variablen Umrüstkosten je Umrüstvorgang hohe fixe Kosten gegenüber. Letztere sind eine Folge der hohen Anschaffungsausgaben für moderne Produktionssysteme.
Vgl. Steffen, R., Verbesserung der Umrüstbedingungen in der industriellen Produktion, in: Wirtschaftswissenschaftliches Studium, (1989), Heft 4, S. 180.

574 Der Maschinenstundensatz ergibt sich durch die Division der Summe variabler und fixer Gemeinkosten durch die Laufzeit einer Maschine. Vor allem in Abhängigkeit von Nachfrageverschiebungen auf den Absatzmärkten werden Maschinen unterschiedlich stark ausgelastet. Daraus resultieren in ihrer Höhe schwankende Maschinenstundensätze. Als Kriterium für betriebswirtschaftliche Planungsentscheidungen sind Maschinenstundensätze daher problematisch. Beispielsweise werden bei Nachfragerückgängen durch steigende Maschinenstundensätze in ihrer Höhe zunehmende Kosten ausgewiesen. Diese können aber im allgemeinen nicht über die Verkaufspreise auf die Abnehmer abgewälzt werden. Darüber hinaus ist der Maschinenstundensatz aufgrund des Ausweises von Vollkosten insbesondere für Fragen der Verfahrenswahl ungeeignet. Vgl. Plaut, H.G., a.a.O., S. 23f.

Einsparungspotential aufgrund der automatischen Prüfausführung beim Endtest im Jahr 1991 ca. DM 80.000.

Bereits die Summe der jährlichen Einsparungen der ausgewählten Beispielfälle verdeutlicht, daß sich die QDM-Investition von DM 260.000 bereits in kürzester Zeit amortisiert hat. Dies ist insbesondere auf die seit dem Einführungszeitpunkt gestiegenen Variantenzahlen und Produktionsmengen zurückzuführen. Wie dargestellt, wäre das dadurch angewachsene Datenvolumen nur mit erheblichem Personaleinsatz und damit bei stark sinkender Zuverlässigkeit der Qualitätsdaten zu bewältigen. Die Einbeziehung weiterer aus den oben genannten Gründen bei WABCO nicht quantifizierbarer bzw. qualitativer Nutzeffekte[575] unterstreicht das enorme Rationalisierungspotential von CAQ-Implementierungen. Die vorgestellten Praxisbeispiele belegen die CAQ-bedingte tendenzielle Konformität der Zielsetzungen 'Geringe Kostenverursachung' und 'Hoher Wirkungsgrad'.

575 Vgl. Kapitel 3.6.1.

6. Erweiterungsmöglichkeiten der CAQ-Architektur bei der Entwicklung und Produktion von Elektronik-Produkten in der WABCO Westinghouse Fahrzeugbremsen GmbH

6.1. Produktionstypspezifische Anforderungen an ein integrales CAQ-System

Die den Produktionstyp der Elektronik-Produktion determinierenden Strukturmerkmale sind mit ihren jeweils realisierten Ausprägungen der Tabelle 15 zu entnehmen.

Die Produktion von Elektronik-Produkten erfolgt in Form einer weitgehend auftragsbezogenen Mehrfachfertigung. Die Auftragsmengen werden dabei zu Fertigungslosen zusammengefaßt. Die einzelnen Lose können als im Zeitablauf häufig aufgelegte Sorten aufgefaßt werden. Die Arbeits- und Prüfsysteme sind nach dem Werkstattprinzip angeordnet und nicht zeitlich aufeinander abgestimmt. Die Beziehung der Produktion zum Absatzmarkt ist kundenorientiert, wobei lediglich die im Produktionsprogramm enthaltenen Alternativen ohne kundenspezifische Variation gefertigt werden. Die Fertigung erfolgt als Sortenproduktion, d.h. die Elektronik-Produkte werden im Zeitablauf nacheinander auf denselben Arbeitssystemen gefertigt.

Der Produktionsprozeß in der Elektronik-Produktion ist gekennzeichnet durch eine geringe Anzahl von Bearbeitungsvorgängen in Relation zu den vorzunehmenden Qualitätsprüfungen. Die Übertragung der Verantwortlichkeit für die Entwicklung der Schaltpläne auf die Serienentwicklung dient der Standardisierung der Schaltungen im Sinne einer innerbetrieblichen Normung bzw. Teilefamilienbildung und der Realisierung bestehender Rationalisierungspotentiale. Die Arbeits- und Prüfvorgänge werden exakt eingeplant. Eine zeitliche Überlappung von Planung und Produktion ist nicht gegeben. Da die den Fertigungsprozeß determinierenden Parameter nicht gänzlich bekannt sind, ist der Fertigungsprozeß als nur teilweise beherrscht einzustufen. Aufgrund der hohen Genauigkeitsanforderungen ist eine ausreichende Prozeßfähigkeit nicht gegeben. Das Rationalisierungspotential von SPC-Verfahren kann daher nicht genutzt werden.

Merkmale zur Bildung von Produktionstypen	Ausprägungen der Strukturmerkmale
Produktionsprozeß	
Prozeßtyp	Sortenfertigung
Organisationstyp	Werkstattprinzip
Bezug zum Absatzmarkt	Kundenorientiert
Zeitliche Abstimmung	Zeitlich nicht abgestimmt
Prozeßbeherrschung	Begrenzt beherrschte Prozesse
Prozeßfähigkeit	Nicht fähige Prozesse
Produktart	
Komplexitätsgrad	Relativ hoch
Einsatzbereich	Sicherheitsbereich
Prüfart	Qualitative Prüfungen
Materieller Wert	ca. DM 600,00 pro ABS-Gerät
Beschaffungsmodus	
Bezug zum Vertrieb	Auftragsbezogen
Fertigungstiefe	Sehr gering
Lieferfrequenz	Relativ hoch
Lieferantenanzahl	Relativ gering
Automatisierung	
Automatisierungsgrad	Relativ hoch
CIM-Implementierungsgrad	Relativ hoch
Unternehmensgröße	
Mitarbeiteranzahl	ca. 2.700 Mitarbeiter
Organisationsgrad	Relativ hoch

Tab.15: Ausprägungen des Produktionstyps in der Elektronik-Produktion des Unternehmens WABCO

Der Komplexitätsgrad der Elektronik-Produkte ist infolge der Anzahl und der Verschiedenartigkeit der eingehenden Bauelemente relativ hoch und bedingt eine hohe Komplexität der Qualitätsprüfungen. Aufgrund der Fertigung sicherheitsrelevanter Teile, die zur aktiven Sicherheit eines Fahrzeugs beitragen, d.h. "...mit deren Hilfe ein Fahrzeuglenker das Fahrzeug sicher führen und dadurch aktiv einen Unfall vermeiden kann und bei deren Versagen Menschen gefährdet werden können"[576], erfolgen alle Qualitätsprüfungen als Vollkontrolle. Eine Ausnahme bilden lediglich die Stichprobenprüfungen für nicht kritische Komponenten im Wareneingang, die der Abteilung Zentrale Qualitätssicherung zugeordnet sind. Das durch die Anwendung von Stichprobenverfahren, insbesondere durch die CAQ-Funktion der Prüfsteuerung, erhebliche Rationalisierungspotential kann die Elektronik-Qualitätssicherung aus den genannten Gründen nicht nutzen. Dem relativ geringen Anteil qualitativer nicht dokumentierter Sichtprüfungen stehen umfangreiche Funktionsprüfungen gegenüber, deren Prüfergebnisse im Gerätestammblatt dokumentiert werden. Der Schwerpunkt des CAQ-Einsatzes liegt auf der Automatisierung der fertigungsnah installierten Meß- und Prüftechnik.

Da die Elektronik-Produkte zu 100% aus fremdbezogenen Komponenten zusammengesetzt sind, ist die Fertigungstiefe in der Elektronik-Produktion gleich null. Die Beschaffung der Elektronikbauteile erfolgt weitgehend auftragsbezogen. Wie oben beschrieben erfolgt im Wareneingang eine Funktionsprüfung aller kritischen Bauelemente. Die Beschaffungsfrequenz ist aufgrund der auftragsbezogenen Beschaffung relativ hoch. Der Einkauf ist um eine geringe Anzahl von zuverlässigen Lieferanten pro Teil bemüht; beispielsweise existieren lediglich zwei Hauptlieferanten für Leiterplatten.

Der Automatisierungsgrad in der Fertigung ist verhältnismäßig hoch. Lediglich 20% der Bestückung der Bauelemente auf

576 Verband der Automobilindustrie e.V. (VDA), Dokumentationspflichtige Teile bei Automobilherstellern und deren Zulieferanten, Qualitätskontrolle in der Automobilindustrie, Band 1, Frankfurt am Main 1973, S. 7.

den Leiterplatten erfolgen manuell. Weitere manuelle Tätigkeiten beziehen sich auf die Durchführung von Sichtprüfungen und diverse Handhabungs- und Transporttätigkeiten. Wie in Kapitel 5.3. dargestellt, ist der CIM-Implementierungsgrad, d.h. der Umfang implementierter und integrierter CIM-Funktionen in der Elektronik-Produktion als hoch einzustufen.

Aufgrund der Größe und des hohen Organisationsgrades des Unternehmens WABCO hat ein CAQ-System in der Elektronik-Produktion eine Vielzahl von Qualitätssicherungselementen zu unterstützen. Für deren umfassende Unterstützung sind die vorhandenen CAQ-Funktionen teilweise auszubauen bzw. weitere CAQ-Funktionen zu installieren.

6.2. Ausbaumöglichkeiten der CAQ-Architektur

Die in der Elektronik-Produktion implementierten CAQ-Funktionen decken einen Teil des vollständigen Spektrums denkbarer CAQ-Funktionen ab. Die Prüfplanung wird aufgrund der gewachsenen Organisationsstrukturen jeweils getrennt für die Wareneingangsprüfung von der Abteilung Zentrale Qualitätssicherung und für die Elektronik-Produktion von der Elektronik-Arbeitsvorbereitung wahrgenommen. Bei Wareneingang und bei Auftragsfreigabe werden automatisch die Prüfaufträge für den Wareneingang und die Fertigung über die Anbindung dieser PPS-Funktionen an die ZEDV generiert. Aufgrund der im Fertigungsbereich vorzunehmenden 100%-Prüfungen ist die CAQ-Funktion Prüfsteuerung nicht realisiert. Die Prüfauftragspflege erfolgt durch die gerätebezogene Fortschreibung der durchlaufenen Prüfungen im Gerätestammblatt. Die Erfassung der Prüfergebnisse erfolgt wie oben dargestellt teils manuell und teils durch automatischen Datentransfer zwischen Testsystem und QDM-Rechner. Der Prüfentscheid für ein Elektronikgerät ergibt sich nach Durchlaufen des Endtestes mit dem Ausdrucken bzw. Nicht-Ausdrukken eines Typenschildes. Die Funktion der Prüfdatenauswertung nutzt WABCO aufgrund der Einführungsphase des Systems bisher kaum. Die CAQ-Funktion Prüfdatenarchivierung wird über das QDM-System realisiert. Die CAQ-Einzelfunktion Prüfmittelüberwachung ist nicht implementiert.

Die Überwachung der Prüfmittel wird manuell durchgeführt. Die Prüfmittel in der Elektronik-Produktion befinden sich im permanenten Einsatz. Ihre Überwachung erfolgt in gleichbleibenden Intervallen. Die auftrags- oder einsatzabhängige Dynamisierung von Überwachungsintervallen[577] durch eine CAQ-Prüfmittelüberwachung kann nicht genutzt werden. Aufgrund der geringen Anzahl von Prüfmitteln in der Elektronik-Produktion wäre eine rechnergestützte Prüfmittelüberwachung nur unwesentlich effizienter als eine manuelle. Erst mit steigenden Produktionsmengen und einer zunehmenden Prüfmittelanzahl wird diese CAQ-Ausbaumöglichkeit daher an Bedeutung gewinnen.

Der CAQ-Implementierungsgrad in der Funktion Prüfausführung ist im Hinblick auf die Integration der Erfassungsperipherie in das QDM-System sehr hoch. Denkbare Erweiterungen beziehen sich vor allem auf den automatischen Datentransfer zwischen dem QDM-Rechner und der Prozeßebene. Beispielsweise ließen sich die Prüfergebnisse beim Incircuit- und beim Burn-In-Test über eine geeignete Schnittstelle automatisch an den QDM-Rechner übertragen. Damit könnten der Zeit- und Kostenaufwand bei manueller Eingabe der Prüfergebnisdaten sowie mögliche Übertragungsfehler vermieden werden. Der Temperaturschock-Test und der Endtest sind bereits vollständig in das QDM-System integriert.

Mit der Ermittlung und Abstellung systematischer Störeinflüsse auf den Fertigungsprozeß im Rahmen von Prozeßfähigkeitsuntersuchungen bestehen zukünftig hinsichtlich der

---

577 Vgl. S. 104.

Anwendung von SPC-Verfahren sowie der direkten Überwachung der Prozeßparameter Möglichkeiten zur Nutzung weiterer CAQ-Funktionen.

Bei der Reparatur fehlerhafter Elektronik-Produkte fallen Daten an, die zur Steigerung der Effizienz der Qualitätssicherung von grundlegender Bedeutung sind und bisher nicht in ausreichendem Maß genutzt werden. Mögliche Analysen beziehen sich auf die an den Geräten aufgetretenen Fehlerarten oder auf die Reparaturschleifen von Geräten. Von WABCO geplant und z.T. bereits realisiert ist die Eingabe erfolgter Reparaturmaßnahmen in das QDM-System. Eine weitere Ausbaumöglichkeit besteht in der Eingabe des bei einem Gerät gefundenen Fehlers durch den Reparateur, dem das QDM-System daraufhin anzeigt, in welcher Weise diese Fehlerart bei der letzten Reparatur behoben wurde. Damit lassen sich Reparaturzeiten und -kosten erheblich reduzieren.

Für eine automatische Auswertung der Reklamationsdaten ist die Einführung von Fehlerschlüsseln notwendig. Hinderlich erweist sich in diesem Zusammenhang die Vielfalt auftretender Fehler, die durch Fehlerschlüssel nicht vollständig erfaßt werden kann. Durch die Nutzung der QDM-Daten für die Reklamationsanalyse könnte festgestellt werden, ob ein reklamiertes Gerät während der Fertigung bereits einen Ausfall hatte und eventuell falsch repariert wurde. Dies trüge zu einer schnellen Erkennung von Fehlerursachen und zu einer Sensibilisierung des Reparateurs bei, z.B. hinsichtlich langfristig auftretender Fehler.

Bereichsübergreifende Vernetzungen des QDM-Systems sind bisher nicht realisiert. Voraussetzung dafür bildet die Anbindung des QDM-Systems an die ZEDV, in der Qualitätsdaten abgelegt und verwaltet werden. Damit wären diese für alle mit der ZEDV vernetzten Funktionen abrufbar.

Ausgangspunkt einer bereichsübergreifenden CAQ-Vernetzung ist der Konstruktionsbereich. In der Realisierung befindet sich die Vernetzung zwischen dem CAD-System und dem Incircuit-Test. Im CAD-System entstehen die Bohrpläne für Leiterplatten, die zugleich die Positionen der einzelnen Nadeln auf dem Nadelbett angeben. Aus den CAD-Daten ließen sich daher automatisch die Bohrpläne für die Prüfadaptoren generieren. In umgekehrter Richtung würde der Zugriff der Konstruktion auf die Daten des QDM-Systems der Senkung von Fehlern in der Fertigung sowie der Prüffreundlichkeit neuentwickelter Elektronik-Produkte dienen.

Die Instandhaltung der Fertigungs- und Prüfeinrichtungen erfolgt nicht rechnergestützt. Qualitätsdaten können aber auf die Notwendigkeit einer Instandsetzung hinweisen, z.B. indem untersucht wird, an welchen Prüfsystemen Fehler gemeldet, aber nicht am Reparaturplatz festgestellt werden, oder an welchen Testsystemen reklamierte Fehler nicht erkannt werden.

Im PPS-Bereich erlaubt der Zugriff der Materialwirtschaft auf die Qualitätsdaten Ausfälle von Bauelementen in der Elektronik-Produktion und beim Kunden in die Lieferantenbewertung einzubeziehen. Für die weiteren Funktionen des PPS-Bereiches ist mit der Verfügbarkeit der Prüfpläne in der ZEDV eine derzeit ausreichende Datenintegration gewährleistet.

Mit der mittelfristig geplanten Implementierung eines CAQ-Systems in der Mechanik-Produktion, das der Abteilung Zentrale Qualitätssicherung untersteht, und der Anbindung des QDM-Systems an dieses übergeordnete Rechnersystem werden die Datenbestände beider Bereiche verbunden und deren Aussagefähigkeit erhöht. Diese CAQ-Systemintegration dient daher in erster Linie einer Steigerung der Effizienz der CAQ-Prüfdatenverarbeitung.

Die für eine CAD-begleitende Kalkulation aufzubauende CIM-Systemintegration[578] erfordert die Implementierung eines geeigneten rechnergestützten Kostenrechnungssystems[579] und deren Vernetzung mit der ZEDV. Ferner sind BDE-Systeme zu installieren, die on line prüfungsbezogene Mengen- und Zeitdaten an die Kostenrechnung zur Bewertung übertragen. Die Übermittlung von Prüfergebnisdaten erfordert eine Anbindung des QDM-Systems an die Kostenrechnung. Darüber hinaus ist die Elektronik-Systementwicklung durch eine entsprechende Software in den rechnergestützten Konstruktionsprozeß einzubinden. Dadurch kann eine wirtschaftliche Konstruktion der Leiterplattenlayouts in einem integrierten CAD-System erfolgen. Insbesondere aufgrund der Sicherheitsrelevanz von Elektronik-Produkten ergibt sich ein hoher Qualitätskostenanteil an den Herstellkosten. Eine CAD-begleitende Kalkulation mit Bezug auf Qualitätskostendaten ist daher als langfristige CAQ-Ausbaumöglichkeit anzusehen.

Das bei einer überbetrieblichen CAQ-Abnehmer/CAQ-Lieferanten-Systemintegration realisierbare Rationalisierungspotential besteht vor allem in einer Reduzierung des Prüfumfanges bis hin zum Prüfverzicht. CAQ/CAQ-Systemintegrationen zwischen der Elektronik-Produktion und ihren Lieferanten schaffen die Voraussetzung für eine fertigungssynchrone Beschaffung und eröffnen damit ein erhebliches Rationalisierungspotential. Dies wirkt sich vor allem in einer Reduzierung der Lagerbestände und damit der Kapitalbindungskosten aus. Dabei ist auf rechtliche Aspekte hinsichtlich der Verlagerung der Wareneingangsprüfung auf Lieferanten sicherheitsrelevanter Erzeugnisse hinzuweisen[580].

578 Vgl. Kapitel 3.6.3.
579 Vgl. Kapitel 3.6.4.
580 Vgl. Kapitel 4.2.3.

6.3. Technisch-betriebswirtschaftliche Aspekte eines integralen CAQ-Systems

In technischer Hinsicht ist auf die Notwendigkeit der Einbettung der CAQ-Implementierungsstrategie in die CIM-Gesamtstrategie des Unternehmens WABCO hinzuweisen, insbesondere zur weitgehenden Vermeidung von Schnittstellenproblemen. In diesen Planungsprozeß sind die von der Elektronik-Qualitätssicherung bei der Einführung des QDM-Systems gemachten Erfahrungen einzubringen.

In organisatorischer Hinsicht führt eine umfassende Datenintegration in der Elektronik-Qualitätssicherung zu einem Wegfall manueller Tätigkeiten, die zuvor bei der Eingabe von Daten, bei Schreibarbeiten[581] und beim Transport z.B. von Datenkassetten anfielen. Dadurch werden Übertragungsfehler weitgehend ausgeschlossen und der Aufwand für die Informationsbeschaffung durch den realisierten unternehmensweiten Datenzugriff erheblich gesenkt.

Eine in der Elektronik-Qualitätssicherung vollzogene Datenintegration führt zu einem Zusammenwachsen zuvor getrennt wahrgenommener Funktionen. Denkbar sind Funktionsintegrationen für die Bereiche der Systementwicklung und Serienentwicklung, die mit der aus Standardisierungsgründen vorgenommenen Übertragung der Verantwortung für die entwickelten Schaltungen auf die Serienentwicklung partiell vollzogen ist. Bereits vollständig integriert und nach außen dokumentiert sind die in der Abteilung Arbeitsvorbereitung zusammengefaßten Funktionen der Arbeits- und Prüfplanung[582].

Mit steigenden Produktionsmengen und Umsatzanteilen der Elektronik-Produktion werden auch die derzeit noch in den

581 Vgl. Modellrechnung auf S. 241.

582 Diese Funktionsintegration im technischen Planungsbereich erfolgt im Sinne des CID. Vgl. Kapitel 3.5.

getrennten Abteilungen Zentrale Qualitätssicherung und Elektronik-Qualitätssicherung wahrgenommenen Aufgaben zunehmend integriert abgewickelt werden. Diese Entwicklung ist zwangsläufig mit weiteren Veränderungen in der Aufbau- und Ablauforganisation des Unternehmens WABCO verbunden. Langfristig ist insbesondere von einem Zusammenwachsen der derzeit getrennten Qualitätssicherungsabteilungen auszugehen. Diese Integration ist gegenwärtig bereits erkennbar in gemeinsam durchgeführten Reklamationsanalysen sowie in Überprüfungen des Qualitätssicherungssystems der Firma WABCO durch deren Kunden, in die beide Abteilungen eingebunden sind.

Die in den letzten Jahren gestiegenen Produktionsmengen wären bei WABCO vor dem Hintergrund international verschärfter gesetzlicher Auflagen zur Dokumentationspflicht ohne Rechnerunterstützung in der Qualitätssicherung nicht zu bewältigen gewesen. Über die quantifizierbaren Nutzeffekte hinaus erhält das QDM-System seine Attraktivität aus seinem entscheidenden Beitrag zur Expansionsfähigkeit und damit zur langfristigen Existenzsicherung des Unternehmens WABCO.

7. Zusammenfassung

Der vorliegenden Arbeit lag das Ziel zugrunde, Möglichkeiten der Ausgestaltung einer rechnergestützten Qualitätssicherung in ihrer idealtypischen Konzeption und in der betrieblichen Praxis aufzuzeigen. Dabei standen die technisch-betriebswirtschaftlichen Aspekte einer CAQ-Implementierung im Vordergrund.

Grundlage der Ausführungen bildete ein inhaltlich weit gefaßter Begriff der Produktionsqualität, der neben der Produktqualität auch die Qualitätsfähigkeit einer Organisation einbezog. In bezug auf die Ausgestaltung der Qualitätssicherung besteht traditionell ein Konflikt zwischen den Zielsetzungen 'Geringe Kostenverursachung' und 'Hoher Wirkungsgrad', so daß nur eine Optimierung von Qualitätssicherungsmaßnahmen zu einer betriebswirtschaftlich sinnvollen Lösung führt. Dieser inhärent ist die Akzeptanz spezifischer Fehleranteile zu Gunsten möglichst geringer Qualitätskosten. Aufgrund wachsender marktbezogener Forderungen an die Produktqualität reagieren Absatzmärkte auf die Auslieferung fehlerhafter Erzeugnisse bereits kurzfristig mit drastischen Nachfragerückgängen. Diese Entwicklung bedingt die betriebswirtschaftliche Notwendigkeit, das Dilemma der traditionellen Qualitätssicherung zu lösen. Wesentliches Instrument dazu ist der Einsatz von CAQ-Systemen in der Qualitätssicherung.

CAQ bildet ein Element zur Verbindung von den bisher vorwiegend getrennt entwickelten TQM- und CIM-Konzeptionen. In ihrer idealtypischen Konzeption unterstützen CAQ-Systeme alle Elemente von Qualitätssicherungssystemen; deren unternehmensindividuelle Ausgestaltung schreibt die Anforderung an die organisatorische Integrationsfähigkeit konkreter CAQ-Lösungen fest. Als Basisfunktionen realisierter CAQ-Anwendungen wurden die CAQ-Prüfplanung, CAQ-Prüfausführung und CAQ-Prüfdatenverarbeitung definiert. Dieser Einteilung entsprechend decken CAQ-Systeme gegenwärtig primär Funktionen der Qualitätsprüfung ab. Qualitätsplanung und -lenkung werden in erster Linie indirekt über eine empfängerorientierte Bereitstellung von Qualitätsinformationen unterstützt. Mit zunehmender Umsetzung des CIM-Konzeptes in die betriebliche Praxis wachsen die Anforderungen an die technische Integrationsfähigkeit von CAQ-Systemen. Diesen Zusammenhang bestätigte die Untersuchung der informationstechnischen Interdependenzen zwischen CAQ-Systemen und ihrer CIM-Umgebung.

Mit der Übertragung manueller Prüftätigkeiten auf CAQ-Rechnersysteme lassen sich in der traditionellen Qualitätssicherung vorhandene Rationalisierungspotentiale realisieren und zugleich der Wirkungsgrad von Qualitätssicherungsaktivitäten wesentlich erhöhen. Die daraus resultierende tendenzielle Lösung des Dilemmas der traditionellen Qualitätssicherung konnte anhand von Praxisbeispielen belegt werden. Die exemplarische Bestimmung erfolgsgünstiger Prüfverfahren alternativen Prüfumfanges erfolgte für manuelle und automatisierte Qualitätsprüfungen. Beim CAQ-Einsatz stellten sich mit Vollkontrolle und SPC-Verfahren die Prüfverfahren als erfolgsgünstig heraus, die zugleich den höchsten Wirkungsgrad in bezug auf die Vermeidung von Fehlern aufweisen. Mit zunehmender Bedeutung der Erzeugnisqualität nimmt der relative Anteil der Qualitätskosten an den Herstellkosten zu. Um bereits in frühen Phasen der Produktplanung zuverlässige Kostenermittlungen durchführen zu können, ist der Zugriff des Konstrukteurs auf Qualitätskostendaten zu organisieren. Die dazu erforderliche CIM-Systemintegration, deren wesentliche Voraussetzung die Definition der Kosten- und Erlösrechnung (KER) als eigenständige CIM-Komponente ist, wurde aufgezeigt. Mit zunehmender Automatisierung in Industrieunternehmen verändern sich bestehende Kostenstrukturen im Sinne einer deutlichen Zunahme der fixen zu Lasten der variablen Kostenanteile. Die Untersuchung CAQ-bedingter Veränderungen der Qualitätskosten bestätigte diese Aussage. Als Folge dieser Entwicklung nimmt die Aussagefähigkeit der Grenzplankostenrechnung ab. Alternativ wurde die Informationsqualität der Prozeßkostenrechnung bezogen auf den Gemeinkostenbereich Qualitätswesen sowie auf die Qualitätssicherung im unmittelbaren Fertigungsbereich untersucht. Als Ergebnis stellte sich heraus, daß beide Kostenrechnungsverfahren Informationen für unterschiedliche Entscheidungssituationen liefern und daher parallel eingesetzt werden sollten. Dabei ist die Grenzplankostenrechnung für spezifische betriebliche Planungsentscheidungen um Kostensätze zur Verrechnung fixer Gemeinkosten zu ergänzen.

Basis für die Konkretisierung unternehmensindividueller Anforderungen an eine CAQ-Ausgestaltung bildete die Abgrenzung von Produktionstypen anhand ausgewählter Strukturmerkmale. Die Untersuchung produktionstypspezifischer CAQ-Anwendungen belegte das breite Spektrum an CAQ-Einsatz- und -Rationalisierungsschwerpunkten. Dabei wurde der wesentliche Beitrag von CAQ-Systemen zur Umsetzung von JIT-Konzeptionen herausgestellt. Die erhebliche Diskrepanz zwischen der theoretischen CAQ-Konzeption und der CAQ-Realisierung in der industriellen Praxis belegten Untersuchungen zum Stand der Implementierung von CAQ-Systemen in der Bundesrepublik Deutschland.

Eine konkrete CAQ-Ausgestaltung wurde in einem Unternehmen der Elektrotechnik untersucht, das einen überdurchschnittlich hohen CIM- und CAQ-Implementierungsgrad aufwies. Die allgemeine Problematik der Quantifizierung von CAQ-Rationalisierungspotentialen wurde durch unternehmensbezogene Faktoren verstärkt. Dennoch konnte die kurze Amortisationszeit des eingesetzten CAQ-Systems anhand von Modellrechnungen belegt werden. In Reflexion auf den zuvor dargestellten konzeptionellen CAQ-Funktionsumfang wurden abschließend Ausbaumöglichkeiten der konkreten CAQ-Lösung hin zu einem CIM-integralen CAQ-System vorgestellt.

Die betriebswirtschaftliche Relevanz einer CAQ-Installation resultiert aus der Auflösung des traditionellen Konfliktes zwischen den Zielsetzungen 'Geringe Kostenverursachung' und 'Hoher Wirkungsgrad'. Infolgedessen trägt ein CAQ-Einsatz wesentlich zur Erreichung der industriellen Oberziele wie dem Gewinn-, dem Rentabilitäts- und dem Sicherheitsziel bei. Für Industrieunternehmen ist es daher unabdingbar, sich frühzeitig der Herausforderung des Computer Aided Quality Assurance (CAQ) als integraler Bestandteil von CIM-Konzeptionen zu stellen.

Abkürzungsverzeichnis

A.Abt.	Ausführende Abteilung
a.a.O.	am angegebenen Ort
Abb.	Abbildung
ABS	Antiblockiersystem
AC	Adaptive-Control
AGB	Allgemeine Geschäftsbedingungen
AS	Arbeitssystem
AWF	Ausschuß für wirtschaftliche Fertigung e.V.
BDE	Betriebsdatenerfassung
CAD	Computer Aided Design
CAE	Computer Aided Engineering
CAI	Computer Aided Industry
CAM	Computer Aided Manufacturing
CAO	Computer Aided Office
CAP	Computer Aided Planning
CAQ	Computer Aided Quality Assurance
CATE	Computer Aided Test Execution
CATM	Computer Aided Test Data Management
CATP	Computer Aided Test Planning
CIB	Computer Integrated Business
CID	Computer Integrated Design
CIE	Computer Integrated Enterprise
CIM	Computer Integrated Manufacturing
CIQ	Computer Integrated Quality
CIQM	Computer Integrated Quality Management
CNC	Computerized Numerical Control
CWQC	Company Wide Quality Control
CWQI	Company Wide Quality Improvement
DGQ	Deutsche Gesellschaft für Qualität
d.h.	das heißt
DIN	Deutsche Industrie Norm(en)
DM	Deutsche Mark
DNC	Direct Numerical Control
EBM	Eisen-, Blech- und Metallwaren
ED	Ergebnisdaten

EDIFACT	Electronic Data Interchange for Administration, Commerce and Transport
EDV	Elektronische Datenverarbeitung
EE	Elektronik-Entwicklung
EG	Europäische Gemeinschaft
EMV	Elektro-Magnetische-Verträglichkeit
EOQC	European Organization for Quality Control
EP	Elektronik-Produktion
ERM	Entity-Relationship-Modell
ET	Elektrotechnik
et al.	und andere
etc.	et cetera
e.V.	eingetragener Verein
FFS	Flexible Fertigungssysteme
FFZ	Flexible Fertigungszellen
FIR	Forschungsinstitut für Rationalisierung, Aachen
FMEA	Fehlermöglichkeits- und -einflußanalyse
FTS	fahrerlose Transportsteuerung
GF	Geschäftsführung
GSTB	Gerätestammblatt
HGB	Handelsgesetzbuch
HIM	Human Integrated Manufacturing
HOST	Higher Operating System
HP	Hewlett Packard
Hrsg.	Herausgeber
i.d.R.	in der Regel
IGI	Investitionsgüterindustrie
io	in Ordnung
ISF	Institut für Sozialwissenschaftliche Forschung, München
ISO	International Organization for Standardization
Jg.	Jahrgang
JIT	Just-In-Time
KER	Kosten- und Erlösrechnung
kg	Kilogramm
KZI	Kundenzufriedenheits-Index
LAN	Local Area Network
lmi	leistungsmengeninduziert

lmn	leistungsmengenneutral
LSP	Leitsätze für die Preisermittlung aufgrund von Selbstkosten
MAP	Manufacturing Automation Protocol
MB	Maschinenbau
MEA	Mehr-Ebenen-Analyse
NC	Numerical Control
nio	nicht in Ordnung
Nm	Nacharbeit möglich
N.N.	nomen nescio
Nnm	Nacharbeit nicht möglich
Nr.	Nummer
OSG	obere Spezifikationsgrenze
P.Abt.	Planende Abteilung
PIMS	Profit Impact of Marketing Strategy
PkW	Personenkraftwagen
PPS	Produktionsplanung und -steuerung
PS	Prüfsystem
PU	Prüfumfang
QDES	Quality Data Exchange Specification
QDM	Quality Data Management
QE	Qualitätselement(e)
QKE	Qualitätskostenelement(e)
QS	Qualitätssicherung
QSE	Qualitätssicherungselement(e)
REFA	Verband für Arbeitsstudien und Betriebsorganisation e.V. (ehemals Reichsausschuß für Arbeitszeitermittlung)
RKW	Rationalisierungs-Kuratorium der Deutschen Wirtschaft
RPZ	Risikoprioritätszahl
S.	Seite
SB	Sonstige Branchen
SIGI	Sonstige Branchen der Investitionsgüterindustrie
sog.	sogenannt
SPC	Statistic Process Control
St.	Stichprobe

StL.	Stahl-, Leichtmetall- und Schienenfahrzeugbau
Tab.	Tabelle
TKR	Teilkostenrechnung(en)
TOP	Technical and Office Protocol
TQC	Total Quality Control
TQM	Total Quality Management
TSD	Tausend
TST	Temperaturschock-Test
u.a.	unter anderem
USA	United States of America
USG	untere Spezifikationsgrenze
usw.	und so weiter
VD	Vorgabedaten
VDA	Verband der Automobilindustrie e.V.
VDE	Verband deutscher Elektrotechniker
VDI	Verein deutscher Ingenieure
VDI-ADB	VDI-Gesellschaft Produktionstechnik
VDI-Z	Zeitschrift des Vereins deutscher Ingenieure
Vgl.	Vergleiche
VKR	Vollkostenrechnung(en)
WPE	Werksleitung-Produktion-Elektronik
z.B.	zum Beispiel
ZEDV	Zentrale Elektronische Datenverarbeitung
ZQS	Zentrale Qualitätssicherung
ZRP	Zentraler Reparaturplatz
z.T.	zum Teil

Tabellenverzeichnis

Abbildungsverzeichnis

Literaturverzeichnis

Adam, D., Losgröße, optimale, in: Handwörterbuch der Betriebswirtschaft, Grochla, E./Wittmann, W. (Hrsg.), 4. Auflage, Band 2, Stuttgart 1975, Sp. 2550-2559.

Adam, D., Entscheidungsorientierte Kostenbewertung, Wiesbaden 1970.

Autorenkollektiv, Adaptive-Control-Systeme bei spanenden und abtragenden Bearbeitungsverfahren, in: Industrie-Anzeiger, 96/1974, S. 1696-1710.

AWF (Ausschuß für wirtschaftliche Fertigung e.V.), AWF-Empfehlung: Integrierter EDV-Einsatz in der Produktion, CIM-Computer Integrated Manufacturing, 1985.

Babič, H., Beitrag zur systematischen Planung der Qualitätsprüfung bei Klein- und Mittelserienfertigung, Berlin-Heidelberg-New York 1982.

Becker, J., CIM-Integrationsmodell, New York-Berlin-Heidelberg 1991.

Becker, J., Konstruktionsbegleitende Kalkulation mit einem Expertensystem, in: Rechnungswesen und EDV, 9. Saarbrücker Arbeitstagung 1988, Scheer, A.-W. (Hrsg.), Heidelberg 1988, S. 115-136.

Benz, M., CAQ-Lösungen zur Analyse der Fertigungsprozesse und Produktqualität, in: CIM-Management, 2(1987), S. 40-42.

Berens, W., Prüfung der Fertigungsqualität, Adam, D. (Hrsg.), Wiesbaden 1980.

Berger, K.-H., Normung und Typung, in: Handwörterbuch der Produktionswirtschaft, Kern, W. (Hrsg.), Stuttgart 1979, Sp. 1353-1370.

Bergholz, H.-J., Total Quality Management: Der Weg in die Zukunft, in: Qualität und Zuverlässigkeit, 36.Jg.(1991), Heft 7, S. 389-394.

Bläsing, J.P., CAQ (Computer Aided Quality Management), Qualitätssicherung unter CIM-Zielen, Braunschweig-Wiesbaden 1990a.

Bläsing, J.P., Total Quality Management, Philosophie und Praxis qualitätsorientierter Führungsstrukturen, in: Qualität ist Chefsache, Total Quality Management, 8. Qualitätsleiterforum, München 1990b, S. 73-113.

Bläsing, J.P., FMEA, Failure Mode and Effects Analysis, in: Qualität und Zuverlässigkeit, 33.Jg.(1988a), Heft 3, S. 119f

Bläsing, J.P., Qualität = Verantwortung und Herausforderung, in: Beschaffung aktuell, 7(1988b), S. 22-26.

Bläsing, J.P., CIQ - Computer Integrated Quality Assurance, in: CIM-Management, 2(1987), S. 19-23.

Bläsing, J.P., Qualitätsinformationssysteme, eine konsequente Weiterentwicklung des Qualitätsdenkens im Unternehmen, in: Integrierte Qualitätssicherung als Managementaufgabe, Höhl, M. (Hrsg.), München 1985, S. 143-172.

Blechschmidt, H., Qualitätskosten?, in: Qualität und Zuverlässigkeit, 33.Jg.(1988), Heft 8, S. 442-445.

Botta, V., Qualität und Qualitätsüberwachung, in: Handwörterbuch der Produktionswirtschaft, Kern, W. (Hrsg.), Stuttgart 1979, Sp. 1747-1756.

Brankamp, K./Paul, H.J., BDE-Daten als Basis für die Überwachung der Fertigungssteuerung, in: Zeitschrift für wirtschaftliche Fertigung, 81(1986)6, S. 297-301.

Brunner, J., Einfluß der Qualität auf die Betriebswirtschaft im Unternehmen, in: CIM-Management, 2(1987), S. 12-18.

Brunner, R./Kratzer, G., Rechnerunterstützte Qualitätssicherung in der Karosseriefertigung, in: Automobil-Industrie, 6(1985), S. 91-95.

Burkat, R., CAQ für den Mittelstand, in: Produktions- und Qualitätsmanagement, Bläsing, J.P. (Hrsg.), München 1988, Band 2, S. 521-539.

Clieves, H.-P., Integrierte EDV-gestützte Qualitätssicherung, in: Integrierte Qualitätssicherung als Managementaufgabe, Höhl, M. (Hrsg.), München 1985, S. 52-75.

Cooper, R., Activity-Based Costing - Was ist ein Activity-Based Cost-System?, in: Kostenrechnungspraxis, 4(1990), Heft 4, S. 210-220.

Cooper, R./Kaplan, R.S., Measure Costs Right: Make the Right Decisions, in: Harvard Business Review, Vol. 5, 1988, S. 96-103.

Danzer, H.H., Quality Management in Upheavel, in: EOQC Quality 2(1989), S. 4-9.

Danzer, H.H., Umdenken, Neue Abstimmungstechniken versachlichen Kommunikation im Betrieb, verlagern Qualitätsverantwortung in die Fertigung, in: NC-Fertigung, 6/1984, S. 48-61.

Deixler, A., Zuverlässigkeitsplanung, in: Handbuch der Qualitätssicherung, Masing, W. (Hrsg.), 2. Auflage, München-Wien 1988, S. 361-382.

DGQ, Rechnerunterstützung in der Qualitätssicherung (CAQ), Berlin 1987.

DGQ 11-04, Begriffe im Bereich der Qualitätssicherung, 4. Auflage, Berlin 1987.

DGQ-Schrift Nr. 14-17, Qualitätskosten. Rahmenempfehlungen zu ihrer Definition, Erfassung, Beurteilung, 5. Auflage, Berlin 1985.

Dieck, D./Oehmke, F., Anwendungsgerechte CAQ-Systeme auswählen und einführen, in: Qualität und Zuverlässigkeit, 36.Jg.(1991), Heft 8, S. 489-493.

DIN 55350, Teil 17, Begriffe der Qualitätssicherung und Statistik, Begriffe der Qualitätsprüfungsarten, Berlin 1988.

DIN 55350, Teil 11, Deutsche Norm, Begriffe der Qualitätssicherung und Statistik, Grundbegriffe der Qualitätssicherung, Berlin 1987.

DIN 8580, Fertigungsverfahren, Begriffe, Einteilung, Berlin 1985.

DIN ISO 9000-9004, Deutsche Normen, Berlin 1987.

Drumm, H.J., Automatisierung, Mechanisierung und, in: Handwörterbuch der Produktionswirtschaft, Kern, W. (Hrsg.), Stuttgart 1979, Sp. 286-292.

Dusi, W., Just in time fertigen - nur mit Just-in-time-Qualitätssicherung, in: Qualität und Zuverlässigkeit, 36.Jg.(1991), Heft 4, S. 237-239.

Dutschke, W., Qualitätssicherung mit SPC, in: VDI-Zeitschrift, 131(1989), Nr. 2, S. 62-66.

Ehrlenspiel, K., Kostengünstig konstruieren, Berlin u.a. 1985.

Eicke von, H./Femerling, C., Eine organisatorische Innovation in Zulieferketten, in: Handelsblatt, Nr. 125 vom 3.07.90, S. 14.

Eigner, M./Maier, H., Einführung und Anwendung von CAD-Systemen, München 1982.

Eisenbeis-Trinkle, P., Ist-Werte schnell erfassen, in: Industrie-Anzeiger, 20/1990, S. 32f.

Ellinger, T./Haupt, R., Produktions- und Kostentheorie, Stuttgart 1982.

Endemann, D., Strategie und Gestaltung rechnergestützter Qualitätssicherungssysteme, CAQ im CIM-Umfeld, in: Integriertes Produktions- und Qualitätsmanagement, Bläsing, J.P. (Hrsg.), München 1988, Band 2, S. 541-569.

Engelhardt, W.H./Schütz, P., Total Quality Management, in: Wirtschaftswissenschaftliches Studium, (1991), Heft 8, S. 394-399.

Eversheim, W., Strategien auf dem Weg zu CIM, in: DIN Mitteilungen, 67.Jg.(1988), Nr. 5, S. 241-250.

Eversheim, W. u.a., Integrierte rechnerunterstützte Qualitätssicherung in einem mittelständischen Unternehmen, in: Qualität und Zuverlässigkeit, 33.Jg.(1988), Heft 10, S. 549-553.

Eversheim, W. u.a., Konzeption eines Informationsmodells für die QS, in: Industrie-Anzeiger 70/1987, S. 39-44.

Eversheim, W./Zeller, P./Kloten, B., Rationalisierung durch CAD-integrierte Prüfplanerstellung, in: VDI-Zeitschrift, 132(1990), Nr. 11, S. 24-28.

Feierabend, R., Qualitätssicherung und Logistik, in: Integriertes Produktions- und Qualitätsmanagement, Bläsing, J.P. (Hrsg.), München 1988, Band 1, S. 289-299.

Ford, Statistische Prozeßregelung, Leitfaden EU 880b (1986).

Franz, K.-P., Die Prozeßkostenrechnung im Vergleich mit der Grenzplankosten- und Deckungsbeitragsrechnung, in: Strategieunterstützung durch das Controlling: Revolution im Rechnungswesen?, Stuttgart 1990, S. 195-210.

Frehr, H.-U., Unternehmensweite Qualitätsverbesserung, in: Handbuch der Qualitätssicherung, Masing, W. (Hrsg.), 2. Auflage, München-Wien 1988, S. 797-813.

Fröhling, O., Prozesskostenrechnung - System mit Zukunft?, in: io Management Zeitschrift, 58(1989), Nr. 10, S. 67-69.

Fröhling, O./Wullenkord, A., Qualitätskostenmanagement als Herausforderung an das Controlling, in: Kostenrechnungspraxis, 4(1991), S. 171-178.

Fuchs, H./Reles, T., Rechnergestützte Prüfplanung, in: Qualität und Zuverlässigkeit, 28.Jg.(1983), Heft 3, S. 65-69.

Füller, H.A., Statistische Prozeßregelung, in: Handbuch der Qualitätssicherung, Masing, W. (Hrsg.), 2. Auflage, München-Wien 1988, S. 467-483.

Gann, D., Total Quality Management - Konsequenzen für die Qualitätsorganisation, in: Qualität ist Chefsache, Total Quality Management, 8. Qualitätsleiterforum, Bläsing, J.P. (Hrsg.), 1990, S. 379-385.

Geiger, W., Begriffe, in: Handbuch der Qualitätssicherung, Masing, W. (Hrsg.), 2. Auflage, München-Wien 1988, S. 33-50.

Geiger, W., Einheitliche Fachsprache als Voraussetzung für rationelle Problemlösungen, in: Qualität und Zuverlässigkeit, 32.Jg.(1987), Heft 6, S: 288-292.

Geiger, W., Qualitätslehre, Einführung, Systematik, Terminologie, Braunschweig 1986a.

Geiger, W., Bedeutung und Anerkennung eines Qualitätssicherungssystems, in: Qualität und Zuverlässigkeit, 31.Jg.(1986b), Heft 12, S. 521-525.

Geitner, U.W., Die CIM-Konzeption, in: CIM-Handbuch, Geitner, U.W. (Hrsg.), 2., vollständig überarbeitete und erweiterte Auflage, Braunschweig 1991, S. 1-41.

Geitner, U.W., Teilefamilienbildung, in: Handwörterbuch der Produktionswirtschaft, Kern, W. (Hrsg.), Stuttgart 1979, Sp. 1956-1965.

Gerlach, H.-H., Stücklisten, in: Handwörterbuch der Produktionswirtschaft, Kern, W. (Hrsg.), Stuttgart 1979, Sp. 1903-1916.

Gerlach, H.-H./Rickert, M./Rosenbaum, M., Wirtschaftlichkeitsbetrachtung flexibler Fertigungsstrukturen in der Praxis, in: VDI-Zeitschrift, 131(1989), Nr. 3, S. 41-45.

Goeudevert, D., Zulieferer und Just-in-Time-Möglichkeiten und Grenzen, in: Zeitschrift für wirtschaftliche Fertigung, 9(1991), S. ZM158-160.

Golücke, H./Steinbach, W., Qualität und Qualitätssicherung als Verkaufsargument, in: Qualität und Zuverlässigkeit, 33.Jg.(1988), Heft 2, S. 101-104.

Goutier, U., CAQ im CIM-Umfeld, in: Qualität und Zuverlässigkeit, 35.Jg.(1990), Heft 3, S. CA68-70.

Gröner, L., Konstruktionsbegleitende Vorkalkulation, in: Rechnungswesen und EDV, 10. Saarbrücker Arbeitstagung 1989, Scheer, A.-W. (Hrsg.), Heidelberg 1989, S. 427-455.

Gutenberg, E., Grundlagen der Betriebswirtschaftslehre, Die Produktion, Band 1, 20. Auflage, Berlin-Heidelberg-New York 1973.

Hahn, D./Laßmann, G., Produktionswirtschaft - Controlling industrieller Produktion, Band 1, 2. Auflage, Heidelberg 1990.

Hahn, R., Montageautomation und Industrieroboter, in: Zeitschrift für wirtschaftliche Fertigung, 83(1988)9, S. 433.

Hammer, E., Industriebetriebslehre, München 1973.

Hebbeler, M.B./Klaas, K.-J., Rechnergestützte Generierung von Arbeitsplänen, in: CIM-Handbuch, Geitner, U.W. (Hrsg.), 2., vollständig überarbeitete und erweiterte Auflage, Braunschweig 1991, S. 272-293.

Heinen, E., Industriebetriebslehre als Entscheidungslehre, in: Industriebetriebslehre, Heinen, E. (Hrsg.), 8. Auflage, Wiesbaden 1985, S. 5-75.

Heinen, E./Dietel, B., Informationswirtschaft, in: Industriebetriebslehre, Heinen, E. (Hrsg.), 8. Auflage, Wiesbaden 1985, S. 893-1067.

Heldt, J.J., Quality pays, in: Quality, 11/1988, S. 26f.

Hessenberger, M., Qualitätssicherung in der logistischen Kette vom Zukaufteil bis zur Fahrzeugauslieferung eines PKW-Herstellers, in: Integriertes Produktions- und Qualitätsmanagement, Bläsing, J.P. (Hrsg.), München 1988, Band 1, S. 301-339.

Heß-Kinzer, D., Produktionsplanung und -steuerung mit EDV, Stuttgart 1976.

Hollmann, H.H., Konsequenzen der Produkthaftung, in: CIM-Management, 4(1989), S. 20-23.

Hölterhoff, K./Oehmke, F./Zeller, P., Systematische Auswahl von CAQ-Systemen, in: Integriertes Produktions- und Qualitätsmanagement, Bläsing, J.P. (Hrsg.), München 1988, Band 2, S. 609-638.

Horn, B., Vernetzte SPC-Meßplätze im Rahmen von CAQ, in: Integriertes Produktions- und Qualitätsmanagement, Bläsing, J.P. (Hrsg.), München 1988, Band 2, S. 639-647.

Horváth, P., Qualitäts-Controlling, Horváth, P./Urban, G. (Hrsg.), Stuttgart 1990.

Horváth, P./Mayer, R., Prozeßkostenrechnung, Der neue Weg zu mehr Kostentransparenz und wirkungsvolleren Unternehmensstrategien, in: Controlling, 1989, Heft 4, S. 214-219.

Huch, B., Einführung in die Kostenrechnung, 5., bearbeitete und erweiterte Auflage, Würzburg - Wien 1977.

Jahn, H., Zertifizierung von Qualitätssicherungs-Systemen, in: Handbuch der Qualitätssicherung, Masing, W. (Hrsg.), 2. Auflage, München-Wien 1988, S. 923-934.

Juran, J.M., The Quality Function, in: Quality Control Handbook, Juran, J.M. (Hrsg.), 4. Auflage, Abschnitt 2, S. 1-13.

Kalaitzis, D./Rekittke, K., Qualitätssicherung und Instandhaltung, in: Qualität und Zuverlässigkeit, 34.Jg.(1989), Heft 10, S. 551-554.

Kaminski, M./Fein, P., Fallbeispiel einer Qualitätsverbesserung mittels Taguchi-Methoden, in: Qualität und Zuverlässigkeit, 33.Jg.(1988), Heft 11, S. 559-603.

Kiefer, E./Müller, K.G., Automatisierung in der Meß- und Prüftechnik, in: Handbuch der Qualitätssicherung, Masing, W. (Hrsg.), 2. Auflage, München-Wien 1988, S. 103-124.

Kilger, W., Flexible Plankostenrechnung und Deckungsbeitragsrechnung, 8. Auflage, Wiesbaden 1981.

Kilger, W., Einführung in die Kostenrechnung, 2. Auflage, Wiesbaden 1980.

Kirsch, A., Losgrößenoptimierung und Just-In-Time-Prinzip bei der Produktionsplanung für industrielle Sortenfertigung, Dissertation, Hannover 1988.

Kirschling, G., Qualitätsregelkarten, in: Handbuch der Qualitätssicherung, Masing, W. (Hrsg.), 2. Auflage, München-Wien 1988, S. 171-232.

Kirstein, H., SPC - ein neuer Denkansatz, in: VDI-Zeitschrift, 132(1990), Nr. 9, S. 138-143.

Kirstein, H., SPC-Anwendung, Voraussetzungen und Auswirkungen, in: Integriertes Produktions- und Qualitätsmanagement, Bläsing, J.P. (Hrsg.), München 1988, Band 1, S. 117-136.

Kirstein, H., How to Start with a Quality Program, in: EOQC Quality 2/1987, S. 10-14.

Knolmayer, G., Computer-Integrated Manufacturing (CIM), in: Informatik-Spektrum, (1985)8, S. 91.

Köppe, D., Forderungen an die Integrationsfähigkeit von CAQ-Systemen, in: CIM-Management, 3(1988), S. 14-19.

Krautwurst, J., iQ-Basis - ein Baustein für flexible Qualitätssicherung, in: CIM-Management, 4(1989), S. 10-15.

Kreikebaum, H., Organisationstypen der Produktion, in: Handwörterbuch der Produktionswirtschaft, Kern, W. (Hrsg.), Stuttgart 1979, Sp. 1392-1402.

Kreisfeld, P., Kostenbestimmung mit CAD-Systemen für Rotationsteile, München - Wien 1985.

Kreuzer, R., Umweltsimulation für die Qualitätsprüfung, in: Qualität und Zuverlässigkeit, 35.Jg.(1990), Heft 8, S. 461-463.

Kring, J.R., Integrierte CAQ-Funktionen, in: CIM-Management, 4(1989), S. 4-9.

Küpper, H.-U., Produktionstypen, in: Handwörterbuch der Produktionswirtschaft, Kern, W. (Hrsg.), Stuttgart 1979, Sp. 1636-1647.

Kurbel, K./Meynert, J., Materialwirtschaft, in: CIM-Handbuch, Geitner, U.W. (Hrsg.), 2., vollständig überarbeitete und erweiterte Auflage, Braunschweig 1991, S. 68-77.

Lackes, R., EDV-orientiertes Kosteninformationssystem, Wiesbaden 1989.

Laßmann, G., Aktuelle Probleme der Kosten- und Erlösrechnung sowie des Jahresabschlusses bei weitgehend automatisierter Serienfertigung, in: Zeitschrift für betriebswirtschaftliche Forschung (Kontaktstudium), 36.Jg. (11/1984), S. 959-978.

Laßmann, G., Neue Aufgaben der Kosten- und Erlösrechnung aus Sicht der Unternehmensführung, in: Führungsprobleme industrieller Unternehmungen, Festschrift für Friedrich Thomeé, hrsg. von Dietger Hahn, Berlin-New York 1980, S. 327-347.

Laßmann, G., Produktionsplanung, in: Handwörterbuch der Betriebswirtschaft, Grochla, E./Wittmann, W. (Hrsg.), 4. Auflage, Band 2, Stuttgart 1975, Sp. 3102-3121.

Laßmann, G., Die Kosten- und Erlösrechnung als Instrument der Planung und Kontrolle in Industriebetrieben, Düsseldorf 1968.

Liebgott, H.M., Qualitätssicherung mit moderner Meß-, Prüf- und Regeltechnik bei Just-in-Time-Produktion, in: Beschaffung aktuell, 7(1988), S. 28-31.

Liefland, R., CAQ-Lösungen auf PCs oder Großrechnern - eine aufgabenbezogene Entscheidung, in: Integriertes Produktions- und Qualitätsmanagement, Bläsing, J.P. (Hrsg.), München 1988a, Band 2, S. 685-697.

Liefland, R., CAQ als integrierter Bestandteil von CIM, in: Qualität und Zuverlässigkeit, 33.Jg.(1988b), Heft 3, S. 151-154.

Liefland, R., Praktische Erfahrungen mit einem rechnerunterstützten Qualitätssicherungssystem, in: Qualität und Zuverlässigkeit, 31.Jg.(1986), Heft 8, S. 339-343.

Mahr, T., Überprüfung der Effizienz von Qualitätssicherungssystemen unter besonderer Berücksichtigung der Fertigungsqualität, Wildemann, H. (Hrsg.), München 1986.

Männel, W., Kostenrechnung für anlagenintensive Produktionsstrukturen, in: Kostenrechnungspraxis, 2(1990), S. 134f.

Männel, W., Zur Gestaltung der Erlösrechnung, in: Entwicklungslinien der Kosten- und Erlösrechnung, Chmielewicz, K. (Hrsg.), Stuttgart 1983, S. 119-150.

Masing, W., Qualitätssicherung als gemeinsame Aufgabe von Zulieferant und Abnehmer, in: Qualität und Zuverlässigkeit, 36.Jg.(1991), Heft 9, S. 521-523.

Masing, W., Einführung in die Qualitätslehre, 7. Auflage, Berlin 1989.

Masing, W., Fehlleistungsaufwand, in: Qualität und Zuverlässigkeit, 33.Jg.(1988), Heft 1, S. 11f.

Meffert, H., Marketing, 7. Auflage, Wiesbaden 1986, Nachdruck 1991.

Mertens, P./Back-Hock, A./Fiedler, R., Verbindungen der Kosten- und Leistungsrechnung zur computergestützten Informations- und Wissensverarbeitung, in: Betriebswirtschaftliche Forschung und Praxis, 42.Jg.(1990), Heft 4, S. 268-282.

Meyer, J., Qualität als strategische Wettbewerbswaffe, in: Integriertes Produktions- und Qualitätsmanagement, Bläsing, J.P. (Hrsg.), München 1988, Band 1, S. 49-72.

Müller, D., Qualitätssicherung und Personalpolitik, in: Fortschritt-Berichte VDI-Z, Reihe 16: Wirtschaft und Technik, Nr. 25, Düsseldorf 1984.

N.N., Das Top-Management steht in persönlicher Verantwortung für Umweltschutz im Betrieb, in: Handelsblatt Nr. 50 vom 7.12.90, S. K1/2.

N.N., Stand und Entwicklungstendenzen im Qualitätswesen im Hinblick auf CAQ, Firmenschrift, R. Berger & Partner, Gesellschaft für strategische Planung mbH, München 1987.

N.N., CIM-Computer Integrated Manufacturing, Stand der CIM-Realisierung in der Bundesrepublik Deutschland, Firmenschrift A.T. Kearney in Zusammenarbeit mit dem VDI-ADB.

Opitz, H., Produktplanung - Konstruktion - Arbeitsvorbereitung, Essen 1971.

Pantele, E.F., 13 Thesen für die CAQ-Einführung, in: CIM-Management, 2(1987), S. 36-38.

Peters, O.H./Meyna, A., Sicherheitstechnik, in: Handbuch der Qualitätssicherung, Masing, W. (Hrsg.), 2. Auflage, München-Wien 1988, S. 301-328.

Pfeifer, T./Bonse, L., Prüfmittel rechnergestützt überwachen, Industrie-Anzeiger, 70/1987, S. 18-25.

Pfeifer, T./Gimpel, B., Elektronischer Austausch von Qualitätsdaten, Unternehmensübergreifend, in: Industrie-Anzeiger, 79/1989, S. 33-35.

Pfeifer, T./Gimpel, B./Köppe, D./Lücker, M., Qualitätsplanung und -lenkung, in: CIM-Handbuch, Geitner, U.W. (Hrsg.), 2., vollständig überarbeitete und erweiterte Auflage, Braunschweig 1991, S. 497-522.

Pfeifer, T./Grob, R./Schmid, R., Expertensysteme für die SPC, in: Qualität und Zuverlässigkeit, 36.Jg.(1991), Heft 7, S. 432-436.

Pfeifer, T./Köppe, D., Gewachsene Anforderungen bewältigen, in: Industrie-Anzeiger, 81/1988, S. 24-29.

Pfeifer, T./Köppe, D., Kommerzielle CAQ-Systeme, Eine Übersicht, in: Qualität und Zuverlässigkeit, 32.Jg.(1987), Heft 2, S. 85-89.

Pfeifer, T./Mecklenburg, R., Fehlerverhütende Maßnahmen senken Kosten, in: Industrie-Anzeiger, 70/1987, S. 46-48.

Pfeifer, T./Schüller, H., Geregelte Fertigung steigert Qualität, in: Industrie-Anzeiger, 45/1988, S. 19-21.

Pfeifer, T. u.a., Länderspiegel Qualitätssicherung, in: Qualität und Zuverlässigkeit, 35.Jg.(1990), Heft 8, S. 439-443.

Plaut, H.G., Grenzplankosten- und Deckungsbeitragsrechnung als modernes Kostenrechnungssystem, in: Kostenrechnungspraxis, 1(1984), S. 20-26.

Podratz, H., Planung eines CAQ-Systems unter wirtschaftlichen Aspekten, in: Qualität und Zuverlässigkeit, 34.Jg. (1989), Heft 9, S. 483-486.

Rainer-Harbach, G., CAQ - ein Baustein von CIM, in: CIM-Management, 2(1987), S. 6-11.

Rainer-Harbach, G., Chancen und Risiken des EDV-Einsatzes in der Qualitätssicherung, in: Integrierte Qualitätssicherung als Managementaufgabe, Höhl. M. (Hrsg.), München 1985, S. 76-105.

Rauba, A., Qualitätskostenrechnung als Informationssystem, in: Qualität und Zuverlässigkeit, 33.Jg.(1988), Heft 10, S. 559-563.

REFA, Methodenlehre des Arbeitsstudiums, Verband für Arbeitsstudien und Betriebsorganisation e.V., 7. Auflage, München 1984.

Reichwald, R./Mrosek, D., Produktionswirtschaft, in: Industriebetriebslehre, Heinen, E. (Hrsg.), 8. Auflage, Wiesbaden 1985, S. 363-503.

Reles, T., Systematische Auswahl von Prüfmerkmalen, in: Zeitschrift für wirtschaftliche Fertigung, 82(1987), Heft 8, S. 465-471.

Rembold, U. et al., Qualitätssicherung, in: CAM-Handbuch, Berlin - Heidelberg 1990, S. 295-344.

Riebel, P., Einzelkosten- und Deckungsbeitragsrechnung, 4. Auflage, Wiesbaden 1982.

Rühle, W., Bausteine für rechnerunterstützte Qualitätssicherung, in: Zeitschrift für wirtschaftliche Fertigung, 83(1988), Heft 1, S. 52-55.

Rühle, W., CAQ-Lösungen für die Kfz-Zulieferindustrie, in: Qualität und Zuverlässigkeit, 32.Jg.(1987), Heft 5, S. 247-250.

Salvisburg, H.P., Qualitätsmanagement für JIT-Fertigung, in: io Management Zeitschrift, 58(1989), Nr. 6, S. 67-70.

Sauerbrey, G., Neue Aufbau- und Ablauforganisation - eine Voraussetzung für CIM, in: CIM-Management, 6(1988), S. 22-24.

Scheer, A.-W., EDV-orientierte Betriebswirtschaftslehre, 4., völlig neu bearbeitete Auflage, Berlin-Heidelberg 1990a.

Scheer, A.-W., CIM, Computer Integrated Manufacturing, Der computergesteuerte Industriebetrieb, 4., neu bearbeitete und erweiterte Auflage, Berlin-Heidelberg 1990b.

Scheer, A.-W., Wirtschaftsinformatik, Informationssysteme im Industriebetrieb, 3., neu bearbeitete Auflage, Berlin-Heidelberg 1990c.

Scheer, A.-W., Wie beeinflußt CIM das Rechnungswesen?, in: io Management, 58(1989), Nr. 6, S. 81-84.

Scheer, A.-W., CIM, Computer Integrated Manufacturing, Der computergesteuerte Industriebetrieb, 3., erweiterte Auflage, Berlin-Heidelberg 1988.

Scheer, A.-W., CIM: Organisation und Implementierung, Havardmanager, 1(1987), S. 84-95.

Scheer, A.-W./Seibt, H., Aufbau eines integrierten Systems der statistischen Qualitätskontrolle in einem Industriebetrieb, in: Unternehmenskontrolle, Band 17 der Schriften zur Unternehmensführung, hrsg. von H. Jacob, Wiesbaden 1973, S. 97-122.

Schiefer, K.-H./Hacker, H., Prüfmittel rechnerunterstützt verwalten und überwachen, in: Qualität und Zuverlässigkeit, 36.Jg.(1991), Heft 7, S.437-440.

Schmalenbach, E., Kostenrechnung und Preispolitik, 7. Auflage, Köln und Opladen 1956.

Schmidt, R.-B., Investitionsrechnung, in: Handwörterbuch der Produktionswirtschaft, Kern, W. (Hrsg.), Stuttgart 1979, Sp. 856-870.

Schneider, J., Juristische Aspekte der (computerunterstützten) Qualitätssicherung, Produkthaftung und Gewährleistung, in: Integriertes Produktions- und Qualitätsmanagement, Bläsing, J.P. (Hrsg.), München 1988, Band 2, S. 857-871.

Schoen, F., Integrierte und rechnergestützte Qualitätssicherung - ein großes Rationalisierungspotential, in: Qualität und Zuverlässigkeit, 33.Jg.(1988), Heft 11, S. 614-618.

Scholz, B., CIM-Schnittstellen, München 1988.

Schultz-Wild, R. ..., An der Schwelle zu CIM: Verbreitung, Strategien und Auswirkungen, Köln 1989.

Schulz, H., CIM-Planung und -Einführung, Berlin - Heidelberg - New York 1990.

Schweitzer, M./Hettich, G.O./Küpper, H.-U., Systeme der Kostenrechnung, München 1975.

Schwerdtfeger, J., Alles unter Kontrolle, in: Industrie-Anzeiger, 85/1987, S. 14f.

Seelbach, H., Ablaufplanung bei Einzel- und Serienproduktion, in: Handwörterbuch der Produktionswirtschaft, Kern, W. (Hrsg.), Stuttgart 1979, Sp. 12-28.

Seghezzi, D., Qualitätssicherung von Neuprodukten, in: Handbuch der Qualitätssicherung, Masing, W. (Hrsg.), 2. Auflage, München-Wien 1988, S. 331-359.

Seibt, H., Qualitätssicherung , statistische, in: Handwörterbuch der Produktionswirtschaft, Kern, W. (Hrsg.), Stuttgart 1979, Sp. 1731-1747.

Siegwart, H./Raas, F., CIM-orientiertes Rechnungswesen: Bausteine zu einem System-Controlling, Stuttgart 1991.

Siegwart, H./Raas, F., Anpassung der Kosten- und Leistungsrechnung an moderne Fertigungstechnologien, in: Kostenrechnungspraxis, 1(1989), S. 7-14.

Spur, G., Einführungsstrategie zu CIM, in: VDI-Zeitschrift, 130(1988), Nr. 10, S. 12-14.

Spur, G./Krause, F.-L., CAD-Technik, München-Wien 1984.

Steffen, R., Verbindung computergestützter Erzeugniskonstruktion (CAD) mit der Kosten- und Erlösrechnung in CIM-Konzeptionen, in: Zeitschrift für betriebswirtschaftliche Forschung (Kontaktstudium), 43.Jg.(1991), Heft 4, S. 359-375.

Steffen, R., Nutzung der Kosten- und Erlösrechnung zur konstruktionsbegleitenden Erfolgsfrüherkennung in Verbindung mit computergesteuerten Technologien, in: Steffen, R./Wartmann, R. (Hrsg.), Kosten und Erlöse: Orientierungsgrößen der Unternehmenspolitik, 1990, S. 195-216.

Steffen, R., Verbesserung der Umrüstbedingungen in der industriellen Produktion, in: Wirtschaftswissenschaftliches Studium, (1989), Heft 4, S. 180-186.

Steffen, R., "Computer Integrated Manufacturing" (CIM)-Bausteine und (noch) fehlende Elemente der Kostenrechnung, in: Kostenrechnungspraxis, 1(1987), S. 8-12.

Steffen, R., Produktions- und Kostentheorie, Stuttgart 1983.

Steffen, R., Ablaufplanung bei Massenproduktion, in: Handwörterbuch der Produktionswirtschaft, Kern, W. (Hrsg.), Stuttgart 1979, Sp. 28-38.

Steffen, R., Absatzwirtschaftliche Aspekte der Kontrolle von Produktqualitäten, in: Der Betrieb, 29.Jg.(1976), Nr. 25/26, S. 1171-1177.

Steinbach, W., Qualitätsdatenfluß im Fertigungsbetrieb, in: Qualität und Zuverlässigkeit, 34.Jg.(1989), Heft 6, S. CA111-116.

Steinbach, W., Qualitätskosten, in: Handbuch der Qualitätssicherung, Masing, W. (Hrsg.), 2. Auflage, München-Wien 1988, S. 879-900.

Steinbach, W., Anforderungen und Auswahlkriterien bei CAQ-Systemen, in: Qualität und Zuverlässigkeit, 32.Jg.(1986), Heft 2, S. 90-94.

Steinle, C., Organisation und Wandel, Berlin; New York

Stockinger, K., FMEA ein Erfahrungsbericht, in: Qualität und Zuverlässigkeit, 34.Jg.(1989), Heft 3, S. 155-158.

Straube, W./Kohl, D., Vernetzte SPC-Systeme, in: Qualität und Zuverlässigkeit, 34.Jg.(1989), Heft 1, S. 23-27.

Strohbach, P., Konzeption eines Qualitätsdatenerfassungs- und Informationssystems, in: Integrierte Qualitätssicherung als Managementaufgabe, Höhl, M. (Hrsg.), München 1985, S. 173-205.

Taguchi, G., Introduction to Quality Engineering. Asian Productivity Organization; ASI, Dearborn, Michigan, Tokyo, 1986.

VDI 2235, Wirtschaftliche Entscheidungen beim Konstruieren, Methoden und Hilfen, Düsseldorf 1987.

VDI 2222, Konstruktionsmethodik, Konzipieren technischer Produkte, Düsseldorf 1977.

VDI/VDE/DGQ 2619, Prüfplanung, Düsseldorf 1985.

Venitz, U., CIM-Rahmenplanung, Berlin - Heidelberg 1990.

Verband der Automobilindustrie e.V. (VDA), Sicherung der Qualität vor Serieneinsatz, Qualitätskontrolle in der Automobilindustrie, Band 4, Frankfurt am Main 1986.

Verband der Automobilindustrie e.V. (VDA), Dokumentationspflichtige Teile bei Automobilherstellern und deren Zulieferanten, Qualitätskontrolle in der Automobilindustrie, Band 1, Frankfurt am Main 1973.

Vogt, H.P., Marktübersicht CAQ-Systeme, in: Qualität und Zuverlässigkeit, 33.Jg.(1988a), Heft 4, S. 203-208.

Vogt, H.P., Löst CAQ die Probleme der Qualitätssicherung?, in: VDI-Zeitschrift, 130(1988b), Nr. 4, S. 18-22.

Warnecke, H.-J., Der Faktor Qualität im Produktionsbetrieb, in: Herausforderung Qualität, Warnecke, H.J. (Hrsg.), Berlin-Heidelberg 1989, S. 9-27.

Warnecke, H.-J., Die Qualitätssicherung auf dem Wege zur Fabrik der Zukunft, in: Qualität und Zuverlässigkeit, 30.Jg.(1985), Heft 9, S. 269f.

Warnecke, H.-J., Automatisierung von Fertigungs- und Montageprozessen, in: Handwörterbuch der Produktionswirtschaft, Kern, W. (Hrsg.), Stuttgart 1979, Sp. 267-286.

Weber, J., Integration von optoelektronischen Meß- und Prüfsystemen in die hochautomatisierte Fertigung, in: Integriertes Produktions- und Qualitätsmanagement, Bläsing, J.P. (Hrsg.), München 1988, Band 2, S. 975-989.

Weidner, W., Kosten der Qualitätssicherung, in: Handbuch Kostenrechnung, Männel, W. (Hrsg.), Wiesbaden 1992.

Weigang, F., Hinweise für die Einführung eines TQC-Konzeptes, in: Qualität und Zuverlässigkeit, 33.Jg.(1988), Heft 11, S. 619-621.

Winterhalder, L., CAQ-Integration heute, in: Qualität und Zuverlässigkeit, 34.Jg.(1989), Heft 3, S. CA44-50.

Winterhalder, L., Konzepte und Funktionen der rechnergestützten integrierten Qualitätssicherung, in: Praxishandbuch Qualitätssicherung, Band 1, (1986), Baustein C1, S. 1-39.

Wöhe, G., Einführung in die Allgemeine Betriebswirtschaftslehre, 14. Auflage, München 1981.

Wolf, R., CAQ als CIM Baustein, in: Fortschrittliche Betriebsführung und Industrial Engineering, 37(1988), Heft 4, S. 166-171.

Zeller, H., Organisation des Qualitätssicherungssystems im Unternehmen, in: Handbuch der Qualitätssicherung, Masing, W. (Hrsg.), 2. Auflage, München-Wien 1988, S. 857-877.

Zink, K.J., Ausgewählte Aspekte einer Verknüpfbarkeit von CIM und Total Quality Management (TQM), in: Gestaltung CIM-fähiger Unternehmen, Wildemann, H. (Hrsg.), S. 381-404.

GPSR Compliance

The European Union's (EU) General Product Safety Regulation (GPSR) is a set of rules that requires consumer products to be safe and our obligations to ensure this.

If you have any concerns about our products, you can contact us on ProductSafety@springernature.com

In case Publisher is established outside the EU, the EU authorized representative is:

Springer Nature Customer Service Center GmbH
Europaplatz 3
69115 Heidelberg, Germany

Batch number: 10815974

Printed by Printforce, the Netherlands